D1698210

Mathematik heute 8

Mittelschule Sachsen
Hauptschulbildungsgang

Herausgegeben von
Heinz Griesel, Helmut Postel, Rudolf vom Hofe

Schroedel

Mathematik heute 8

Mittelschule Sachsen
Hauptschulbildungsgang

Herausgegeben und bearbeitet von

Professor Dr. Heinz Griesel
Professor Helmut Postel
Professor Dr. Rudolf vom Hofe

Joachim Baum, Uwe Baumkötter, Arno Bierwirth, Heiko Cassens, Ilona Fäthe, Frieder Henker, Kay Hertel, Dagmar Jantsch, Dirk Kehrig, Wolfgang Krippner, Reinhard Meinz, Manfred Popken

Zum Schülerband erscheint:
Lösungen
Best.-Nr. 87822

ISBN 978-3-507-**87832**-7
alt: 3-507-**87832**-1

Druck A[1] / Jahr 2006

Alle Drucke der Serie A sind im Unterricht parallel verwendbar.

Titel- und Innenlayout: Janssen Kahlert, Design & Kommunikation GmbH, Hannover
Illustrationen: Dietmar Griese; Zeichnungen: Günter Schlierf, Peter Langner, Dr. Peter Güttler.
Satz: Konrad Triltsch, Print und digitale Medien GmbH, 97199 Ochsenfurt
Druck und Bindung: Westermann Druck Zwickau GmbH

Inhaltsverzeichnis

ZUM METHODISCHEN AUFBAU DER LERNEINHEITEN

Einstieg bietet einen direkten Zugang zum Thema.

Aufgabe mit vollständigem Lösungsbeispiel. Diese Aufgaben können alternativ oder ergänzend als Einstiegsaufgaben dienen. Die Lösungsbeispiele eignen sich sowohl zum eigenständigen Nacharbeiten als auch zum Erarbeiten von Lernstrategien.

Zum Wiederholen Hier werden Inhalte aus den vorausgegangenen Klassenstufen wiederholt. Sie bilden die Grundlage für das Verstehen der folgenden Aufgaben.

Zum Festigen und Weiterarbeiten Hier werden die neuen Inhalte durch benachbarte Aufgaben, Anschlussaufgaben und Zielumkehraufgaben gefestigt und erweitert. Sie sind für die Behandlung im Unterricht konzipiert und legen die Basis für eine erfolgreiche Begriffsbildung.

Information Wichtige Begriffe, Verfahren und mathematische Gesetzmäßigkeiten werden hier übersichtlich hervorgehoben und an charakteristischen Beispielen erläutert.

Übungen In jeder Lerneinheit findet sich reichhaltiges Übungsmaterial. Dabei werden neben grundlegenden Verfahren auch Aktivitäten des Vergleichens, Argumentierens und Begründens gefördert, sowie das Lernen aus Fehlern.
Spielerische Übungsformen bieten Möglichkeiten für alternative Sozial- und Arbeitsformen.
Aufgaben mit Lernkontrollen sind an geeigneten Stellen eingefügt.
Grundsätzlich lassen sich fast alle Übungsaufgaben auch im Team bearbeiten. In einigen besonderen Fällen wird zusätzlich Anregung zur Teamarbeit gegeben.
Die Fülle an Aufgaben ermöglicht dabei unterschiedliche Wege und innere Differenzierung.

Vermischte Übungen Hier werden die erworbenenen Qualifikationen in vermischter Form angewandt und mit den bereits gelernten Inhalten vernetzt.

Bist du fit? Auf diesen Seiten am Ende eines Kapitels können Lernende eigenständig überprüfen, inwieweit sie die neu erworbenen Grundqualifikationen beherrschen. Die Lösungen hierzu sind im Anhang des Buches abgedruckt.

Im Blickpunkt Hier geht es um komplexere Sachzusammenhänge, die durch mathematisches Denken und Modellieren erschlossen werden. Die Themen gehen dabei häufig über die Mathematik hinaus, sodass Fächer übergreifende Zusammenhänge erschlossen werden. Es ergeben sich Möglichkeiten zum Einsatz neuer Medien.

Wahlpflicht Diese Themen sind geeigneten Kapiteln angeschlossen.

Bist du topfit? Auf diesen Seiten am Ende des Buches können Lernende eigenständig überprüfen, inwieweit sie erworbene Qualifikationen beherrschen.

Piktogramme weisen auf besondere Anforderungen bzw. Aufgabentypen hin:

Teamarbeit

Suche nach Fehlern

Internet

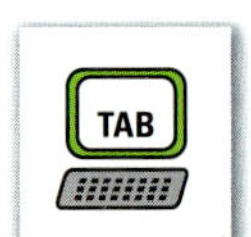

Tabellenkalkulation

Zur Differenzierung

Der Aufbau und das Übergangsmaterial sind dem Schwierigkeitsgrad nach gestuft. Zusätzlich hierzu sind etwas anspruchsvollere Aufgaben mit roten Aufgabenziffern versehen.

Einheiten

Längen

$10\ \text{mm} = 1\ \text{cm}$
$10\ \text{cm} = 1\ \text{dm}$
$10\ \text{dm} = 1\ \text{m}$
$1\,000\ \text{m} = 1\ \text{km}$

Flächeninhalte

$100\ \text{mm}^2 = 1\ \text{cm}^2$
$100\ \text{cm}^2 = 1\ \text{dm}^2$
$100\ \text{dm}^2 = 1\ \text{m}^2$
$100\ \text{m}^2 = 1\ \text{a}$
$100\ \text{a} = 1\ \text{ha}$
$100\ \text{ha} = 1\ \text{km}^2$

Die Umwandlungszahl ist 100

Zeitspannen

$60\ \text{s} = 1\ \text{min}$
$60\ \text{min} = 1\ \text{h}$
$24\ \text{h} = 1\ \text{d}$

Massen

$1\,000\ \text{mg} = 1\ \text{g}$
$1\,000\ \text{g} = 1\ \text{kg}$
$1\,000\ \text{kg} = 1\ \text{t}$

Die Umwandlungszahl ist 1 000

Volumina

$1\,000\ \text{mm}^3 = 1\ \text{cm}^3$
$1\,000\ \text{cm}^3 = 1\ \text{dm}^3$
$1\,000\ \text{dm}^3 = 1\ \text{m}^3$
$1\ \text{dm}^3 = 1\ l$
$1\ \text{cm}^3 = 1\ \text{ml}$
$1\,000\ \text{ml} = 1\ l$

Die Umwandlungszahl ist 1 000

Mathematische Symbole

Zahlen

$a = b$	a gleich b
$a \neq b$	a ungleich b
$a < b$	a kleiner b
$a > b$	a größer b
$a \approx b$	a ungefähr gleich (rund) b
$a + b$	Summe aus a und b; a plus b
$a - b$	Differenz aus a und b; a minus b
$a \cdot b$	Produkt aus a und b; a mal b
$a : b$	Quotient aus a und b; a durch b
$\lvert a \rvert$	Betrag von a
a^n	Potenz aus der Grundzahl (Basis) a und der Hochzahl (Exponent) n; a hoch n
p%	p Prozent

Geometrie

$\overline{AB}$	Verbindungsstrecke der Punkte A und B; Strecke mit den Endpunkten A und B
AB	Verbindungsgerade durch die Punkte A und B; Gerade durch A und B
$\overrightarrow{AB}$	Strahl mit dem Anfangspunkt A durch den Punkt B
$g \parallel h$	Gerade g ist parallel zur Geraden h
$g \perp h$	Gerade g ist senkrecht zur Geraden h
ABC	Dreieck mit den Eckpunkten A, B und C
ABCD	Viereck mit den Eckpunkten A, B, C und D
$P(x \mid y)$	Punkt P mit den Koordinaten x und y, wobei x die erste Koordinate, y die zweite Koordinate ist
h_a	Höhe auf der Seite a
h	Höhe eines Körpers

1 Wirtschaftliches Rechnen

In vielen Zeitschriften und Werbeprospekten finden wir Angaben wie in den Bildausschnitten auf dieser Seite.

- Um welche Sachverhalte geht es bei den einzelnen Ausschnitten? Erläutere.
- Suche weitere Informationen zu diesen oder ähnlichen Sachbereichen in Zeitschriften oder bei Angeboten von Banken und Sparkassen.
- Gibt es dabei Begriffe, die dir unklar sind? Erkundige dich nach ihrer Bedeutung.

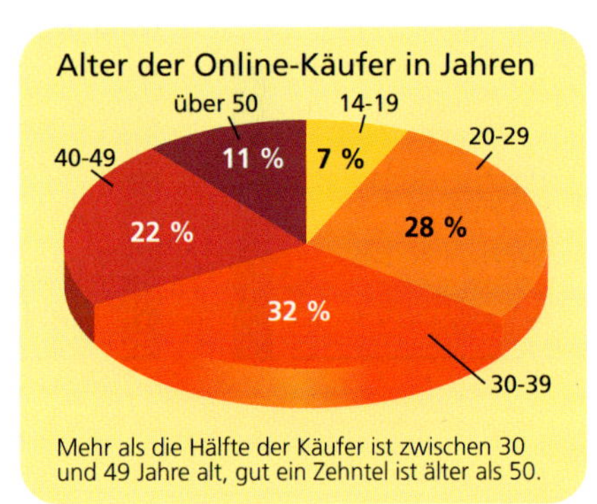

Was Jugendliche im Internet machen

81%	Einfach so rumsurfen
62%	Infos zum Hobby suchen
51%	Infos für die Schule suchen
45%	E-Mails verschicken
31%	Chatten
26%	Online-Spiele spielen

In diesem Kapitel lernst du ...

... mehr über das Rechnen in Sachbereichen des täglichen Lebens.

GRUNDAUFGABEN DER PROZENTRECHNUNG

Wiederholung

Prozent bedeutet Hundertstel: $\mathbf{p\% = \frac{p}{100}}$

Prozentangaben kann man auch als Bruch oder als Dezimalbruch schreiben:

$50\% = \frac{50}{100} = 0{,}50$; $25\% = \frac{25}{100} = 0{,}25$; $7\% = \frac{7}{100} = 0{,}07$; $145\% = \frac{145}{100} = 1{,}45$

Beispiel:

Von den 40 Schülern der Klassenstufe 8 sind 24 weiblich. Das sind 60%.

Das *Ganze* (40 Schüler) ist der **Grundwert G**.

Der *Anteil am Ganzen* (60%) heißt **Prozentsatz p%**.

Die *Größe des Bruchteils* (24 weibliche Schüler) heißt **Prozentwert W**.

G —p%→ W

40 —60%→ 24

Grundwert G | Prozentsatz p% | Prozentwert W

Grundwert G (100%)

Prozentsatz p%

Prozentwert W

Berechnen des Prozentwertes

Zum Wiederholen

1. Anne und Max kaufen sich die gleichen Inline-Skates. Max entdeckt an seinen Inline-Skates einen Kratzer und erhält deshalb einen Rabatt von 12%.

a) Wie viel Euro spart Max?

b) Wie teuer sind nun seine Inline-Skates?

Lösung

a) Du musst 12% von 108,00 € berechnen.

Gesucht: Prozentwert W

Gegeben: Grundwert G = 108,00 €
Prozentsatz p% = 12%

Rechnung:

12% von 108,00 € = $\frac{12}{100}$ · 108,00 € = 12,96 €

12% von 108,00 € = 0,12 · 108,00 € = 12,96 €

Ergebnis: Max spart 12,96 €.

Pfeilbild:

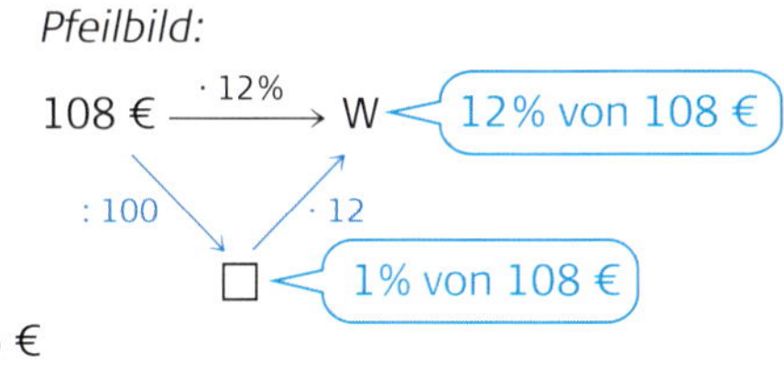

b) 108,00 € – 12,96 € = 95,04 €

Ergebnis: Max muss noch 95,04 € bezahlen.

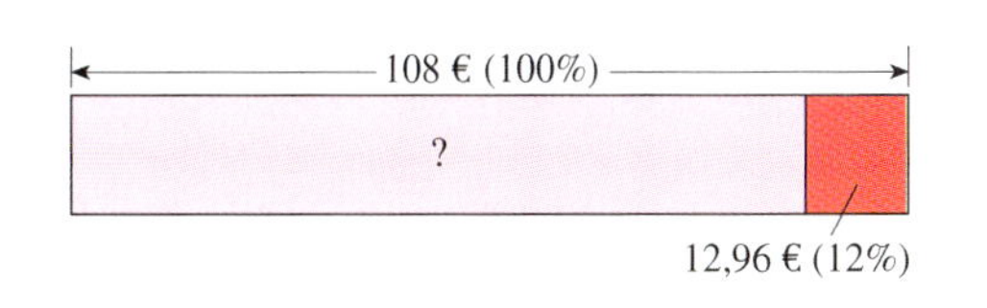

Übungen

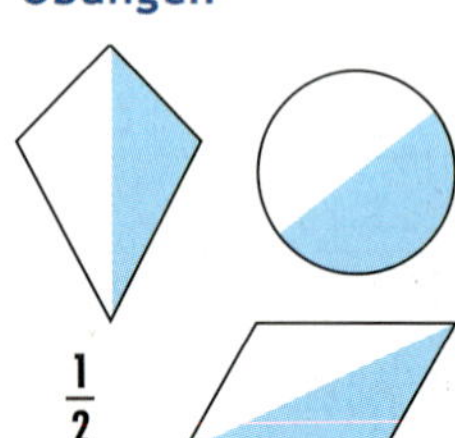

$\frac{1}{2}$

0,5

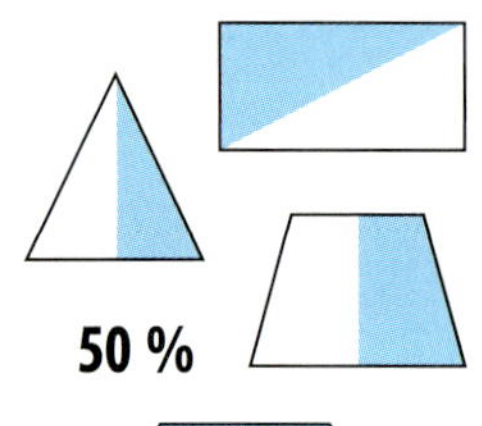

50 %

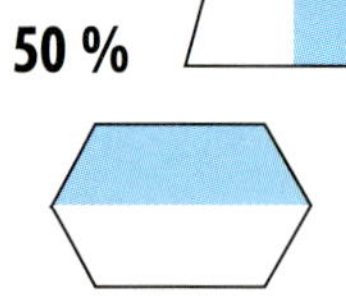

2. **a)** Schreibe als Bruch mit dem Nenner 100 und als Dezimalbruch:
4%; 12%; 16%; 87%; 3,5%; 24,3%; 100%; 128%

b) Schreibe als Dezimalbruch und als Prozentsatz:
$\frac{3}{100}$; $\frac{48}{100}$; $\frac{23,5}{100}$; $\frac{112}{100}$; $\frac{1}{2}$; $\frac{1}{4}$; $\frac{3}{10}$; $\frac{7}{50}$; $\frac{8}{25}$; $\frac{1}{3}$; $\frac{1}{8}$

c) Schreibe als Bruch mit dem Nenner 100 und als Prozentsatz:
0,07; 0,15; 0,28; 0,045; 0,222; 0,879; 1,25

$1\% = \frac{1}{100} = 0{,}01$

$\frac{3}{4} = \frac{3 \cdot 25}{4 \cdot 25} = \frac{75}{100} = 75\%$

$0{,}035 = \frac{35}{1000} = \frac{3{,}5}{100} = 3{,}5\%$

3. Manche Prozentsätze kann man als sehr einfachen Bruch darstellen. Schreibe als gekürzten Bruch und stelle grafisch dar.

a) 25% **b)** 75% **c)** 10% **d)** 20% **e)** 60% **f)** $33\frac{1}{3}\%$ **g)** 150%

4. Berechne ohne Taschenrechner.

a) 50% von 362 **c)** 10% von 98 **e)** 200% von 53,5 **g)** 75% von 88
b) 1% von 17 **d)** 25% von 64 **f)** 20% von 35 **h)** 150% von 48

5. Überschlage. Runde dazu günstig.

48,3% von 640 ≈ 320, denn
50% von 640 = 320
Prozentsatz runden

$33\frac{1}{3}\%$ von 640 ≈ 200, denn
$33\frac{1}{3}\%$ von 600 = 200
Grundwert runden

a) 9,8% von 63 € **c)** 25% von 123,20 € **e)** 48,7% von 358 €
b) 25,8% von 60 *l* **d)** 75% von 11,7 m² **f)** 150% von 87,3 *l*

6. Berechne.

a) 6% von 5 320 € **c)** 27% von 4 617 kg **e)** 48,3% von 1 773 m²
b) 15% von 8 893 m **d)** 38% von 12 334 *l* **f)** 24,6% von 33,5 cm

7. Im Jahr 2003 lebten 11,28 Mio. Kinder und Jugendliche im Alter von 6 bis 19 Jahren in der Bundesrepublik Deutschland.

a) 48,6% der Kinder und Jugendlichen waren Mädchen. Wie viele Jungen und wie viele Mädchen lebten 2003 in Deutschland?

b) 52,3% waren älter als 12 Jahre. Wie viele waren älter als 12 Jahre?

8. Fachkundige Beratungen helfen bei der Wahl des Berufes.
Die Abbildung zeigt das Ergebnis einer Umfrage bei rund 3 500 Auszubildenden.

a) Bei 40% war das Gespräch mit den Eltern ausschlaggebend für die Wahl des Berufes.
Wie viele Auszubildende sind das?

b) Berechne auch, wie viele der 3 500 Befragten als ausschlaggebende Berufswahlhelfer die Berufsberater, die Lehrer bzw. die Freunde angaben.

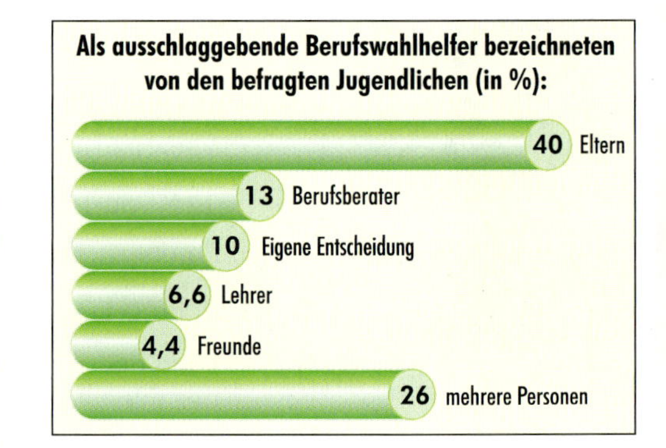

Berechnen des Grundwertes

Zum Wiederholen

1. Paula wünscht sich neue Möbel. Deshalb möchte sie ihre Kinderzimmermöbel verkaufen. In einem Einkaufspark besteht die Möglichkeit, ihr Angebot auszuhängen.
Wie viel Euro kosteten die Kinderzimmermöbel ursprünglich?

Lösung

Gesucht: Grundwert G

Gegeben: Prozentsatz p% = 20%
Prozentwert W = 270,00 €

Ansatz: 270,00 € sind 20% von G

Pfeilbild: $G \xrightarrow[:\,20\%]{\cdot\,20\%} 270{,}00\ €$

Rechnung: Rechne im Pfeilbild rückwärts.

$G = 270{,}00\ € : \frac{20}{100}$ oder $G = 270{,}00\ € : 0{,}20$

$G = 270{,}00\ € \cdot \frac{100}{20}$ $\quad G = 1\,350{,}00\ €$

$G = 1\,350{,}00\ €$

Ergebnis: Das Kinderzimmer kostete ursprünglich 1 350,00 €.

Übungen

2. Berechne den Grundwert G ohne Taschenrechner.

a) 28 kg sind 10% von G
b) 5,6 m^2 sind 1% von G
c) 580 t sind 50% von G
d) 7 h sind 25% von G
e) 72 € sind 60% von G
f) 1,5 ha sind 20% von G
g) 40 m^2 sind 200% von G
h) 1 500 *l* sind 150% von G

3. Überschlage den Grundwert.
Verwende einen geeigneten Prozentsatz.

30 m sind 49,3% von G
30 m sind rund 50% von G
G ≈ 60 m

a) 20 *l* sind 26% von G
b) 12 m^2 sind 9,4% von G
c) 15 kg sind 52,3% von G
d) 21 cm sind 31% von G
e) 7 ha sind 1,4% von G
f) 80 t sind 201% von G

Verwende für W und p% geeignete Näherungswerte

4. Überschlage den Grundwert.

a) W = 105 m; p% = 24%
b) W = 43,9 km; p% = 9%
c) W = 13,4 m^2; p% = 1,2%
d) W = 128 t; p% = 61,5%

5. Berechne den Grundwert G. Runde das Ergebnis, falls erforderlich.

a) 28 € sind 4% von G
b) 39 kg sind 17% von G
c) 148 m sind 34% von G
d) 2,5 ha sind 1,3% von G
e) 44,9 m^2 sind 98,6% von G
f) 1 420 g sind 148% von G

6. Frau Heider hat festgestellt, dass 23% der Mietkosten auf die Betriebskosten entfallen. Wie hoch ist die Miete, wenn die Betriebskosten 115,92 € betragen?

7. Marcel fragt an der Kasse, ob es noch Karten für den Film „Troublemaker" gibt. Die Kassiererin sagt, dass nur 2% der Plätze verkauft sind. Im Kinosaal zählt Marcel 24 Besucher.
Wie viele Plätze hat der Saal?

8. Der neu eröffnete Abschnitt der A 17 zwischen Dresden-Prohlis und Pirna kostete rund 127 Mio. Euro. Das sind etwa 20% der geplanten Gesamtkosten der A 17.
Wie viel Euro sind für die A 17 vorgesehen?

9.

Im Jahr 2004 gab es bei der Dresdener Feuerwehr 1 119 Fehlalarmierungen, das waren 3% aller Einsätze.

a) Zu wie vielen Einsätzen wurde die Dresdener Feuerwehr gerufen?

b) Etwa 3% der Fehlalarmierungen waren böswillig. Wie viele waren das?

Berechnen des Prozentsatzes

Zum Wiederholen

1. Im Jahr 2005 hatte der Landessportbund Sachsen 510 699 Mitglieder. Davon gehören 121 220 einem Fußballverein an.
Wie viel Prozent der Mitglieder des Landessportbundes engagieren sich in Fußballvereinen?

Lösung

Gesucht: Prozentsatz p%

Gegeben: Grundwert G = 510 699
Prozentwert W = 121 220

Ansatz: 121 220 von 510 699 sind p%

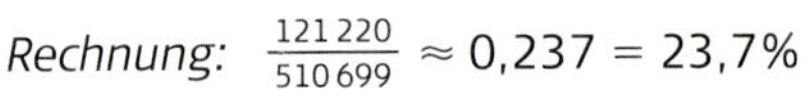

Rechnung: $\frac{121\,220}{510\,699} \approx 0{,}237 = 23{,}7\%$

Ergebnis: Rund 23,7% der Mitglieder engagieren sich in Fußballvereinen.

Übungen

2. Wie viel Prozent der Fläche sind grün gefärbt?

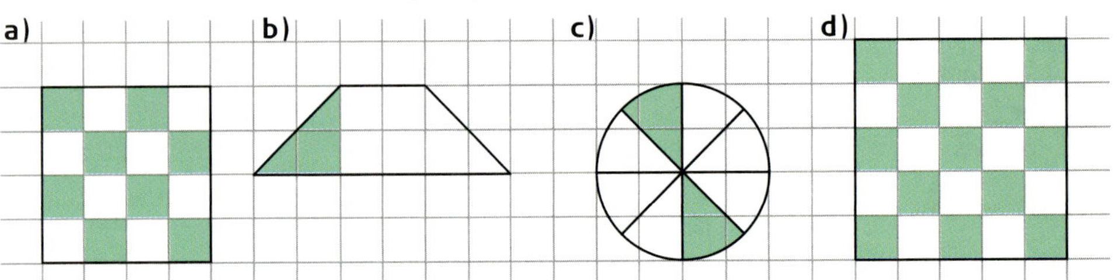

3. Berechne den Prozentsatz p% ohne Taschenrechner.

a) p% von 150 kg sind 15 kg
b) p% von 24 *l* sind 12 *l*
c) p% von 56 m sind 14 m
d) p% von 35 € sind 7 €
e) p% von 80 dm sind 60 dm
f) p% von 64 t sind 128 t

4. Überschlage. Runde dazu sinnvoll.

a) 17,8 *l* von 180 *l*
b) 348,12 € von 700 €

73 kg von 150 kg sind rund 50%, denn
75 kg von 150 kg sind 50%.

5. Berechne den Prozentsatz. Runde auf zehntel Prozent, falls erforderlich.

a) p% von 346 *l* sind 47 *l*
b) p% von 7 280 km sind 952 km
c) p% von 937 dm^3 sind 895 dm^3
d) p% von 485 m^2 sind 3 m^2

6. In Deutschland gibt es etwa 36 Millionen Erwerbstätige. Davon sind etwa 2 Millionen im Gesundheitswesen beschäftigt.

7. Von den 44 Ländern Europas sind 25 in der EU (2005).

8. Ein Schüler braucht täglich zur gesunden Ernährung 65 g Eiweiß, 85 g Fette und 320 g Kohlenhydrate.
Wie viel Prozent des Tagesbedarfes werden mit einer Müsli-Portion gedeckt?

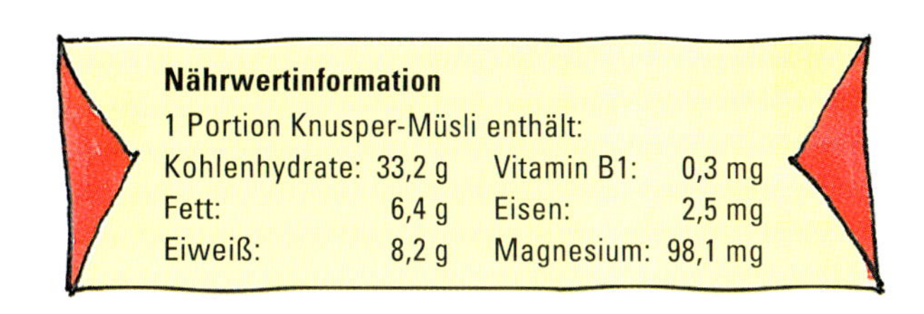
Nährwertinformation
1 Portion Knusper-Müsli enthält:

Kohlenhydrate:	33,2 g	Vitamin B1:	0,3 mg
Fett:	6,4 g	Eisen:	2,5 mg
Eiweiß:	8,2 g	Magnesium:	98,1 mg

9. Stefan kauft ein Glas Schokoladencreme. Zu Hause überprüft er das Gewicht mit einer Waage. Die Waage zeigt 680 g an.
Wie viel Prozent vom Gesamtgewicht entfällt auf den Inhalt?

10. In einer 8. Klasse lernen 22 Schüler.

a) 3 Schüler spielen Fußball. Wie viel Prozent sind das?
b) 9% der Klasse sind in der AG Schach. Wie viele Schüler spielen Schach?
c) 5 Jungen der Klasse spielen Volleyball, das sind $33\frac{1}{3}$% der Jungen. Wie viele Jungen hat die Klasse?

11. 804 Kinder im Alter zwischen 6 und 13 Jahren wurden gefragt:
„Was würdest du mit auf eine einsame Insel nehmen?"
Die Grafik zeigt das Ergebnis der Befragung.
Berechne die Anteile in Prozent.

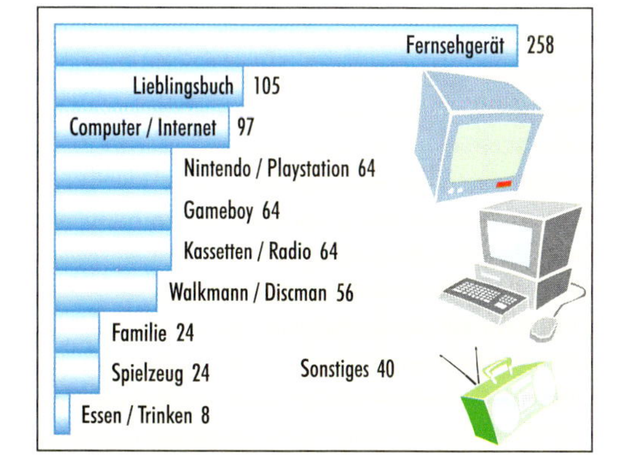

12. Sieh dir das nebenstehende Säulendiagramm an. Es zeigt für eine Woche die täglichen Besucherzahlen im städtischen Hallenbad.
Wie viel Prozent der Badegäste besuchten am Wochenende das Bad?

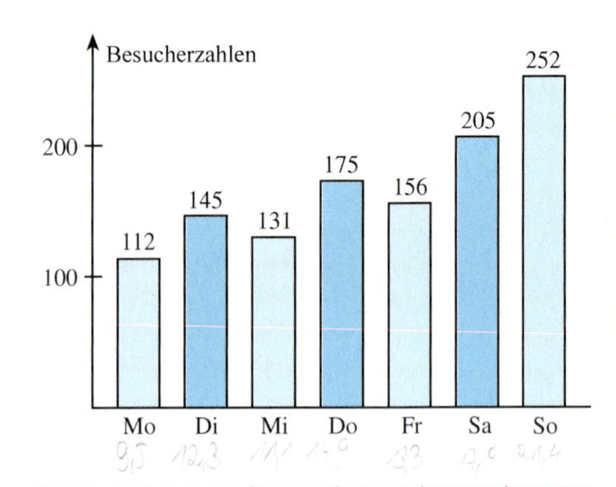

13. Bei der Schulolympiade beteiligten sich die Klassen 8 a, 8 b, 8 c und 8 d. Zur Siegerehrung wurden Urkunden verteilt.

Klasse	8 a	8 b	8 c	8 d
Anzahl der Urkunden	9	13	14	12
Schülerzahl	20	25	28	22

a) In welcher Klasse war der Erfolg am größten?

b) Stelle die prozentualen Anteile in einem Säulendiagramm dar.

14. Anne will zeigen, dass Schulkinder zu wenig Freizeit haben. Sie hat deshalb die Tabelle angefangen.

1 Woche = ? h

Tätigkeit	Zeitdauer pro Woche	Anteil an einer Woche in Prozent
Schule	30 h	
Schulweg	5 h	
Zeitung austragen	3 h	
Hausaufgaben	7 h	
Schlafen	56 h	
Restzeit		

a) Übertrage die Tabelle in dein Heft und vervollständige sie.

b) Zeichne für die Ergebnisse aus Teilaufgabe a) ein Streifendiagramm.

c) Zeichne ein Kreisdiagramm.

d) Ist die Restzeit die Freizeit? Wie ist es bei dir?

15. Die Tabelle enthält die Schülerzahlen einer Schule.

Schuljahr	Jungen	Mädchen
5	26	38
6	35	44
7	47	35
8	51	39
9	43	52
10	28	24

a) Wie viel Prozent aller Schüler sind in jeder Klassenstufe?
Veranschauliche die prozentuale Verteilung in einem Kreisdiagramm.

b) In welcher Klassenstufe ist der prozentuale Anteil der Mädchen am größten?

c) Wie viel Prozent aller Schüler sind Jungen?

d) Wie viel Prozent der Mädchen dieser Schule sind in der 10. Klasse?

e) Stelle selbst geeignete Aufgaben und löse sie.

PROZENTUALE VERÄNDERUNG

Berechnen des vermehrten Grundwertes

Einstieg

> Die Weltbevölkerung hat sich von 1960 bis zum Jahr 2000 verdoppelt.

> Preise für die Einzelfahrt werden von 1,60 € auf 1,70 € erhöht.

→ Wie kann man die angegebenen Änderungen in Prozent ausdrücken?

Aufgabe

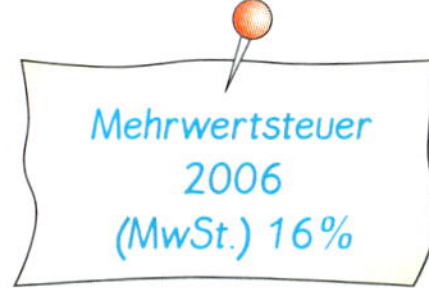

1. Lisas Wunschtraum war ein eigenes Mountain-Bike. Im Großhandel sah sie im Mai 2006 das Angebotsschild.
Wie viel musste Lisa an der Kasse bezahlen?

Lösung

Wir betrachten dazu zwei unterschiedliche Lösungswege.

1. Lösungsweg:

16% von 395,00 € = 63,20 €

Angebot		Mehrwertsteuer		Endpreis
395,00 €	+	63,20 €	=	458,20 €

2. Lösungsweg:

An der Zeichnung erkennst du: Der Endpreis ist 116% des Angebotes.

$395{,}00\ € \xrightarrow[\cdot\, 1{,}16]{\cdot\, 116\%} \square$ ← Endpreis

$395{,}00\ € \cdot 1{,}16 = 458{,}20\ €$

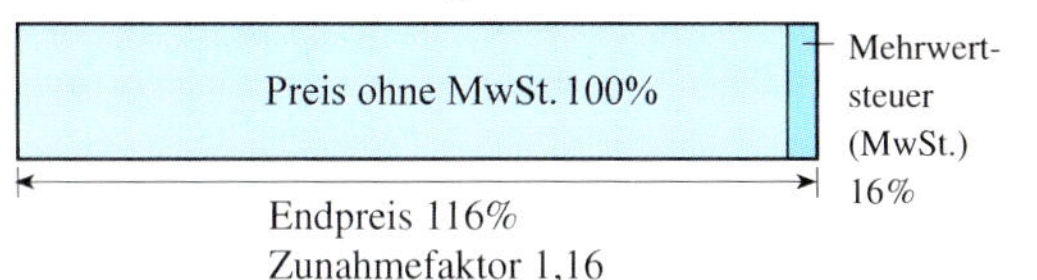

Ergebnis: Lisa muss an der Kasse 458,20 € bezahlen.

Information

Erhöhung *um* und Erhöhung *auf*

Der ursprüngliche Wert entspricht dem Grundwert, der veränderte Wert ist der um einen Prozentwert vermehrte Grundwert.
Eine Erhöhung (z. B. um 4%) kann man auf 2 Wegen berechnen:

1. Weg: Man addiert zum Grundwert den Prozentwert (4% vom Grundwert).
2. Weg: Man berechnet 104% (100% + 4%) vom Grundwert, indem man den Grundwert mit dem **Zunahmefaktor** 1,04 multipliziert.

Zum Festigen und Weiterarbeiten

2. Ein Automobilwerk stellte im letzten Jahr 260 000 Autos her. In diesem Jahr soll die Produktion um 7% gesteigert werden.
Wie viele Autos sollen hergestellt werden?

3. Schreibe zunächst den Faktor auf, berechne damit dann den neuen Preis (Preise in €).

Alter Preis (in €)	85	175	98,50	60	1 200	999	1,50	16 000	79,50
Erhöhung um	8%	5%	12%	5,5%	15%	4%	20%	16%	6,5%
Zunahmefaktor	1,08								
Neuer Preis (in €)									

4. **a)** Der Preis steigt um 8%. Auf wie viel Prozent steigt der Preis?
b) Der Preis steigt auf 107%. Um wie viel Prozent steigt der Preis?
c) Ein Preis steigt um 20% an. Auf das Wievielfache steigt er an?
d) Ein Preis steigt auf das 1,15fache an. Um wie viel Prozent steigt er an?

5. Zu den folgenden Preisen kommt noch die Mehrwertsteuer hinzu.
Berechne die Endpreise, runde auf 10 Cent.

Übungen

6. Die Preise im Öffentlichen Personennahverkehr sollen um 9% ansteigen.
Runde bei den Einzelfahrkarten auf 10 Cent, sonst auf 50 Cent.

	Einzelfahrkarte	Kinderfahrkarte	Schülerwochenkarte	Schülermonatskarte
Alter Preis	1,40 €	0,90 €	8,20 €	28,40 €
Neuer Preis				

7. Tims Eltern wollen im Wohnzimmer neues Parkett verlegen lassen.
Der Handwerker sagt:
„Das kostet 1 745 €, dazu kommt noch die Mehrwertsteuer."
Berechne die Kosten für das Verlegen des Parketts mit Mehrwertsteuer.

8. Lena und ihre Mutter hatten im letzten Jahr eine Jahreskarte für das Schwimmbad.
Das Schild zeigt noch die alten Preise. Die Gemeindevertreter haben beschlossen, im neuen Jahr die Preise um 8% zu erhöhen.
Wie viel Euro muss Lena und wie viel ihre Mutter in diesem Jahr für eine Jahreskarte bezahlen? Runde auf volle Euro.

Berechnen des verminderten Grundwertes

Einstieg

> Bei einer Verkaufsaktion wird jeder Preis um die Hälfte vermindert.

> Die Einwohnerzahl von Weißwasser ist seit 1989 von 38 000 auf 22 000 zurückgegangen.

➜ Wie kann man die angegebenen Veränderungen in Prozent ausdrücken?

Aufgabe

1. Die Europäische Union hat beschlossen, durch geeignete Maßnahmen den Ausstoß von Kohlendioxyd bis zum Jahre 2010 um 15% gegenüber 1990 zu senken.
Wie viel Mio. t sollen der Ausstoß dieses Treibhausgases in Deutschland dann noch betragen?
Stelle die Verminderung auch mithilfe eines Streifendiagramms dar.

Lösung

Wir betrachten wieder zwei unterschiedliche Lösungswege.

1. Lösungsweg:

15% von 1 020 Mio. t = 153 Mio. t

1 020 Mio. t − 153 Mio. t = 867 Mio. t

2. Lösungsweg:

100% − 15% = 85%

1 020 Mio. t $\xrightarrow[\cdot\, 0{,}85]{\cdot\, 85\%}$ ☐

1 020 Mio. t · 0,85 = 867 Mio. t

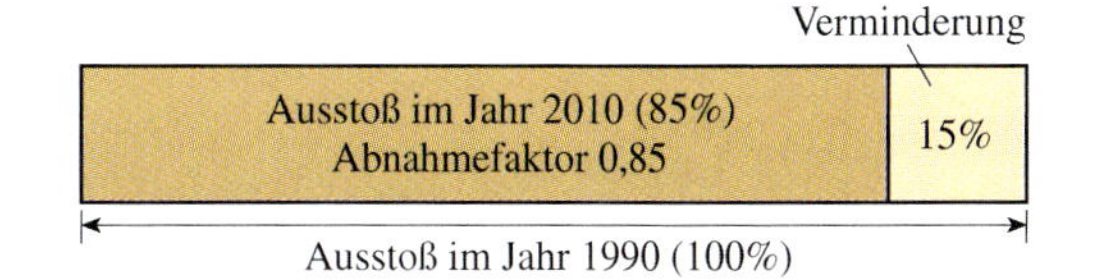

Ergebnis: Der Ausstoß von Kohlendioxyd soll im Jahr 2010 nur noch 867 Mio. t betragen.

Information

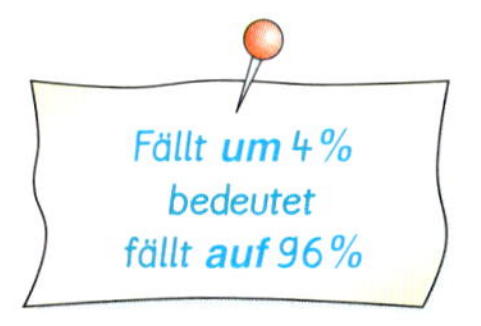

Verminderung *um* und Verminderung *auf*

Der ursprüngliche Wert entspricht dem Grundwert.
Eine Verminderung (z. B. um 4%) kann man auf 2 Wegen berechnen:

1. Weg: Man subtrahiert vom Grundwert den Prozentwert (4% vom Grundwert).
2. Weg: Man berechnet 96% (100% − 4%) vom Grundwert, indem man den Grundwert mit dem **Abnahmefaktor** 0,96 multipliziert.

Zum Festigen und Weiterarbeiten

2.

Alter Preis (in €)	86	175	83,50	340	1 500	9,90	24 000	2,95	63,50
Rabatt	15%	6%	10%	7,5%	11%	10%	16%	30%	25%
Abnahmefaktor	0,85	0,94	0,90	0,925	0,89	0,90	0,84	0,70	0,75
Neuer Preis (in €)	73,10	164,50	75,15	314,50	1335	8,91	20160	2,07	47,63

3. Jubiläumsverkauf: Auf alle Preise 25% Rabatt!

Berechne die neuen Preise.

Händler können für ihre Ware einen Preisnachlass gewähren, z.B. bei einem Jubiläumsverkauf oder bei einem Räumungsverkauf. Einen solchen Preisnachlass nennt man **Rabatt**.
Ein besonderer Rabatt ist der **Skonto**. Er wird Kunden gewährt, wenn sie eine Ware sofort bezahlen.
Kannst du erklären, warum Händler solche Angebote machen?

Übungen

4. Der Müll in einem Landkreis betrug im Jahre 2004 noch 78 000 t. Durch Einführung der Biotonne konnte der anfallende Müll im Jahre 2005 um 5,8% gesenkt werden.
Wie viel t betrug dann der Restmüll?

5. Herr Scherer hat eine Rechnung über 293 € für die Aufrüstung seines PCs bekommen. Er darf 2% Skonto von dem Betrag abziehen, wenn er innerhalb von 8 Tagen bezahlt.

a) Wie viel Geld kann er sparen?

b) Welchen Betrag muss er dann bezahlen?

Stadtfest: Das schlechte Wetter sorgte in diesem Jahr für 8% weniger Besucher!

Während im letzten Jahr 39 000 Besucher zum Stadtfest kamen, waren es in diesem Jahr

6. Ein Teil des Zeitungsartikels ist verloren gegangen.
Wie viele Besucher sind in diesem Jahr auf dem Stadtfest gewesen?

7. Philipp kleidet sich zur Hochzeit seiner Schwester neu ein. Er kauft in dem Geschäft, in dem seine Mutter arbeitet. Daher bekommt er auf alle Kleidungsstücke 15% Preisermäßigung.
Wie viel muss er bezahlen?

8. Familie Behrends hat im letzten Jahr bei der Neuanschaffung von Elektrogeräten darauf geachtet, energiesparende Geräte zu kaufen. Ihre Stromabrechnung zeigt, dass sich der „Verbrauch" von 8 600 kWh im letzten Jahr um 7% verringert hat.
Berechne den neuen „Stromverbrauch".

Kilowattstunde, Einheitenzeichen **kWh**, Einheit der Energie (v.a. in der Elektrotechnik). Die dem Netz entnommene elektr. Energie wird in kWh gemessen: 1 kWh wird benötigt, wenn 1 Stunde lang 1 Kilowatt (kW) = 1 000 Watt geleistet wird.
Zehn 100-Watt-Glühbirnen benötigen in 1 Stunde 1 000 Wattstunden (Wh) = 1 kWh.

9. Anne möchte sich einen Memory-Stick zulegen. Im Katalog eines Elektronik-Versandhauses werden ein 128-MB-Stick für 9,90 € und ein 256-MB-Stick für 19,90 € angeboten. Auf seiner Internetseite bietet das Versandhaus als Tagespreis alle Memory-Sticks mit einem Preisnachlass von 5% an. Welcher Preisvorteil ergibt sich?

Berechnen des Prozentsatzes bei vermehrtem oder vermindertem Grundwert

Einstieg

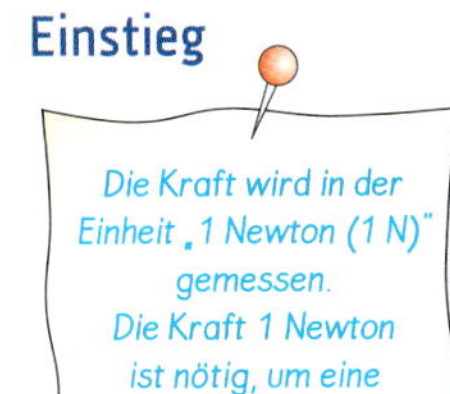

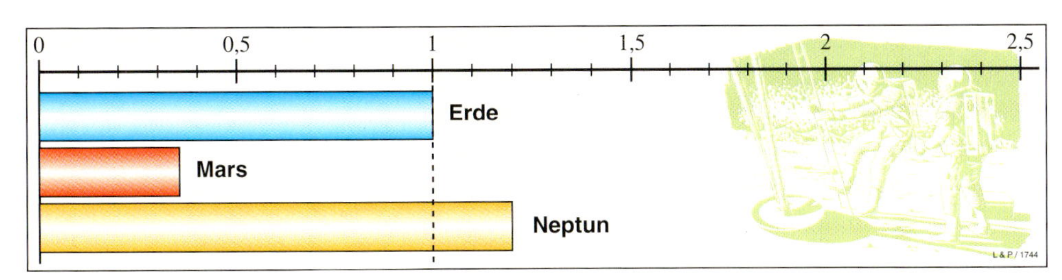

Das Schaubild zeigt, das Wievielfache ein Mensch auf den Planeten Neptun und Mars im Vergleich zu seinem Gewicht auf der Erde wiegt.
Ein Astronaut, der auf der Erde ein Gewicht von 700 Newton hat, würde auf dem Saturn 662,2 N, auf dem Jupiter 1 656,2 N und auf dem Mond 116,2 N an Gewicht haben.

→ Vervollständige das Diagramm.

→ Gib auch die jeweilige prozentuale Gewichtsveränderung an.

Aufgabe

1. Jasmin hat sich in einem älteren Versandhauskatalog einen Fotoapparat für 200 € ausgesucht. Im Fachgeschäft in ihrer Nachbarschaft ist der gleiche Apparat mit 212 € ausgezeichnet.
Da es sich um ein Auslaufmodell handelt, ist der Händler bereit, Jasmin den Fotoapparat für 185,50 € zu verkaufen.

a) Um wie viel Prozent ist der Fotoapparat bei dem Händler teurer als im Katalog?

b) Wie viel Prozent Preisnachlass gewährt der Händler?

Lösung

a) 200 € $\xrightarrow{?\%}$ 212 €

$\frac{212\text{ €}}{200\text{ €}} = 1{,}06 = 106\%$

Ergebnis: Der Preis ist um 6% (106% − 100%) höher.

b) 212 € $\xrightarrow{?\%}$ 185,50 €

$\frac{185{,}50\text{ €}}{212\text{ €}} = 0{,}875 = 87{,}5\%$

Ergebnis: Der Preisnachlass beträgt 12,5% (100% − 87,5%).

Zum Festigen und Weiterarbeiten

2. Ein neues Elektronik-Fachgeschäft bietet als Eröffnungsangebot einen DVD-Recorder für 189 € an. Später wird er zum Verkaufspreis von 198,45 € angeboten.

3. Wie viel Prozent beträgt die Vermehrung bzw. Verminderung des Grundwertes?

a) Der Preis einer Ware wird verdoppelt.

b) Der Preis wird auf die Hälfte reduziert.

c) Der Preis wird um die Hälfte reduziert.

d) In den letzten 10 Jahren haben sich die Lebenshaltungskosten verdreifacht.

e) Die Einwohnerzahl der Stadt ist auf das Dreifache gestiegen.

f) Die Mitgliederzahl des Vereins ist um das Dreifache gestiegen.

Übungen

4. Auf wie viel Prozent hat sich der Preis erhöht bzw. vermindert?

	a)	b)	c)	d)
alter Preis	32,00 €	150,00 €	7 372,00 €	3,50 €
neuer Preis	24,00 €	165,00 €	9 215,00 €	3,15 €

5. Aus dem Prospekt eines Sporthauses.

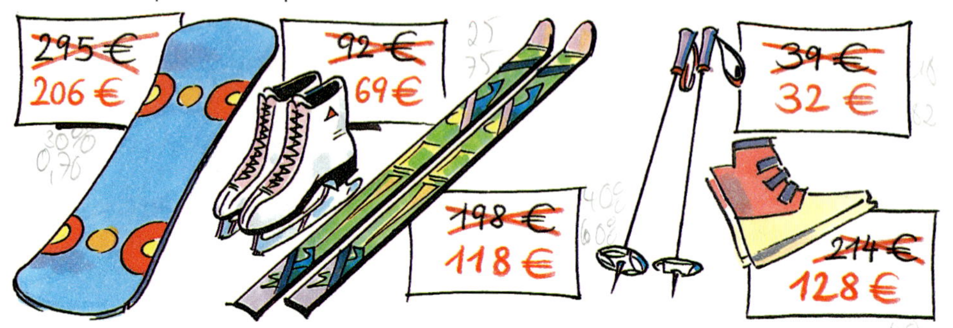

a) Um wie viel Prozent wurde der Preis jeweils reduziert?

b) Auf wie viel Prozent wurde der Preis jeweils reduziert?

6. Daniel kauft ein Notebook für 1 200 €. Er möchte zusätzlich einen größeren Arbeitsspeicher und eine Festplatte mit höherer Kapazität eingebaut haben. Durch diese Veränderung erhöht sich der Preis auf 1 360 €.

a) Um wie viel Prozent ist das Notebook teurer geworden?

b) Bei Zahlung des Rechnungsbetrages innerhalb von 10 Tagen erhält Daniel 2% Skonto. Wie viel Euro spart er dadurch?

7. Die Miete von Jans Eltern wird von 445 € auf 470 € erhöht.
Um wie viel Prozent ist die Miete gestiegen?

8. Der Preis für einen Monitor hat sich von ursprünglich 257 € auf 249 € verringert.
Wie viel Prozent beträgt der Preisnachlass?

9. Um wie viel Prozent wurden die Preise erhöht?

10. Die Schüler der Klasse 8c hatten die Hausaufgabe, den Preis eines LCD-Fernsehers mit Mehrwertsteuer für verschiedene Länder zu berechnen.
Maik ermittelte die Preise:
(1) 929,64 € (2) 883,92 € (3) 899,16 €.
Er hat vergessen, die Ländernamen zu notieren. Hilf ihm.

Mehrwertsteuersätze

Belgien	21%	Luxemburg	15%
Finnland	22%	Niederlande	19%
Frankreich	19,6%	Österreich	20%
Griechenland	18%	Spanien	16%

VERMISCHTE ÜBUNGEN ZUR PROZENTRECHNUNG

1. Sarahs Mutter verdient monatlich 1 430 €.

a) Sie gibt durchschnittlich 8% ihres Gehaltes für ihren Wagen aus. Wie viel Euro sind das?

b) Die letzte Pkw-Inspektion kostete 172 €. Wie viel Prozent ihres Gehaltes sind das?

c) Olivers Onkel rechnet für die laufenden Pkw-Kosten monatlich 125 €. Das sind 8% seines Gehaltes. Wie viel verdient er monatlich?

2. Ein Sporthaus wirbt mit kräftigen Preisermäßigungen.
Um wie viel Prozent wurden die Preise jeweils gesenkt?

3. Der Stundenlohn von Michaels Vater wurde um 2,8% erhöht. Michael möchte, dass sein Taschengeld um den gleichen Prozentsatz erhöht wird. Er bekommt bisher 20 € im Monat.

a) Um wie viel Euro soll sich das Taschengeld erhöhen?

b) Wie viel Taschengeld bekommt er dann im Monat?

4. Ein Cityrad kostet 485 €. Dieser Betrag wird um die Mehrwertsteuer erhöht.
Bei Barzahlung gewährt der Händler einen Preisnachlass von 3%.

a) Wie teuer ist das Cityrad bei Barzahlung?

b) „Wir müssen auf 485 € also 13% aufschlagen“, sagt der Kunde. Ist das richtig?

5. 2001 gab es in Deutschland 56,0 Mio. Handys. 2002 stieg die Anzahl um 5,4% und 2003 um 9,8% jeweils im Vergleich zum Vorjahr.

a) Berechne die Anzahl der Handys im Jahr 2003. Runde geeignet.

b) Stelle die Anzahl der Handys für alle drei Jahre grafisch dar.

c) Um wie viel Prozent stieg die Anzahl der Handys im Jahr 2003 gegenüber 2001?

6. Das Bekleidungsgeschäft „Amsel“ gewährt 3% Sofortrabatt auf ihre Kundenkarte. Frau Schneider hat sich eine Bluse für 19,99 € und eine Jacke für 69,90 € ausgesucht.
Wie viel Euro spart Frau Schneider durch die Kundenkarte?

7. 113 Millionen Reisen unternahmen die Deutschen 2003 innerhalb Deutschlands. 50 Millionen waren Urlaubsreisen. Vom Rest der Reisen sind 39% Besuche von Freunden und Verwandten und 22% Geschäftsreisen.
Wie viele Geschäftsreisen wurden unternommen?

8. 

In der Abbildung links sind die Lieblingsbrotsorten der Deutschen im Jahr 2003 dargestellt.

a) Stelle die Prozentangaben in einem Kreisdiagramm dar.

b) Im Jahr 2003 verzehrte jeder Deutsche durchschnittlich 87 kg Brot. Wie viel kg Mehrkornbrot wurden durchschnittlich pro Person verzehrt?

c) Gegenüber 2002 war der Verzehr um 1% pro Person angestiegen. Wie viel kg Brot verzehrte durchschnittlich jeder Deutsche 2002?

9. 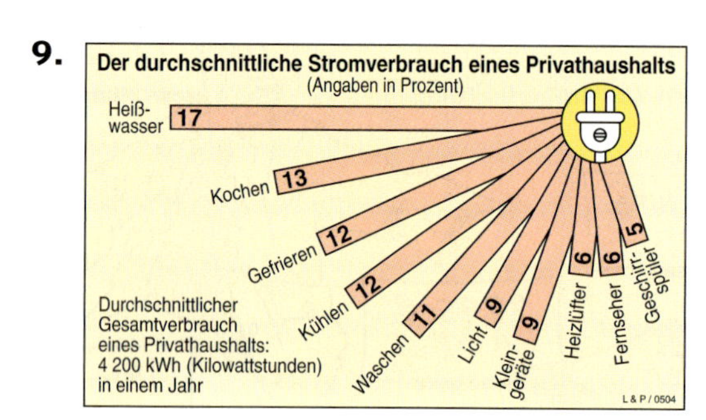

Betrachte die Grafik links.

a) Wie viel kWh wurden für den Geschirrspüler benötigt?

b) Eine Kilowattstunde kostet 0,15 €. Wie teuer ist die Benutzung des Fernsehers im Jahr?

c) Erkundige dich nach eurem Stromverbrauch.

d) Stelle selbst Aufgaben und löse sie.

10. Zeichne zu den Markanteilen der Fernsehsender je ein Kreisdiagramm.
Beschreibe die Entwicklung der jeweiligen Marktanteile.
Berücksichtige die prozentualen Veränderungen.

Entwicklung der TV-Marktanteile in Deutschland

Programme	1990	1995	2004
ARD	30,7%	14,6%	13,9%
ZDF	28,4%	14,7%	13,8%
RTL	11,8%	17,6%	13,8%
Dritte	5,6%	8,9%	13,7%
SAT 1	9,2%	14,7%	10,3%

11. Das Straßennetz für den überörtlichen Verkehr hat in Sachsen eine Länge von 13 540 km. Berechne die Anteile.

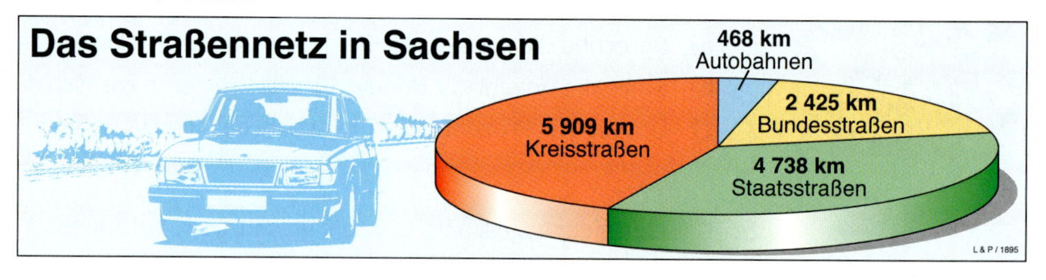

12. Berechne den Tagesgewinn bzw. -verlust der Aktie in Euro.

Unternehmen	Aktueller Tageskurs	Gewinn/Verlust gegenüber Vortag
Software AG	83,46 €	+3,76%
Automobil AG	94,38 €	−2,94%

IM BLICKPUNKT: PROZENTE UND TABELLENKALKULATION

Die Grundaufgaben zur Prozentrechnung kannst du auch mit einem Tabellenkalkulationsprogramm am Computer lösen. Eine Kalkulationstabelle bietet sich an, wenn du zum Beispiel mehrfach Prozentwerte mit unterschiedlichen Prozentsätzen berechnen musst.

Für die Anschaffung von Taschenrechnern hat Frau Lenz verschiedene Angebote bekommen.

Angebot A	
Ladenpreis	13,50 €
Schulrabatt	8,0%
Skonto *	2,0%
* Bei Zahlung innerhalb von 14 Tagen	

Angebot B	
Ladenpreis	14,55 €
Schulrabatt	9,5%
Skonto *	2,5%
* Bei Zahlung innerhalb von 14 Tagen	

Angebot C	
Ladenpreis	15,60 €
Schulrabatt	12,0%
Skonto *	2,0%
* Bei Zahlung innerhalb von 14 Tagen	

Mit ihrem Kalkulationsprogramm hat sie eine Tabelle erstellt, um die drei Angebote zu vergleichen. Ein Ausschnitt aus der Tabelle ist hier abgebildet.

	A	B
1		Vergleich von A
2		
3		Angebot A
4	Ladenpreis	13,50 €
5	Schulrabatt	8,0%
6	Rabattbetrag	1,08 €
7	Zwischensumme	12,42 €
8	Skonto	2,0%
9	Skontobetrag	0,25 €
10	Rechnerpreis	12,17 €

Beachte die unterschiedlichen Formatierungen, die du im Menü **Format ... Zellen ...** einstellen kannst.
Für die Prozentangaben gibst du in der Zelle B5 zunächst 0,07 und in der Zelle B8 0,02 ein. Anschließend wählst du für beide Zellen **Prozent mit 1 Dezimalstelle.**
Für alle Zellen, in denen Geldbeträge angezeigt werden, wählst du das Format **Euro mit 2 Dezimalstellen** aus.

Weitere Hinweise:
Der Rabattbetrag wird in der Zelle B6 berechnet.
Gib in B6 die Formel **=B4*B5** ein.
Die Zwischensumme in der Zelle B7 berechnest du mit der Formel **=B4–B6**.

Für den Skontobetrag in Zelle B9 und den Rechnerpreis in B10 kannst du die Formeln sicherlich selbst finden.

1. Erstelle die vollständige Kalkulationstabelle und vergleiche die drei Angebote.

2. In einer Stadtbücherei können neben Büchern auch CDs ausgeliehen werden. In der Tabelle ist die Verteilung auf die einzelnen Musikrichtungen angegeben.

a) Gib die Werte in ein Tabellenblatt ein. Berechne die Gesamtzahl der angebotenen CDs und die Anteile der einzelnen Musikrichtungen in Prozent.

b) Erstelle ein Kreisdiagramm.

Musikrichtung	Anzahl der CDs
Oper	651
Konzert	744
Jazz	837
Pop	2 139
Sonstiges	279

3. Auf einer Nahrungsmittelverpackung hat Arne die abgebildete Nährwerttabelle gefunden. Der Packungsinhalt ist mit 360 g angegeben.

a) Erstelle ein Tabellenblatt und berechne, wie viel Gramm jeweils auf die einzelnen Anteile entfallen.

b) Sucht Ernährungsinformationen auf verschiedenen Nahrungsmittelverpackungen. Berechnet die prozentualen Anteile der Inhaltsstoffe und vergleicht.

Nährwerttabelle	
Eiweiß	4,7 %
Kohlenhydrate	76,1 %
Fett	9,8 %
Ballaststoffe	4,2 %

ZINSRECHNUNG – JAHRESZINSEN

Berechnen der Jahreszinsen

Einstieg

Zinsen für ein Jahr

Geht auf Entdeckungsreise: Besucht in kleinen Gruppen Sparkassen oder Banken am Ort. Es gibt verschiedene Möglichkeiten, Geld bei der Bank oder Sparkasse zum Sparen einzuzahlen. Die Zinssätze sind dabei unterschiedlich.

→ Erkundigt euch, wovon der Zinssatz abhängt.
→ Fragt auch nach den Zinssätzen für Darlehen.
→ Bekommt jeder, der Geld braucht, ein Darlehen von der Bank?

Aufgabe

1. **a)** Britta hat zu Weihnachten 360 € geschenkt bekommen. Am Anfang des neuen Jahres bringt sie das Geld auf ihr Sparkonto bei der Bank. Am Ende des Jahres erhält sie 2% Zinsen.
Wie viel Euro erhält sie von der Bank?

b) Wie viel Euro hat sie dann auf ihrem Sparkonto?

Wenn man sein Geld zu Beginn des Jahres auf ein Sparkonto einzahlt, bekommt man am Ende des Jahres von der Bank (Sparkasse) einen bestimmten Prozentsatz (Zinssatz) seines Geldes dazu; das sind die Zinsen (*Guthabenzinsen*).

Lösung

a) *Überlegung:* Du musst 2% von 360,00 € berechnen. $360{,}00\,€ \xrightarrow{\cdot 2\%} Z$

Rechnung: $360{,}00\,€ \cdot 0{,}02 = 7{,}20\,€$

oder $360{,}00\,€ \cdot \frac{2}{100} = 7{,}20\,€$

Ergebnis: Nach einem Jahr bekommt Britta von der Bank 7,20 € Zinsen.

b) Du kannst auf zwei verschiedenen Wegen rechnen.

1. Lösungsweg:

2. Lösungsweg:

Das Kapital wird um 2% erhöht auf 102%.

102% = 1,02

Rechnung: $360{,}00\,€ \cdot 1{,}02 = 367{,}20\,€$

Ergebnis: Britta hat dann 367,20 € auf dem Sparkonto.

Information

In der Zinsrechnung kann man wie in der Prozentrechnung verfahren.

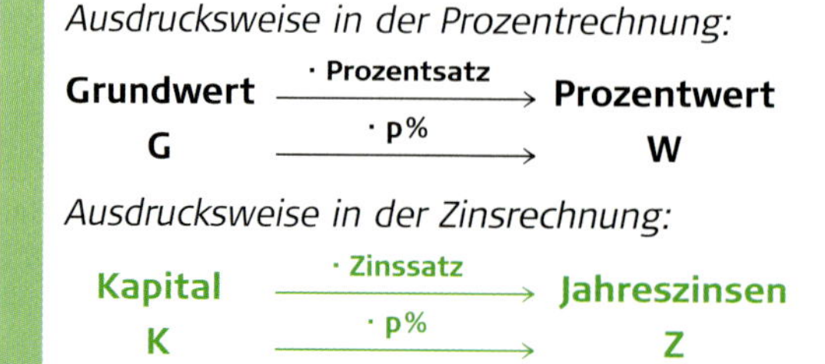

Ausdrucksweise in der Prozentrechnung:

Grundwert $\xrightarrow{\cdot \text{ Prozentsatz}}$ **Prozentwert**

G $\xrightarrow{\cdot p\%}$ **W**

Ausdrucksweise in der Zinsrechnung:

Kapital $\xrightarrow{\cdot \text{ Zinssatz}}$ **Jahreszinsen**

K $\xrightarrow{\cdot p\%}$ **Z**

Zum Festigen und Weiterarbeiten

2. Alinas Mutter möchte ihr Arbeitszimmer neu einrichten. Dafür fehlen ihr noch 1 400 €. Die Bank bietet ihr ein Darlehen an, das im Jahr 12% Zinsen kostet.
Wie viel Euro Zinsen muss sie für das geliehene Geld bezahlen?

Wenn man sich Geld bei der Bank oder Sparkasse leiht, muss man dafür Geld bezahlen. Auch das nennt man Zinsen (*Sollzinsen*).

3. Sarah hat ein Sparbuch mit 490 €. Der Zinssatz beträgt 3%. Auf wie viel Euro wird das Kapital zusammen mit den Zinsen nach einem Jahr angewachsen sein?

Übungen

4.

Kapital K	1 000 €	2 500 €	6 000 €	750 €	4 395 €	478 €
Zinssatz p%	3%	2%	1,5%	1,2%	2,1%	0,7%
Jahreszins Z						

5. Lena bringt 280 € auf ihr Sparbuch. Dafür bekommt sie im Jahr 1,7% Zinsen.
Am Nachbarschalter bietet die Sparkassenangestellte ein Darlehen an:
„Für 4 500 € zahlen Sie 8,3% Zinsen."

a) Wie viel Zinsen bekommt Lena in einem Jahr?

b) Wie viel Zinsen müssen für das Darlehen in einem Jahr bezahlt werden?

c) Der Zinssatz, zu dem die Sparkasse oder Bank Geld ausleiht, ist immer höher als der, den sie ihren Kunden bezahlt. Kannst du dir denken, warum das so ist?

6.

Kapital am Jahresanfang	200 €	1 350 €	765 €	20 000 €	370,35 €	5 555 €
Zinssatz	1,5%	2,25%	2,7%	3,4%	1,75%	1,9%
Zunahmefaktor						
Kapital am Jahresende						

7. Herr Peters leiht sich 4 000 € für den Kauf eines Autos. Er vereinbart einen Zinssatz von 4,8% bei einer Laufzeit von einem Jahr.
Wie viel zahlt er zurück?

8. Für den Kauf eines Hauses kann Frau Wehrmann drei Darlehensverträge abschließen:
25 000 € zu 6%;
14 000 € zu 7%;
40 000 € zu 7,25%.
Ein Finanzierungsbüro macht ihr das Angebot, statt dessen die Gesamtsumme zu 7% aufzunehmen.
Sollte Frau Wehrmann auf dieses Angebot eingehen?

Berechnen des Kapitals und des Zinssatzes

Einstieg

Suche 6000 €,
Zahle nach 1 Jahr
300 € Zinsen

25000 € gesucht
Rückzahlung 27000 €
nach 1 Jahr

Suche 15000 €.
Zahle 18000 € nach
1 Jahr zurück

→ Beurteile diese Anzeigen aus einer Tageszeitung.

Aufgabe

1. **a)** Jan bekommt nach einem Jahr von der Bank 40 € als Zinsen gutgeschrieben. Das sind 2,5% von seiner Spareinlage.
Wie viel Geld war auf seinem Sparkonto?

b) Randas Tante hat für ihr Sparguthaben von 5 000 € nach einem Jahr 110 € Zinsen erhalten.
Wie hoch war der Zinssatz?

Lösung

a) *Überlegung:* 2,5% der Spareinlage sind 40 €.
Rechnung: 40 : 0,025 = 1 600 €
Ergebnis: Auf Jans Sparkonto waren am Anfang 1 600 €.

K —· 2,5%→ 40 €; 40 € —: 2,5%→ K

b) *Überlegung:* p% von 5 000 € sind 110 €.
Rechnung: 110 : 5 000 = 0,022 = 2,2%
Ergebnis: Der Zinssatz betrug 2,2%.

5 000 € —· p%→ 110 €; 5 000 € —: 5 000→ 1 € —· 110→ 110 €

Zum Festigen und Weiterarbeiten

2. Auf Alexandras Sparbuch werden am Jahresende 6,12 € Zinsen gut geschrieben. Der Zinssatz beträgt 1,8%. Wie hoch war das Sparguthaben zu Jahresbeginn?
Wie hoch ist das Guthaben am Jahresende?

3. Frau Kaiser hat ein Sparbuch mit einem Guthaben von 2 250 €. Für diesen Betrag erhält sie 85,50 € Jahreszinsen. Für ein Guthaben von 3 200 €, das sie langfristig angelegt hat, bekommt sie 131,20 € Jahreszinsen. Vergleiche die Zinssätze.

4. *Aus Zeitungsanzeigen:*

Suche kurzfristig 15000 €. Rückzahlung mit 8 % Zinsen nach 1 Jahr.

Wie hoch ist die Rückzahlung?

Dringend: 25000 € für 1 Jahr gesucht. Zahle 3000 € Zinsen.

Wie hoch ist der Zinssatz?

20000 € in bar gesucht. Rückzahlung 22000 € nach 1 Jahr garantiert!

Wie hoch ist der Zinssatz?

Übungen

5. Tim und Paul haben jeweils am Jahresanfang Geld auf einem Sparkonto angelegt. Am Jahresende wurden Tim 31,50 € Zinsen bei einem Zinssatz von 2% gutgeschrieben. Pauls Gutschrift betrug 37,50 € bei $2\frac{1}{2}$%. Wer hatte mehr Geld angelegt?

6. Frau Kahl hat auf ihrem Sparkonto am Jahresanfang ein Guthaben von 7 000 €. Am Ende des Jahres erhält sie 210 € Zinsen. Wie hoch ist der Zinssatz?

BERECHNUNG VON TAGESZINSEN

Einstieg

Geldinstitute bieten den Inhabern von Girokonten mit regelmäßigen Zahlungseingängen so genannte Dispo-Kredite an. Damit können die Kontobesitzer ihr Konto bis zu einem bestimmten Betrag kurzfristig überziehen.

→ Informiere dich über die Höhe der Zinsen für Dispo-Kredite.

Aufgabe

1. Frau Mewes ließ ihr Auto reparieren. Bei der Begleichung der Rechnung musste sie auf ihren Dispo-Kredit zurückgreifen. Sie überzog ihr Konto um 1 250,00 € für 10 Tage. Der Zinssatz beträgt 13 %.
Wie viel Zinsen muss sie bezahlen?

Lösung

Der Zinssatz bezieht sich immer auf ein Jahr. Im Bankwesen ist es in der Regel üblich, für 1 Jahr 360 Tage anzunehmen.

Ansatz:

Jahreszinsen — Zinsen für 1 Tag — Zinsen für 10 Tage

$1\,250{,}00\text{ €} \xrightarrow{\cdot 13\,\%} \square \xrightarrow{:360} \square \xrightarrow{\cdot 10} \square$

Rechnung: 1 250,00 € · 0,13 : 360 · 10 = 4,51 €

Ergebnis: Sie muss 4,51 € Zinsen zahlen.

Information

Vereinbarungen in der Zinsrechnung

Die Zinsen richten sich nach der Zeitdauer. Man hat vereinbart:

(1) Zur Hälfte, zu einem Drittel, zu einem Viertel, ... der Zeitdauer (1 Jahr) gehört auch die Hälfte, ein Drittel, ein Viertel ... der Zinsen.

(2) Ein Jahr wird mit 360 Tagen gerechnet.

(3) Jeder volle Monat hat 30 Zinstage.

Zinsen für Bruchteile eines Jahres

$\text{Kapital} \xrightarrow{\cdot \text{Zinssatz}} \text{Jahreszinsen} \xrightarrow{\cdot \text{Zeitfaktor i}} \text{Zinsen}$

Der Zeitfaktor i gibt den Anteil der Zeitspanne an einem Jahr an.

Beispiel:

$i = \frac{3}{4}$ für $\frac{3}{4}$ Jahr

$i = \frac{127}{360}$ für 127 Tage

Übungen

2. Herr Schneider hat zu Jahresbeginn 18 685,27 € auf seinem Sparkonto, das zu 2,8% verzinst wird. Nach 27 Tagen löst er es für den Kauf eines Autos auf.
Wie viel Zinsen erhält er noch?

3. Berechne die Zinsen.

a) 1 350 € zu 4% für 27 Tage
6 000 € zu 4% für 12 Tage
7 200 € zu 5% für 23 Tage
300 € zu 3% für 70 Tage

b) 840 € zu 6% für 10 Tage
45 € zu 5% für 80 Tage
1 800 € zu 7,5% für 20 Tage
120 € zu 4,5% für 60 Tage

4. Jonathans Tante bekommt von ihrer Reparaturwerkstatt eine Rechnung über 360 €. Sie kann die Rechnung aber erst mit 60 Tagen Verspätung begleichen. Daher werden auf den Rechnungsbetrag 5,75% Zinsen pro Jahr aufgeschlagen.
Berechne den Endbetrag.

5. Frau Gerber möchte sich einen LCD-Fernseher zum Listenpreis von 1 399 € kaufen. Nur in dieser Woche kann man ihn zum Angebotspreis von 1 249 € bekommen. Wenn Frau Gerber sich dieses Angebot nicht entgehen lassen will, muss sie ihr Konto um 500 € für 13 Tage überziehen. Der Zinssatz ihres Dispo-Kredites beträgt 13,6%.

a) Wie hoch sind die Zinsen für den Dispo-Kredit?

b) Lohnt sich die Anschaffung für Frau Gerber?

c) Welche Gefahren birgt der Dispo-Kredit?

6. Herr Huber liest in einer Anzeige das folgende Angebot:

Biete kurzfristigen Kredit von 7 500 €.
Rückzahlung nach einem $\frac{3}{4}$ Jahr.
Zinssatz: 16% p.a.

a) Wie viel Euro müsste er zurückzahlen?

b) Was hältst du von solch einem Angebot?

7. Auf Grund eines Räumungsverkaufes bietet die Firma KÜCHENSTAR alle Ausstellungsküchen mit 25% Rabatt an. Da Frau Beier gerade eine neue Wohnung bezieht, ist das Angebot verlockend.
Zur Zwischenfinanzierung nutzt sie den Dispo-Kredit ihres Girokontos für 28 Tage. Die fehlenden 1 700 € werden mit 13% verzinst.
Wie viel Euro betragen die Zinsen?

VERGLEICH VERSCHIEDENER SPARFORMEN

Einstieg

Sarah hat 600 € gespart. Sie legt das Geld für 4 Jahre bei einer Bank mit einem Zinssatz von 3,5% an. Die Zinsen werden am Jahresende dem Sparguthaben hinzugerechnet und jeweils im nächsten Jahr mitverzinst.

→ Wie viel Euro Zinsen erhält sie in den 4 Jahren insgesamt?

→ Wie viel Euro Zinsen würde Sarah insgesamt erhalten, wenn sie sich die Zinsen am Ende eines jeden Jahres auszahlen ließe?

Aufgabe

1. Lena hat 8 000 € geerbt. Sie will das Geld zu Beginn des Jahres für 5 Jahre bei einer Bank anlegen. Die Bankangestellte macht ihr zwei Angebote.

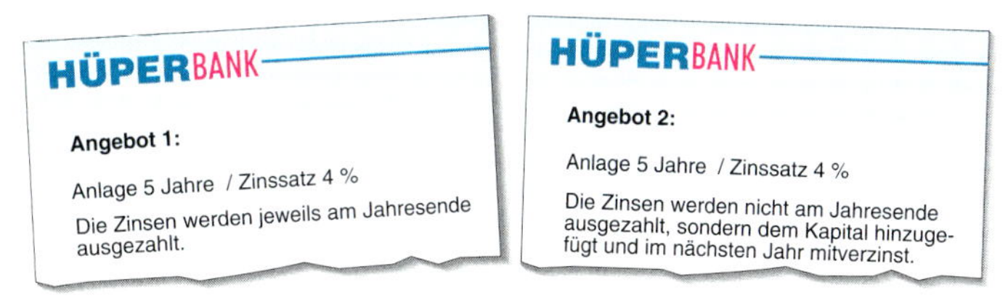

a) Wie viel Zinsen erhält Lena in 5 Jahren beim *Angebot 1*, wie viel beim *Angebot 2*?

b) Welches Angebot würde Lena wählen?

Lösung

a) **Angebot 1:** *Berechnung der Zinsen bei jährlicher Auszahlung*
Wir berechnen zunächst die Jahreszinsen:

Ansatz: $400\ € \xrightarrow{\cdot 4\%} Z_1$

Rechnung: $Z_1 = 8\,000\ € \cdot 0{,}04 = 320\ €$

Lena erhält nach einem Jahr 320 € Zinsen ausgezahlt, für 5 Jahre sind das dann 320 € · 5, also 1 600 €.

Ergebnis: Lena erhält beim Angebot 1 insgesamt 1 600 € Zinsen, verteilt auf 5 Jahre.

Angebot 2: *Berechnung der Zinsen bei Auszahlung am Ende der Zinszeit*
Wir berechnen zunächst, auf wie viel Euro das Kapital nach 5 Jahren angewachsen ist. Nach einem Jahr wächst das Anfangskapital K_0 auf das 1,04fache an; es beträgt dann K_1:

Erinnere dich: Wächst **um** 4% bedeutet: wächst **auf** 104%

$8\,000\ € \xrightarrow{\cdot 1{,}04} K_1$

Nach dem zweiten Jahr wächst dann das Kapital K_1 ebenfalls auf das 1,04fache an; es beträgt dann K_2. Wenn wir so fort fahren, erhalten wir insgesamt:

$8\,000\ € \xrightarrow{\cdot 1{,}04} K_1 \xrightarrow{\cdot 1{,}04} K_2 \xrightarrow{\cdot 1{,}04} K_3 \xrightarrow{\cdot 1{,}04} K_4 \xrightarrow{\cdot 1{,}04} K_5$

K_1: Kapital nach 1 Jahr; K_2: Kapital nach 2 Jahren; K_3: Kapital nach 3 Jahren; K_4: Kapital nach 4 Jahren; K_5: Kapital nach 5 Jahren

Somit ergibt sich insgesamt:
$K_5 = 8\,000\ € \cdot 1{,}04 \cdot 1{,}04 \cdot 1{,}04 \cdot 1{,}04 \cdot 1{,}04$
$K_5 = 9\,733{,}223219\ €$

Das von Lena angelegte Kapital ist nach 5 Jahren auf 9 733,22 € angewachsen, davon sind 9 733,22 € − 8 000,00 €, also 1 733,22 € Zinsen.

Ergebnis: Lena erhält beim Angebot 2 insgesamt 1 733,22 € Zinsen.

b) Bei *Angebot 1* erhält Lena zwar weniger Zinsen, sie kann aber jedes Jahr über 320 € Zinsen verfügen.
Bei *Angebot 2* erhält sie mehr Zinsen, dafür kann sie aber erst nach 5 Jahren darüber verfügen.
Welches Angebot Lena wählt, hängt also nicht nur von der Höhe der Zinsen ab, sondern auch davon, wann sie über die Zinsen verfügen will.

Zum Festigen und Weiterarbeiten

2. a) Wie viel Euro Zinsen erhält Lena bei *Angebot 2* im 1. Jahr, im 2. Jahr, ..., im 5. Jahr?

b) Woran liegt es, dass die Zinsen bei *Angebot 2* von Jahr zu Jahr steigen?

c) Bei *Angebot 2* spricht man auch von *Zinseszinsen*. Was ist damit gemeint?

3. Auf das Wievielfache (mit welchem Faktor) wächst ein Kapital pro Jahr bei folgenden Zinssätzen: 2%; 4%; 7%; 5,5%; 12%; 9,5%; 4,25%.

4. a) Auf wie viel Euro wächst das folgende Kapital nach 3 Jahren, wenn die Zinsen am Jahresende nicht ausgezahlt, sondern mitverzinst werden?
(1) 750 €; 3% (2) 1 360 €; 4% (3) 990 €; 3,5% (4) 475 €; 4,5%

b) Wie viel Zinsen erhält man insgesamt, wenn die Zinsen am Ende jedes Jahres ausgezahlt werden?

5. Bei manchen Sparformen erhält man steigende Zinssätze.

a) David legt 1 800 € an. Die Zinsen werden am Jahresende dem Guthaben hinzugerechnet und jeweils im nächsten Jahr mitverzinst.
Berechne sein Guthaben nach den drei Jahren. Beachte die unterschiedlichen Zinsfaktoren.

b) Berechne auch das Guthaben, wenn das Anfangskapital die ganze Zeitspanne mit 2,7% oder mit 2,8% oder mit 2,9% verzinst würde.
Was stellst du fest?

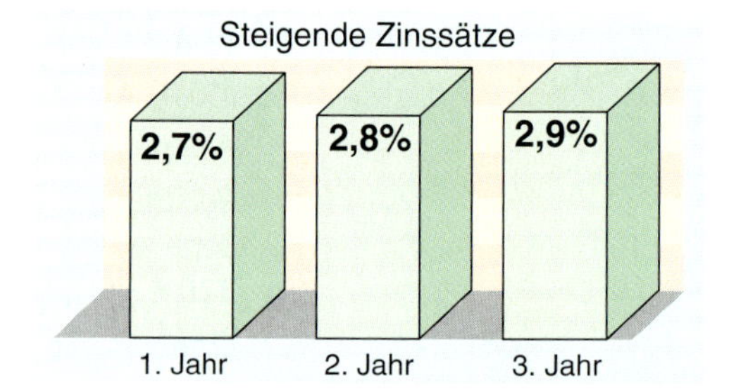

Information

(1) Zinsfaktor

Zum Zinssatz 2%, 3%, 4%, ... gehört der Zinsfaktor 1,02; 1,03; 1,04; ...
Der Zinsfaktor gibt an, auf das Wievielfache ein Kapital nach 1 Jahr anwächst.

(2) Zinseszinsen

Werden die Zinsen aus einem Jahr vom Konto nicht abgehoben, so werden sie im nächsten Jahr mitverzinst.
Die Zinsen von den Zinsen heißen *Zinseszinsen*.

(3) Kapitalwachstum nach 1, 2, 3, ... Jahren

Ein Kapital wächst zusammen mit den Zinseszinsen beim Zinssatz 4%
nach 1 Jahr auf das 1,04fache,
nach 2 Jahren auf das $1{,}04 \cdot 1{,}04$fache,
nach 3 Jahren auf das $1{,}04 \cdot 1{,}04 \cdot 1{,}04$fache an usw.

Übungen

6. Berechne die Gesamtzinsen für den angegebenen Zeitraum.
Gehe davon aus, dass die Zinsen jährlich ausgezahlt werden.

	a)	b)	c)	d)	e)	f)	g)
Kapital	2 000 €	27 000 €	11 500 €	6 000 €	7 500 €	39 000 €	18 000 €
Zinssatz	4%	6%	4,5%	5,5%	6%	5,7%	5,2%
Laufzeit	4 Jahre	10 Jahre	5 Jahre	8 Jahre	9 Jahre	6 Jahre	7 Jahre

7. Herr Albrecht möchte 6 500 € anlegen. Er vergleicht zwei Angebote. Welches ist günstiger, wenn die Zinsen jährlich mitverzinst werden?

Angebot 1
Für 3 Jahre jährlich
2,5% Zinsen

Angebot 2
1. Jahr 2,0%
2. Jahr 2,5%
3. Jahr 3,0%

8. Sarah hat 1 000 € gespart. Sie legt das Geld für 4 Jahre bei einer Bank an (Zinssatz 2,5%). Die Zinsen werden am Jahresende dem Sparguthaben hinzugerechnet und jeweils im nächsten Jahr mitverzinst.

a) Auf wie viel Euro wächst Sarahs Sparguthaben an?

b) Wie viel Euro Zinsen erhält sie in den 4 Jahren insgesamt?

c) Wie viel Euro Zinsen würde Sarah erhalten, wenn sie sich die Zinsen am Ende eines jeden Jahres auszahlen ließe.

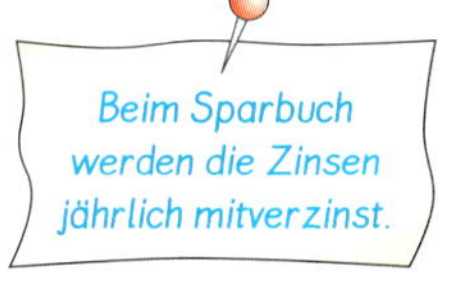

9. Frederik erhält zu seinem 14. Geburtstag von einer Tante 300 € auf einem Sparbuch geschenkt. Vergleiche die Angebote.
Wie hoch wäre sein Guthaben bei beiden Angeboten, wenn er volljährig ist?

Sparkasse

Angebot 1:

4 Jahre fest bei 2,5% p.a.

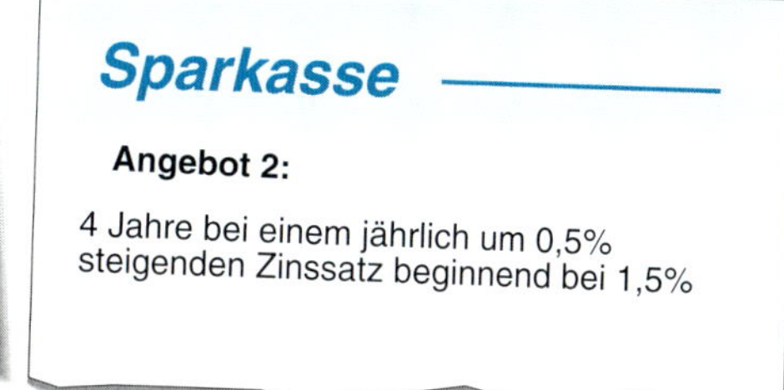

10. a) Florian hat 600 € zur Jugendweihe geschenkt bekommen. Er überlegt, bei welcher Sparform er sein Geld anlegen soll.

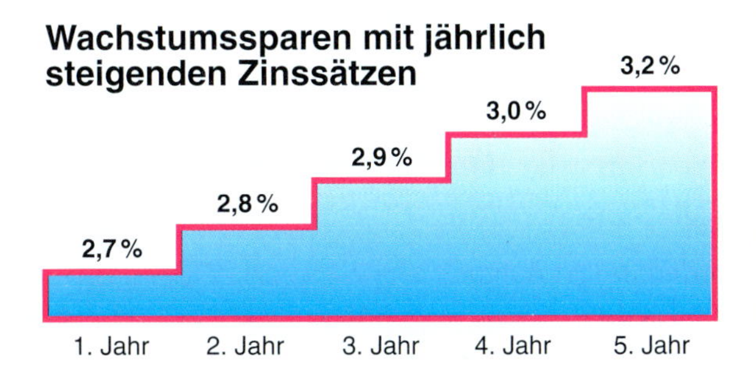

b) Informiere dich über aktuelle Zinssätze!

VERMISCHTE ÜBUNGEN ZUR ZINSRECHNUNG

1.

	a)	b)	c)	d)	e)	f)	g)
Kapital	3 900 €		750 €	1 200 €		155 €	
Zinssatz	3,5%	3%		2,5%	4%		4,5%
Jahreszinsen		81 €	30 €		14 €	6,20 €	54 €

2. Ein Hausbesitzer hat noch eine Restschuld von 19 000 €. Er zahlt darauf jährlich 6,5% Zinsen. Wie viel Euro Zinsen sind das?

3. Frau Krone hat eine Erbschaft gemacht. Sie legt das Geld zu 2,4% an und bekommt nach 1 Jahr 980 € Zinsen ausgezahlt. Wie hoch ist die Erbschaft?

4. Stefanie hat ein Darlehen von 650 € aufgenommen. Sie zahlt den Betrag nach einem Jahr mit 26 € Zinsen zurück. Wie hoch ist der Zinssatz?

5. Julia kauft sich ein Mountain-Bike für 780 €. Sie vereinbart mit dem Verkäufer eine Ratenzahlung für 1 Jahr. Dafür muss sie 4,2% Zinsen zahlen.

a) Wie viel Euro Zinsen muss sie zahlen?

b) Wie viel Euro muss sie insgesamt zurückzahlen?

c) Sie vereinbart eine Zahlung in monatlichen Raten. Wie hoch ist eine Monatsrate?

6. Die Oma von Robert legt zu seinem 14. Geburtstag 5 000 € für 6 Jahre mit einem Zinssatz von 3,2% für ihn an.

a) Wie viel Euro stehen Robert zu seinem 20. Geburtstag zur Verfügung?

b) Einen Monat vorher lag der Zinssatz noch bei 3,5%. Wie viel Euro wären das mehr gewesen?

7. Lien hat 3 000 € geerbt und möchte das Geld für vier Jahre fest anlegen, da sie das Geld für ihren Führerschein nutzen möchte. Sie kann unter folgenden vier Angeboten wählen. Wie würdest du dich entscheiden?

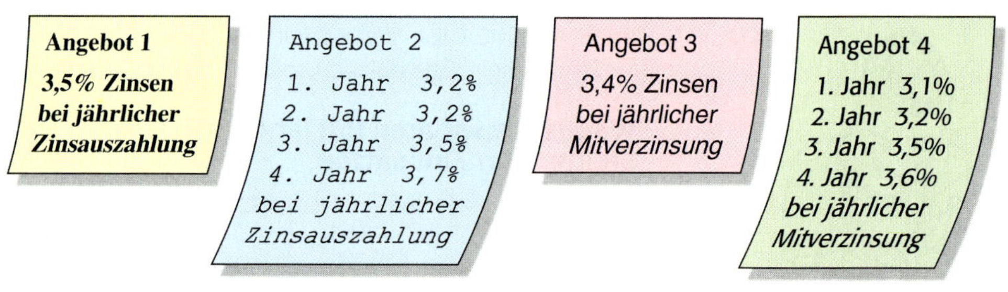

8. Formuliere selbst Aufgaben und rechne.

Neuhaus, 19.04.2005

Rechnung

Reparaturarbeiten: 1 760,00 € zuzüglich Mehrwertsteuer
Zahlbar 4 Wochen nach Erhalt
Bei Zahlung innerhalb 2 Wochen: 3% Skonto

BIST DU FIT?

1. Herr König verdient monatlich 1 452 €.

a) Er gibt durchschnittlich 30% seines Gehaltes für die Miete aus. Wie hoch ist die Miete?

b) Seine letzte Telefonrechnung betrug 55,34 €.
Wie viel Prozent seines Gehaltes sind das?

c) Frau Julig hatte eine Telefonrechnung von 68,52 €. Das sind 4,8% ihres Gehaltes.
Wie viel verdient sie monatlich?

2. Eine Mittelschule mit 420 Schülern bietet am Mittwochnachmittag verschiedene Aktivitäten an.
Für die Hausaufgabenbetreuung melden sich 85 Schüler an. Am Computerkurs nehmen 28 Schüler teil und bei den Sport-AG's 107 Schüler. Im Schulchor singen 25 Schüler. Die anderen Schüler zeigen kein Interesse.
Erstelle **a)** ein Streifendiagramm; **b)** ein Kreisdiagramm.

3. Eine Badewanne kostet 350 €; dazu kommt die Mehrwertsteuer.
Wie viel Euro muss der Kunde zahlen?

4. **a)** Frau Neumann hat in ihrer Wohnung ein neues Fenster einbauen lassen. Sie erhält eine Rechnung über 697 €. Auf der Rechnung steht:
„Bei Zahlung innerhalb von 10 Tagen 2% Skonto."
Frau Neumann begleicht nach 4 Tagen die Rechnung. Wie viel muss sie zahlen?

b) Ein Auto kostet 17 200 €. Der Preis wird um 4,5% erhöht.
Wie viel kostet es dann?

5. Ein Fuhrunternehmer leiht sich für den Kauf eines Sattelschleppers 46 000 €.
Dafür muss er 6% Zinsen zahlen.
Wie viel Euro Zinsen sind das nach einem Jahr?

6. Franziska hat auf ihrem Sparkonto zu Beginn des Jahres 1 356 €. Ihr Guthaben wird mit 2,2% verzinst. Wie hoch ist das Guthaben nach einem Jahr?

7. Frau Michel hat im Lotto gewonnen. Der Bankangestellte sagt: „Wenn sie den Gewinn zu 3,5% anlegen, dann erhalten sie nach einem Jahr bereits 418 € Zinsen."
Berechne aus dieser Äußerung, wie viel Euro Frau Michel gewonnen hat.

8. Berechne den Zinssatz.

	a)	b)	c)	d)	e)	f)
Kapital	300 €	450 €	3 600 €	6 500 €	12 000 €	18 900 €
Jahreszinsen	15 €	18 €	162 €	260 €	660 €	1 134 €

9. Annika hat von ihrer Großmutter ein Sparbuch mit einem Guthaben von 4 800 € geerbt.
Annika: „Dafür bekomme ich pro Jahr 120 € Zinsen."
Mit welchem Zinssatz hat Annika gerechnet?

10. Frau Wagler hat 9 000 € zu 2,5% angelegt.
Auf wie viel Euro wächst dieses Geld nach 1 Jahr, 2 Jahren, 3 Jahren an?

IM BLICKPUNKT: TABELLENKALKULATION – VERGLEICH VON GELDANLAGEN

Mit einem Tabellenkalkulationsprogramm kannst du am Computer Zinsen und Kapitalwachstum verschiedener Geldanlagen schnell berechnen und vergleichen.

Beispiel: Florian hat 1 500 € gespart. Er legt das Geld für 5 Jahre an und erhält jeweils am Jahresende 4,25% Zinsen, die dem Sparguthaben gutgeschrieben und mitverzinst werden.

Erstelle eine Tabelle, mit der du das Kapitalwachstum berechnen kannst.

	A	B	C	D
1		Kapital	1.500,00 €	
2		Zinssatz	4,25%	
3				
4	Jahr	Kapital am Jahresanfang	Zinsen am Jahresende	Kapital am Jahresende
5	1	1.500,00 €	63,75 €	1.563,75 €
6	2	1.563,75 €	66,46 €	1.630,21 €
7	3	1.630,21 €	69,28 €	1.699,49 €
8	4	1.699,49 €	72,23 €	1.771,72 €
9	5	1.771,72 €	75,30 €	1.847,02 €
10		Zinsen gesamt	347,02 €	

- Wähle im Menü *Format ... Zellen ... Zahlen* für die Zellen geeignete Formatierungen: *Prozent mit 2 Dezimalstellen* und *EURO*.
- In der Zelle B5 gibst du die Formel **=*C1*** ein. Du kannst aber auch **=** eingeben und dann auf die Zelle **C1** klicken.
- In den Zellen C5 bis C9 benutzt du die Formel zur Berechnung der Zinsen.
- In der Spalte D addierst du die Zinsen am Jahresende zum Kapital am Jahresanfang.

Die Summe der Zinsen berechnet das Kalkulationsprogramm automatisch, wenn du in der Zelle C10 die Formel ***=Summe(C5:C9)*** eingibst.
Aus der Tabelle kannst du ablesen, wie das Kapital von Jahr zu Jahr wächst. Wie hoch ist das Kapital am Schluss, wie viele Zinsen erhält Florian insgesamt?

1. Claudia überlegt, 2 500 € für 6 Jahre zu einem Zinssatz von 4,75% anzulegen.

a) Erstelle eine Tabelle, mit der du das Kapitalwachstum berechnen kannst.

b) Nach wie vielen Jahren hat Claudia bei diesem Sparvertrag erstmals mehr als 3 000 € Guthaben? Wie viel Zinsen erhält sie insgesamt in den 6 Jahren?

c) Claudia möchte nach 6 Jahren mindestens 3 500 € erhalten. Zu welchem Zinssatz muss sie die 2 500 € anlegen?

d) Wie viel Euro muss Claudia anlegen, damit sie nach 6 Jahren bei einem Zinssatz von 4,85% mindestens 3 650 € erhält?

	A	B	C	D
1		Jährliche Zahlungen	800,00 €	
2		Zinssatz	4,25%	
3				
4	Jahr	Kapital am Jahresanfang	Zinsen am Jahresende	Kapital am Jahresende
5	1	800,00 €	34,00 €	834,00 €
6	2	1.634,00 €	69,45 €	1.703,45 €
7	3	2.503,45 €	106,40 €	2.609,84 €
8	4	3.409,84 €	144,92 €	3.554,76 €
9	5	4.354,76 €	185,08 €	4.539,84 €
10		Zinsen gesamt	539,84 €	

In vielen Sparverträgen wird neben dem Zinssatz eine jährliche Einzahlung vereinbart. Die Tabelle zeigt die Auswertung eines solchen Vertrages. Bei einem Zinssatz von 4,25% werden zu Beginn eines jeden Jahres 800 € eingezahlt. Die Zinsen werden dem Guthaben am Ende des Jahres hinzugerechnet.

Du musst in den Zellen B6 bis B9 zu dem Kapital am Jahresende immer die jährlichen Zahlungen aus Zelle C1 addieren.

2. Claudias Vater möchte einen Sparvertrag für 5 Jahre abschließen. Zu Beginn eines jeden Jahres möchte er 1 000 € einzahlen. Die Zinsen werden am Jahresende dem Guthaben hinzugerechnet.

a) Auf welchen Betrag wächst das Sparguthaben an, wenn das Guthaben jährlich mit 4,5% verzinst wird?

b) Wie viel Euro Zinsen hat Claudias Vater insgesamt erhalten?

Bundesschatzbriefe

Der Kauf von Bundesschatzbriefen ist eine Geldanlage mit wachsenden Zinssätzen.

Beispiel: Mit deinem Kalkulationsprogramm kannst du das Kapitalwachstum auch bei wachsenden Zinssätzen berechnen. Trage hierzu für jedes Jahr die unterschiedlichen Zinssätze in eine Extraspalte ein.

Der **Typ A** hat eine Laufzeit von 6 Jahren.
Die Zinsen werden jährlich ausgezahlt.

Zinssätze:

1,75	2.25	3,00	3,25	4,00	4,50	
1.	2.	3.	4.	5.	6.	Jahr

Der **Typ B** hat eine Laufzeit von 7 Jahren.
Die Zinsen werden (mit Zinseszinsen) nach 7 Jahren ausgezahlt.

Zinssätze:

1,75	2.25	3,00	3,25	4,00	4,50	5,00	
1.	2.	3.	4.	5.	6.	7.	Jahr

Bei Bundesschatzbriefen nach Typ A berechnest du die Zinsen immer bezogen auf das Kapital aus der Zelle C2. In der Zelle C6 gibst du die Formel ***=C2*B6*** ein.

Bei Bundesschatzbriefen nach Typ B berechnest du in der Spalte D das Guthaben am Jahresende. Die Jahreszinsen für dieses Guthaben kannst du zum Beispiel in der Zelle C7 mit der Formel ***=D6*B7*** berechnen.

	A	B	C
1		Bundesschatzbriefe Typ A	
2		Kapital	1.000,00 €
3			
4	Jahr	Zinssatz	Auszahlung
5	1	1,75%	17,50 €
6	2	2,25%	22,50 €
7	3	3,00%	30,00 €
8	4	3,25%	32,50 €
9	5	4,00%	40,00 €
10	6	4,50%	45,00 €
11		Zinsen gesamt:	187,50 €

	A	B	C	D
1		Bundesschatzbriefe Typ B		
2		Kapital	1.000,00 €	
3				
4	Jahr	Zinssatz	Zinsen am Jahresende	Kapital am Jahresende
5	1	1,75%	17,50 €	1.017,50 €
6	2	2,25%	22,89 €	1.040,39 €
7	3	3,00%	31,21 €	1.171,61 €
8	4	3,25%	34,83 €	1.106,43 €
9	5	4,00%	44,26 €	1.150,69 €
10	6	4,50%	51,78 €	1.202,47 €
11	7	5,00%	60,12 €	1.262,59 €
12		Zinsen gesamt:	262,59 €	

3. Frau Schneider hat für 5 000 € Bundesschatzbriefe des Typs A gekauft.

a) Wie viel Euro Zinsen erhält Frau Schneider nach dem 1., 2., 3., 4., 5., 6. Jahr?

b) Wie viel Euro Zinsen erhält sie insgesamt?

c) Wie viel Euro Zinsen hätte Frau Schneider bekommen, wenn sie ihr Geld für 6 Jahre in Bundesschatzbriefen des Typs B angelegt hätte.

4. Herr Meier hat ebenfalls für 5 000 € Bundesschatzbriefe erworben. Er hat sich jedoch für Typ B entschieden.

a) Auf wie viel Euro steigt der Wert der Schatzbriefe nach 7 Jahren?

b) Wie viel Euro Zinsen bekommt Herr Meier insgesamt?

5. Im Internet findest du unter der Adresse www.deutsche-finanzagentur.de die aktuellen Zinssätze für Bundesschatzbriefe.

a) Gib die aktuellen Zinssätze in deine Tabelle ein.

b) Berechne, wie viel Euro Zinsen man insgesamt nach 6 bzw. 7 Jahren erhält, wenn man für 7 500 € Bundesschatzbriefe des Typs A bzw. des Typs B kauft.

WAHLPFLICHT: ACHTUNG SCHULDENFALLE!

1. Wie dem Armuts- und Reichtumsbericht der Bundesregierung zu entnehmen ist, sind mehr als drei Millionen Privathaushalte überschuldet. Von diesen entfallen rund 940 000 auf die neuen Bundesländer.

a) Wie viele der verschuldeten Haushalte in den neuen Bundesländern sind etwa aufgrund überhöhten Konsums in die Schuldenfalle geraten?

b) Stelle weitere Aufgaben.

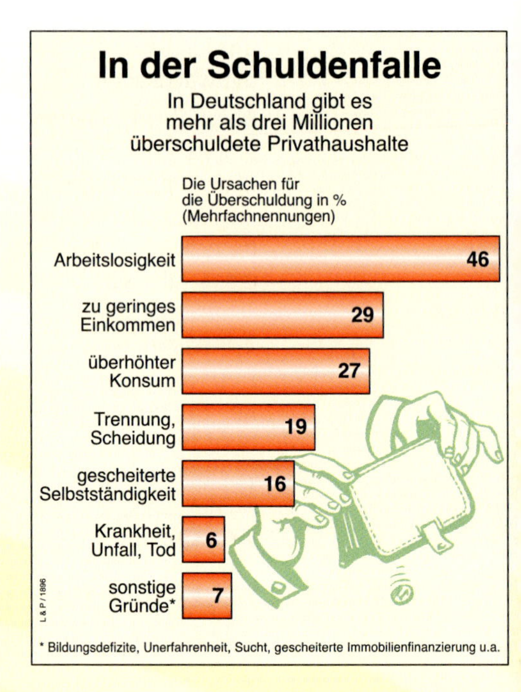

2. Fast 12 Prozent der Jugendlichen zwischen 13 und 17 Jahren sind verschuldet – und das mit durchschnittlich 294 €. In der Bundesrepublik leben derzeit ca. 5 Millionen Jugendliche zwischen 13 und 17 Jahren. Überschlage, mit wie viel Euro diese Bevölkerungsgruppe insgesamt verschuldet ist.

3. Das Handy ist laut einer Studie des Institutes für Jugendforschung einer der wichtigsten Gründe, dass sich Jugendliche verschulden. Kosten lauern insbesondere dort, wo das Herunterladen etwa von Hits, Logos oder Klingeltönen auf das Handy mehrere Minuten dauert und den in der Werbung angegebenen Minutenpreis bei Weitem übersteigt.

a) Lisa bestellte den „neuen Sound" mit ihrem Handy. Sie stoppte die Zeit für das Herunterladen.
Wie viel Euro kostet der „neue Sound", wenn das Laden 109 Sekunden dauert?

b) Lisa hat mit ihren Eltern ein monatliches Budget von 15,00 € vereinbart. Wie viel Prozent ihres Budgets verwendet sie für den „neuen Sound"?

c) Lisa schreibt sehr gern SMS. Berechne, wie viele SMS sie noch schreiben kann, ohne ihr Budget zu überziehen.

Handytarif von Lisa

- keine Grundgebühr
- Mindestumsatz 10,00 €
- Minutenpreise:
  - Worktime 50 Cent ins Festnetz
  - Chilltime 10 Cent ins Festnetz
  - ganztägig 30 Cent in jedes Mobilfunknetz
- SMS 19 Cent pro SMS

d) Lisa beachtet dies aber nicht. Sie telefoniert in diesem Monat insgesamt 30 Minuten in der Worktime, 45 Minuten in der Chilltime; 12 Minuten in Mobilfunknetze; schreibt insgesamt 63 SMS und dazu kommen die Kosten aus Teilaufgabe a). Berechne die insgesamt auftretenden Kosten.

e) Um wie viel Prozent überschreitet Lisa in diesem Monat ihr Budget?

Kaufe jetzt! Zahle später!

4. Fast alle Versandhäuser bieten Ratenkäufe und auch einen Zahlungsaufschub (meist von zwei Monaten) an. Schnell lassen sich damit Wünsche erfüllen. Maik wünscht sich einen MP3-Player mit 1 GB Speicherplatz. Im Katalog kostet das coole Teil 139,95 €. So viel ist bei seinem schmalen Lehrlingsentgelt nicht drin. Er denkt an einen Ratenkauf.

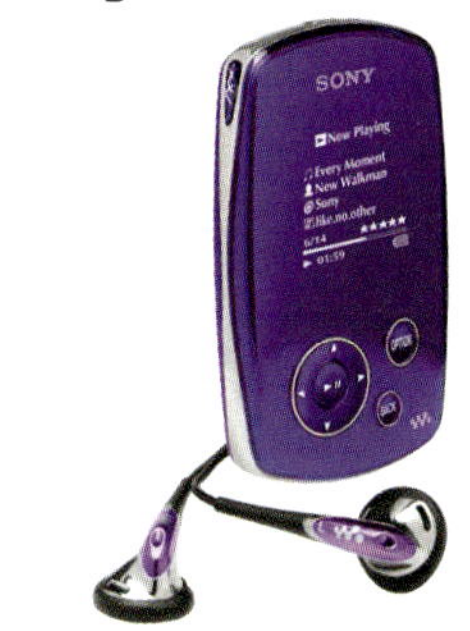

Angebot 1

Kosten des Players	139,95 €
+ 1,6% Zinsaufschlag für Zahlungsaufschub	
+ Ratenkaufaufschlag bei 12 Raten	9,95 €
+ Versandspesen	5,95 €
1. Rate	13,99 €
2. – 12. Rate	13,10 €

Angebot 2

Kosten des Players	139,95 €
+ 1,6% Zinsaufschlag für Zahlungsaufschub	
+ Ratenkaufaufschlag für 4 Raten	3,95 €
+ Versandspesen	5,95 €

a) Berechne die jeweiligen Gesamtkosten!

b) Berechne für das Angebot 2 die einzelnen Raten. Runde auf 10 Cent genau. Die fehlenden Centbeträge werden der ersten Rate zugeordnet.

c) Überprüfe die Raten im Angebot 1.

5. Marko hat eine Lehrstelle in einem Verkehrsunternehmen. Nachdem er seine Fahrprüfung erfolgreich abgelegt hat, träumt er von einem eigenen kleinen Auto. Ein Autohändler bietet ihm einen gebrauchten Kleinwagen zum Ratenkauf an. Marko überlegt, ob er sich das bei seinem Lehrlingsentgeld von 378,00 € leisten kann. Pro Monat zahlt er an seine Eltern 100,00 € als Beitrag für Miete und Verpflegung. Die Benzinkosten veranschlagt er mit 50,00 € monatlich. Die Haftpflichtversicherung kostet jährlich 523,76 €, da er als Fahranfänger einen hohen Prozentsatz zahlen muss.
Was würdest du Marco raten?

0% Anzahlung
monatliche Raten: 158 €
Laufzeit: 36 Monate

6. Herr Mayer möchte sich eine Eigentumswohnung für 72 000 € kaufen. Sein einsetzbares Eigenkapital beträgt 25 000 €. Er benötigt ein Darlehen und findet im Internet folgendes Angebot:

Darlehenssumme:	**47 000 €**
Zinsbindung:	**10 Jahre**
Zinssatz:	**3,8 %**
Auszahlung:	**100 %**
Tilgung:	**1 %**
Monatsrate:	**188 €**
Restschuld:	**41 293 €**

a) Wie viel Euro zahlt er insgesamt in den zehn Jahren mit den Raten an die Bank?

b) Nach den zehn Jahren ist die Restschuld fällig. Wie viel Euro hat er nun nach Begleichung der Restschuld an die Bank gezahlt?

c) Wie viel Euro Zinsen hat er insgesamt der Bank gezahlt?

7. Frau Titek benötigt zum Kauf einer Küche kurzfristig einen Ratenkredit über 5 500 €. Von ihrer Bank erhält sie diesen Tilgungsplan.

Ihr persönlicher Tilgungsplan

Datum	monatl. Rate	Gesamtleistung	Restschuld
31.07.2005	464,98 €	464,98 €	5 114,78 €
31.08.2005	464,98 €	929,96 €	4 649,80 €
30.09.2005	464,98 €	1 394,94 €	4 184,82 €
31.10.2005	464,98 €	1 859,92 €	3 719,84 €
30.11.2005	464,98 €	2 324,90 €	3 254,86 €
31.12.2005	464,98 €	2 789,88 €	2 789,88 €
31.01.2006	464,98 €	3 254,86 €	2 324,90 €
28.02.2006	464,98 €	3 719,84 €	1 859,92 €
31.03.2006	464,98 €	4 184,82 €	1 394,94 €
30.04.2006	464,98 €	4 649,80 €	929,96 €
31.05.2006	464,98 €	5 114,78 €	464,98 €
30.06.2006	464,98 €	5 579,76 €	0,00 €

a) Berechne die Summe aller Raten.

b) Wie viel Zinsen bezahlt Frau Titek?

c) Berechne den Anteil der Zinsen am Kreditbetrag in Prozent.

d) Der effektive Jahreszins ist mit 2,68% angegeben. Wieso ist der effektive Jahreszins höher als der unter Teilaufgabe c) berechnete Anteil?

8. Martin will sich bei seinem Vater 480 € leihen. Er vereinbart mit ihm 0,8% Zinsen für jeden Monat und eine Monatsrate von 45 €.

a) Martin soll sich einen Tilgungsplan erstellen. Du siehst die Berechnung der ersten vier Monate. Führe die Rechnung bis zur Tilgung fort.

Monat	Restschuld am Monatsanfang	Zinssatz	Zinsen für den Monat	Rate	Tilgungs-anteil	Restschuld am Monatsende
1.	480,00 €	0,8%	3,84 €	45,00 €	41,16 €	438,84 €
2.	438,84 €	0,8%	3,51 €	45,00 €	41,49 €	397,35 €
3.	397,35 €	0,8%	3,18 €	45,00 €	41,82 €	355,53 €
4.	355,53 €	0,8%	2,84 €	45,00 €	42,16 €	313,37 €

b) Nach wie viel Monaten ist das Darlehen getilgt?

c) Wie viel Euro hat Martin insgesamt an Zinsen gezahlt?

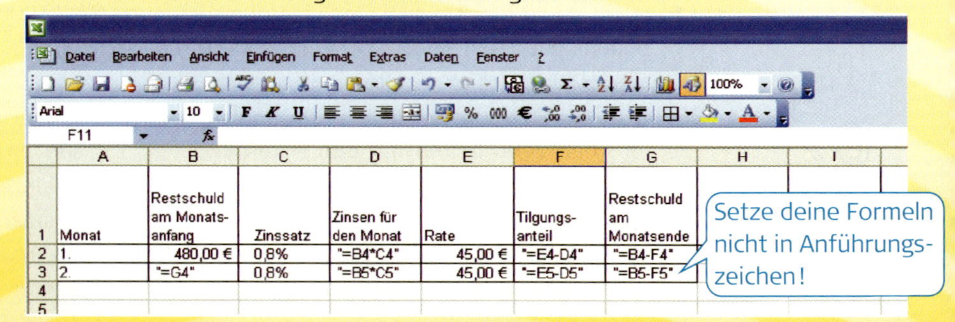

	A	B	C	D	E	F	G	H	I
1	Monat	Restschuld am Monats-anfang	Zinssatz	Zinsen für den Monat	Rate	Tilgungs-anteil	Restschuld am Monatsende		
2	1.	480,00 €	0,8%	"=B4*C4"	45,00 €	"=E4-D4"	"=B4-F4"		
3	2.	"=G4"	0,8%	"=B5*C5"	45,00 €	"=E5-D5"	"=B5-F5"		
4									
5									

d) Erstelle den Tilgungsplan mit deinem Kalkulationsprogramm.

e) Ab dem fünften Monat kann Martin 50 € zahlen. Verändere den Tilgungsplan.

9. Frau Bötzke hat auf ihrem Konto 4 367,67 € Schulden. Ihr wurde das Konto gesperrt. Die Überziehungszinsen betragen 16,7 %. Diese werden monatlich gebucht.

Monat	Schulden	Zinssatz p.a.	Jahreszins	Monatszins	neue Schulden
1.	4 367,67 €	16,7 %	729,40 €	60,78 €	4 428,45 €
2.	4 428,45 €	16,7 %	739,55 €	61,63 €	4 490,08 €

a) Wie viel Zinsen sind nach 6 Monaten angelaufen?

b) Wie hoch sind nun die Schulden von Frau Bötzke?

c) Sie möchte umschulden und findet folgende Angebote. Vergleiche.

Angebot 1

Sofortdarlehn

4 500 € Darlehen ohne Schufaabfrage
Zahlbar in 12 Monaten mit 150 € Zinsen

Angebot 2

Ratenkredit ohne Schufaabfrage

Ratenkredit bis 5 000 €
4,9 % Zinsen p.a.
Laufzeit 12 Monate

Die **SCHUFA Holding AG** (früher SCHUFA e.V. – **Schutzorganisation für allgemeine Kreditsicherung**) ist eine privatwirtschaftlich organisierte Auskunftei, die von der kreditgebenden Wirtschaft getragen wird. Sitz der SCHUFA Holding AG ist Wiesbaden.

d) Berechne den Zinssatz bei Angebot 1.

e) Überschlage die fälligen Raten bei Angebot 2 bei Tilgung im Laufe der 12 Monate.

f) Ihr monatliches Einkommen beträgt 1 123,50 €. Ihre monatlichen Verbindlichkeiten (Miete, Energie, Wasser, Versicherungen, ...) betragen 478,65 €. Kommt sie mit den Angeboten aus der Schuldenfalle?

g) Informiere dich über Hilfsangebote für Schuldner zum Beispiel unter
- *www.schulden-online.de/*
- www.vzs.de (Verbraucherzentrale Sachsen)

Sachsen

Forschungs- und Dokumentationsstelle für Verbraucherinsolvenz und Schuldnerberatung
Schuldnerfachberatungszentrum

JOHANNES GUTENBERG UNIVERSITÄT MAINZ

INFO: Beratungsstellen · Diskussionsforen · Arbeitskreise & Projekte · Medien und Materialien · Abhandlungen & Berichte · Gesetze & Rechtsquellen · Tools & Infos · Europa · Software · Sonstiges

10.

Sehr geehrter Herr Mustermann,

azurblaues Meer, ein Liegestuhl unter Palmen, feiner Sand rinnt durch die Finger!
Ein schöner Traum, finden Sie nicht auch?
Oder wollen Sie vielleicht zur Städtetour starten – im neuen Auto?
Ihre Träume werden wahr. Wie wäre es zum Beispiel mit:

10 000,– € zur Erfüllung ihrer Wünsche*

* *light Credit* – Beispiel: 10 000 €; 60 Monate Laufzeit; 1. Rate 182,19 €; Folgeraten à 191,00 €

Was hältst du von solchen Angeboten?

2 Formeln und Gleichungen

Der arme Albert!

Sein Mathelehrer hat ihm die Aufgabe gestellt herauszufinden, wie schwer sein Mathematikbuch ist.

Und jeder weiß, dass Mathe sehr schwer ist. Lustlos fängt Albert an, mit Marmeladengläsern zu spielen.

Plötzlich hat er eine geniale Idee.

Vorsichtig nimmt er gleichzeitig auf beiden Seiten ein Glas weg ...

... löst das Problem und ...

... lässt es sich schmecken.

Na wie schwer ist denn nun das Mathebuch?

In diesem Kapitel lernst du ...

... wie man Aufgaben mit Gleichungen lösen kann. Ferner erfährst du, wie man Formeln umstellt, um mit ihnen zu arbeiten.

AUFSTELLEN VON TERMEN – STRUKTUR VON TERMEN

Aufstellen von Termen – Berechnen von Termwerten

Einstieg

Breite (in m)	Länge (in m)	Flächeninhalt (in m²)
1	7	7
2	6	12

Lisas Eltern haben den Garten neu angelegt. Dabei sind 8 m Palisaden-Zaun übrig geblieben, mit denen Lisa ein eigenes Beet eingrenzen will. Zwei Seiten des Beets grenzen an Hauswände.
Um ein möglichst großes Beet zu erhalten, probiert Lisa mehrere Möglichkeiten aus und stellt sie in einer Tabelle zusammen.

→ Ergänze die Tabelle.
Suche auch geeignete Maße für ein möglichst großes Beet.

→ Stelle auch eine Formel für den Flächeninhalt auf.

Zum Wiederholen

1. Das Busunternehmen *Schöner Reisen* bietet eine Tagestour in das Erzgebirge an. Pro Person muss ein Fahrpreis von 18 € gezahlt werden.
Berechne die Fahrkosten für eine Gruppe mit 5 Personen; 9 Personen; 17 Personen.
Stelle auch eine Formel auf.

Lösung

Mit der folgenden Anleitung kann man die Formel leicht finden.

(1) *Berechne zunächst einige Beispiele.*

Personenzahl	5	9	17
Fahrkosten (in €)	18 · 5 = 90	18 · 9 = 162	18 · 17 = 306

(2) *Überlege, welche Größe sich ändert, welche nicht.*
Es ändert sich jeweils die Personenzahl. Hieraus lassen sich die Fahrkosten berechnen. Der Fahrpreis von 18 € pro Person ändert sich nicht.

(3) *Drücke die Berechnung mithilfe einer Variablen aus.*
Wählt man für die Personenzahl die Variable a, so kann man den Fahrpreis P mit der folgenden Formel berechnen: $P = 18 \cdot a$.

Damit die Formel übersichtlich bleibt, rechnen wir ohne Einheiten.

Wiederholung

Die Einsetzungen sind veränderbar, lat. variabel.

(1) Variable – Variablengrundbereich

Du weißt: Buchstaben wie x, y, z, a, b, c, ... halten den Platz für Einsetzungen von Zahlen oder Größen frei. Diese Buchstaben heißen **Variablen** (*Platzhalter*).
Der Zahlenbereich, aus dem die Einsetzungen vorgenommen werden sollen, heißt der **Grundbereich der Variablen** oder *Variablengrundbereich*.

(2) Terme mit Variablen

Ausdrücke wie 7; $\frac{3}{4}$; $8 \cdot 15 + 13$; $2 \cdot (17 - 5)$; x; $x - 4$; $30 + y : 2$; $3 \cdot (x + 4)$ heißen **Terme**.
Terme kommen in Formeln vor (siehe Aufgabe 1).
Terme kann man einteilen in solche *mit* und solche *ohne* Variable.
Terme ohne Variable kann man mithilfe der Vorrangregeln berechnen.
Terme mit Variable kann man erst berechnen, wenn man für die Variable Zahlen einsetzt.

Beispiel: $4 \cdot x + 5$ ist ein Term mit der Variablen x.
Setzt man für x die Zahl 8 ein, so erhält man den Term $4 \cdot 8 + 5$. Sein *Wert* kann berechnet werden (siehe rechts).

Folgende Ausdrücke sind *keine* Terme; sie sind nicht sinnvoll:
$7 \cdot 4 +$; $4 - x :$; $\cdot 5 - 7$

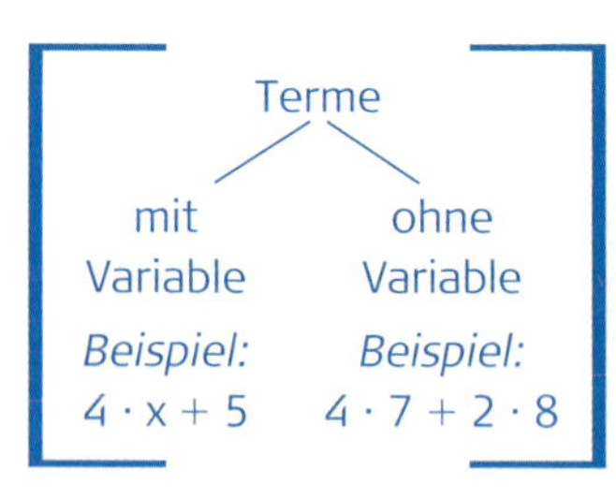

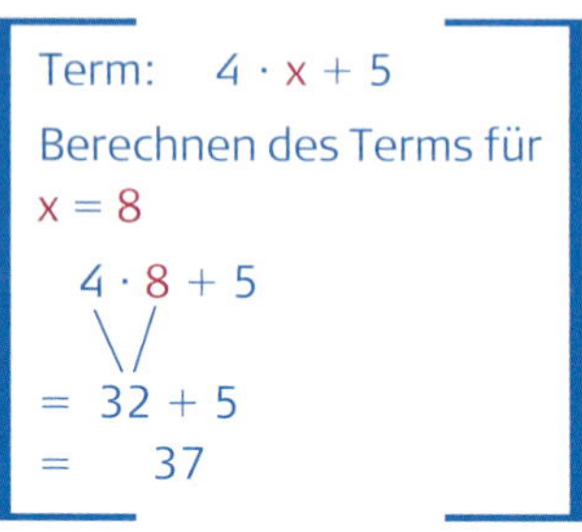

Terme sind sinnvolle Zahlen- bzw. Rechenausdrücke.
Enthalten sie keine Variable, so kann man ihren Wert nach den Vorrangregeln berechnen. Enthalten sie Variable, so kann man ihren Wert erst nach Einsetzen von Zahlen oder Größen berechnen.

Übungen

2. Schreibe als Term:

a) das Dreifache einer Zahl a
b) die Hälfte einer Zahl y
c) der dritte Teil einer Zahl x
d) die Summe einer Zahl z und 9
e) eine Zahl b vermindert um 8
f) das 5fache einer Zahl c vermehrt um 6
g) der vierte Teil einer Zahl s vermindert um 5
h) die Summe aus dem 5fachen einer Zahl und 7

3. Beschreibe die Terme wie in Aufgabe 2 mit Worten.

a) $4 \cdot x$ **b)** $z : 5$ **c)** $y + 7$ **d)** $8 - z$ **e)** $4 \cdot a - 7$ **f)** $3 \cdot x + 4 \cdot x$

4. Stelle den Term auf. Setze anschließend die gegebenen Zahlen ein und berechne den Wert des Terms.

a) das 7fache von x;   Zahlen: 5; -2
b) das $\frac{3}{2}$fache von y;   Zahlen: 4; -10
c) das 4fache von z vermehrt um 10;   Zahlen: 2; 4
d) das 5fache von b vermehrt um 8;   Zahlen: 20; -4

Das 3fache von a vermindert um 15; Zahl: 4
Term: $3 \cdot a - 15$
$a = 4$: $3 \cdot 4 - 15$
$= 12 - 15$
$= -3$

5. Stelle einen Term für den Umfang auf. Findest du mehrere Möglichkeiten?

a)
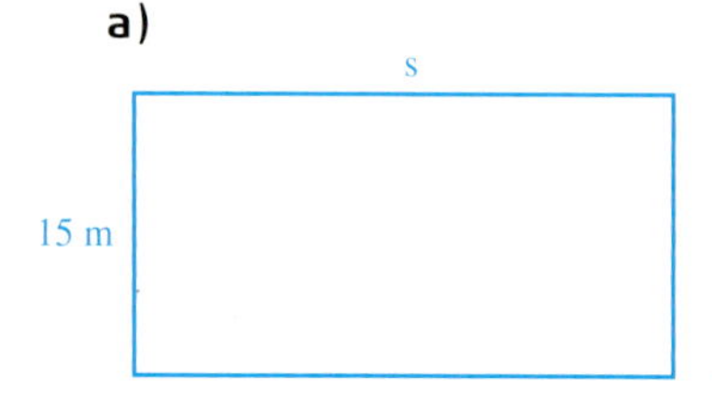

b)
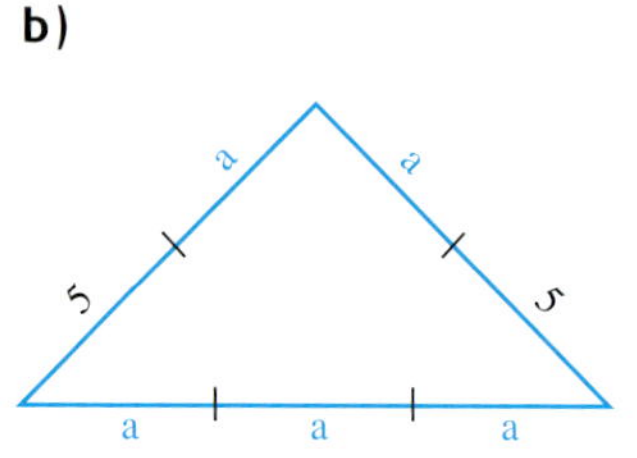

c)
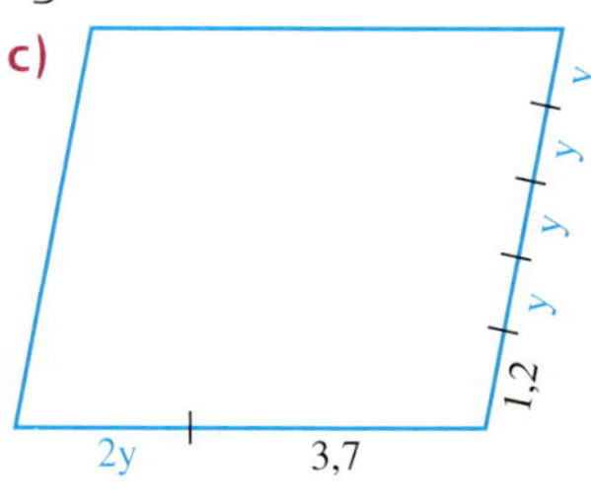

6. Setze die Zahlen 10; 3; 2,5; −4; 0,1; $\frac{1}{2}$; 0 für die Variable ein und berechne den Wert des Terms. Lege in deinem Heft eine Tabelle an.

a)

x	1,5 · x
10	

b)

y	y + 2,7
10	

c)

z	2 · x − 3
10	

d)

k	3 · (x + 2)
10	

7. Setze für x nacheinander die Zahlen 6; 9; 0; 1,5; 20 ein und berechne jeweils den Wert des Terms. Lege eine Tabelle an.

(1) $7 + 3 \cdot x$ (2) $(-3 + 7) \cdot x$ (3) $\frac{x}{2} + 4$ (4) $3 \cdot x^2$

1+1=3

8. Korrigiere die Fehler, die beim Einsetzen passiert sind.

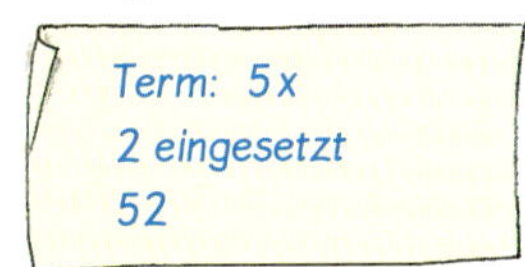

Term: $3x + 4$
−2 eingesetzt
$3 - 2 + 4$

Term: $k^2 - 2$
−4 eingesetzt
$-4^2 - 2$

9. Du hast bestimmt schon bemerkt, dass man bei Gewittern zuerst den Blitz sieht und erst danach den Donner hört. Zählt man die Sekunden zwischen Blitz und Donner und teilt diese Zahl dann durch 3, weiß man, wie viele Kilometer das Gewitter ungefähr entfernt ist.

a) Wie weit ist das Gewitter entfernt, wenn man den Donner nach 3; 6; 10 bzw. 12 Sekunden hört?

b) Stelle einen Term auf, mit dem man die Entfernung des Gewitters berechnen kann.

10. Für seinen Umzug leiht sich Dirk einen Lkw aus. Die Mietkosten setzen sich aus dem Grundpreis und dem Kilometerpreis zusammen.

a) Wie viel Geld muss Dirk bezahlen, wenn er 32; 84; 131; 550 Kilometer fahren muss?

b) Stelle einen Term auf, mit dem man den Preis für jede beliebige Kilometerzahl berechnen kann.

7,5-t-Lkw
Grundpreis: 60 €
pro km: 0,59 €
(Preise incl. MwSt.)

11. a) Frau Müller überlegt, wie sie ihre Stromkosten berechnen kann. Eine Kilowattstunde kostet 0,13 €. Hinzu kommt die monatliche Zählergebühr von 3 €. Sie verbraucht im Monat y Kilowattstunden. Stelle eine Formel für die monatlichen Stromkosten k auf.

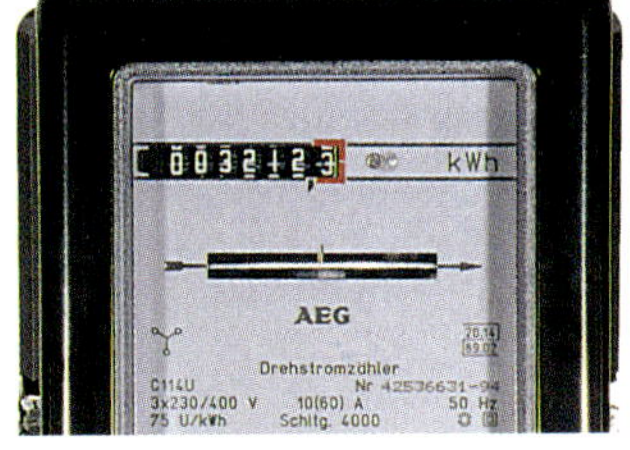

b) Berechne die Kosten für einen Monatsverbrauch von 77; 87; 545; 1 363 Kilowattstunden.
Verwende die Formel aus Teilaufgabe a).

Struktur von Termen

Einstieg

Aufgabe

1. Stelle den Term auf und berechne seinen Wert für $x = 5$. Bestimme auch die Struktur des Terms.
(1) das Dreifache einer Zahl vermehrt um 2;
(2) die Hälfte einer Zahl vermindert um 7;
(3) das Doppelte einer um 4 vermehrten Zahl.

Lösung

Aufstellen des Terms:
(1) $3 \cdot x + 2$ (2) $\frac{x}{2} - 7$ (3) $2 \cdot (x + 4)$

Einsetzen, berechnen des Termwerts unter Beachtung der Vorrangregeln:

(1) $3 \cdot 5 + 2 = 15 + 2 = 17$

Die letzte Rechenoperation bei der Termwertberechnung war die *Addition*. Der Term ist eine **Summe**.

(2) $\frac{5}{2} - 7 = 2{,}5 - 7 = -4{,}5$

Die letzte Rechenoperation bei der Termwertberechnung war die *Subtraktion*. Der Term ist eine **Differenz**.

(3) $2 \cdot (5 + 4) = 2 \cdot 9 = 18$

Die letzte Rechenoperation bei der Termwertberechnung war die *Multiplikation*. Der Term ist ein **Produkt**.

Information

(1) Name eines Terms

Die letzte Rechenart, die man bei der Berechnung eines Terms ausführen muss, entscheidet über den **Namen** (die *Struktur*) des Terms.

(2) Vereinbarung über das Weglassen von Multiplikationszeichen

Multiplikationszeichen dürfen fortgelassen werden, wenn keine Missverständnisse möglich sind. Ferner ist $1 \cdot x = x$.

Beispiele: $4a$ statt $4 \cdot a$, $A = ab$ statt $A = a \cdot b$ aber *nicht* 45 statt $4 \cdot 5$

Übungen

2. Welche Struktur hat der Term?

a) $17 + 5x$ **b)** $(4 - x) \cdot 3$ **c)** $(2x + 3) : 9$ **d)** $4x - 7$ **e)** $\frac{2}{3 - x}$ **f)** $\frac{-x - 4}{5} + 1$

3. Entscheide, ob das Multiplikationszeichen weggelassen werden darf. Begründe.
(1) $x \cdot y$ (2) $4 \cdot a$ (3) $s \cdot 3$ (4) $2 \cdot (l + b)$ (5) $12 \cdot 3$

LÖSEN VON GLEICHUNGEN

Umformungsregeln für Gleichungen – Anwendung

Einstieg

Die Jungs haben beschlossen, den 6er-Pack gemeinsam zu kaufen.

→ Wie viel Geld muss jeder dazugeben?

→ Wie teuer wäre eine Flasche?

Aufgabe

1. Die abgebildete Waage befindet sich im Gleichgewicht.

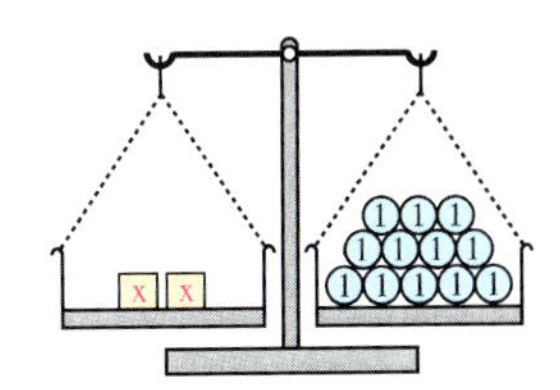

a) Stelle eine Gleichung auf.

b) Berechne, wie schwer ein Würfel ist. Finde mehrere Lösungswege. Überprüfe dein Ergebnis.

Lösung

Wir lassen die Einheiten zunächst unberücksichtigt.

a) Masse eines Würfels: x
Masse auf der linken Waagschale: $x \cdot 2$
Masse auf der rechten Waagschale: 12
Beide Waagschalen im Gleichgewicht: $x \cdot 2 = 12$

b) *1. Weg:* Wir lösen durch Rückwärtsrechnen:

$$x \xrightarrow{\cdot 2} 12, \quad 12 \xrightarrow{:2} 6$$

6

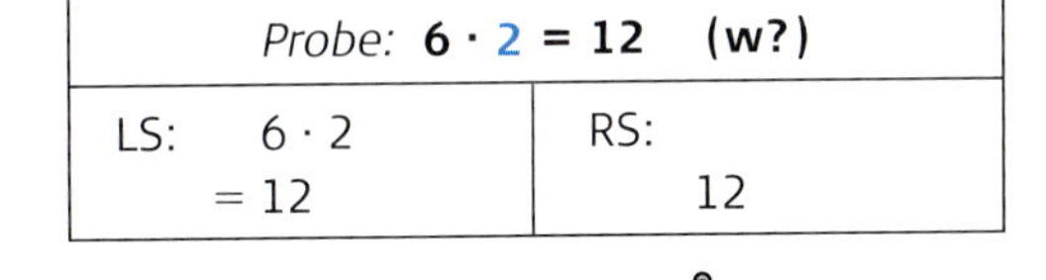

Probe: **6 · 2 = 12 (w?)**	
LS: 6 · 2 = 12	RS: 12

Ergebnis: Ein Würfel ist 6 kg schwer.

2. Weg: Wir lösen durch Umformen:

$$\begin{aligned} x \cdot 2 &= 12 \quad | :2 \\ x &= 6 \end{aligned}$$

Wir halbieren die Masse auf beiden Waagschalen.

Probe: Um die Lösung zu überprüfen, ersetzen wir jedes ☒ durch 6 ①.

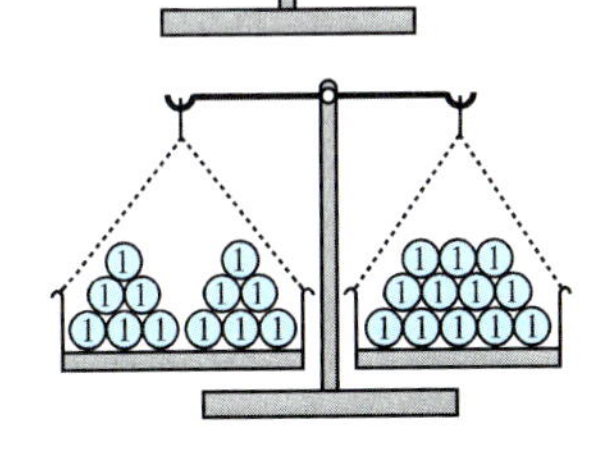

Ergebnis: Ein Würfel ist 6 kg schwer.

Information

Um eine Waage im Gleichgewicht zu halten, muss man auf beiden Seiten das Gleiche machen, z. B.

- gleich viele Gegenstände derselben Art entfernen,
- die Anzahl der Gegenstände halbieren, dritteln, vierteln …

Zum Festigen und Weiterarbeiten

2. Stelle zu jeder Waage eine Gleichung auf. Löse diese.

a) b) c)

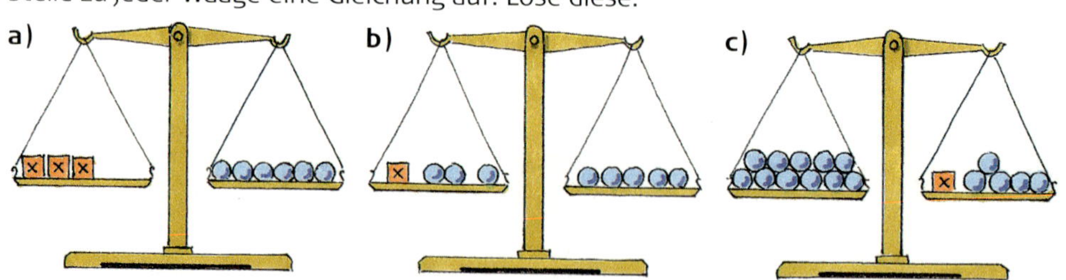

3. Löse die Gleichungen. Du kannst dabei an Waagen denken. Überprüfe deine Lösung.

a) $x \cdot 7 = 84$; $4 \cdot x = 32$
b) $x + 13 = 27$; $21 + x = 84$
c) $56 = x \cdot 14$; $23 = x + 7$

Information

(1) Lösen durch Rückwärtsrechnen

Dir ist bereits bekannt, dass man Gleichungen mit Variablen und Zahlenrätsel durch Rückwärtsrechnen lösen kann. Dabei benutzen wir jeweils die Umkehroperation.

Beispiele:

$x + 17 = 31$, $x = 14$ — $x \xrightarrow{+17} 31$, $14 \xleftarrow{-17}$ — **14**

$x \cdot 4 = 48$, $x = 12$ — $x \xrightarrow{\cdot 4} 48$, $12 \xleftarrow{:4}$ — **12**

$x - 12 = 21$, $x = 33$ — $x \xrightarrow{-12} 21$, $33 \xleftarrow{+12}$ — **33**

$x : 6 = 7$, $x = 42$ — $x \xrightarrow{:6} 7$, $42 \xleftarrow{\cdot 6}$ — **42**

(2) Lösen durch Umformen

Ein Vorgehen wie bei Waagen bezeichnet man als Lösen durch Umformen. Dabei gelten folgende Regeln:

Additionsregel	*Subtraktionsregel*	*Multiplikationsregel*	*Divisionsregel*
Auf beiden Seiten der Gleichung dieselbe Zahl addieren.	Auf beiden Seiten dieselbe Zahl subtrahieren.	Beide Seiten mit derselben Zahl ($\neq 0$) multiplizieren.	Beide Seiten durch dieselbe Zahl ($\neq 0$) dividieren.
$x - 6 = 17$ $\mid +6$ $x = 23$	$x + 4 = 12$ $\mid -4$ $x = 8$	$\frac{x}{2} = 8$ $\mid \cdot 2$ $x = 16$	$4x = 24$ $\mid :4$ $x = 6$

Übungen

4. Stelle zu jeder Waage eine Gleichung auf und löse diese.

a) 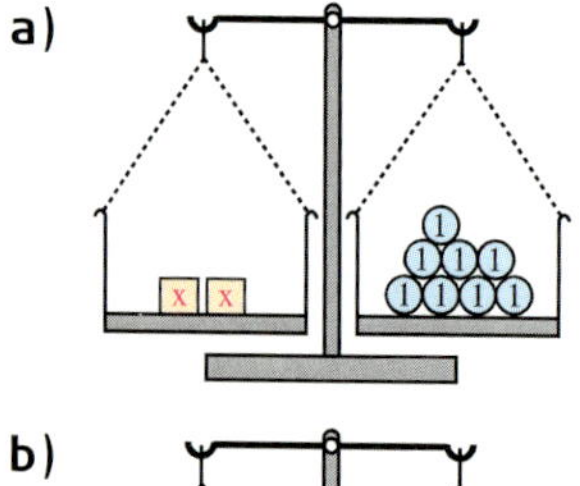

b) 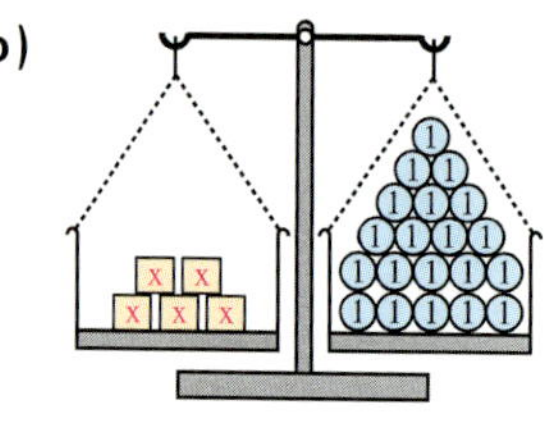

c) 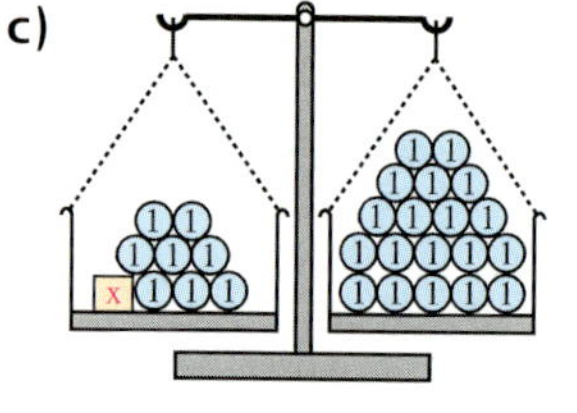

d) 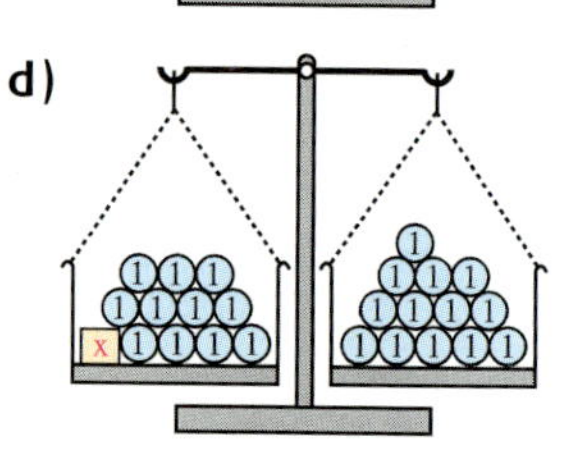

e) 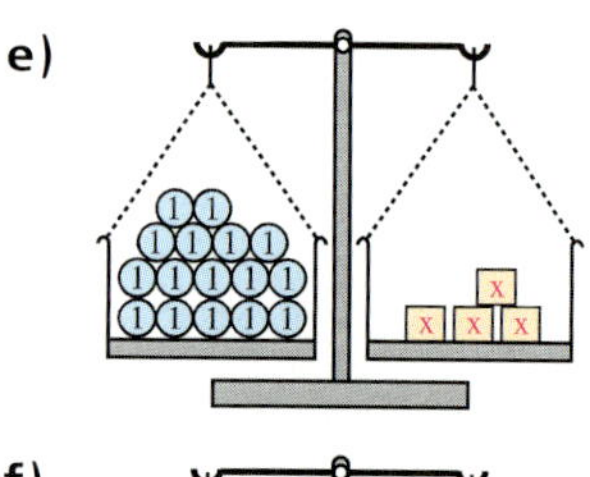

f) 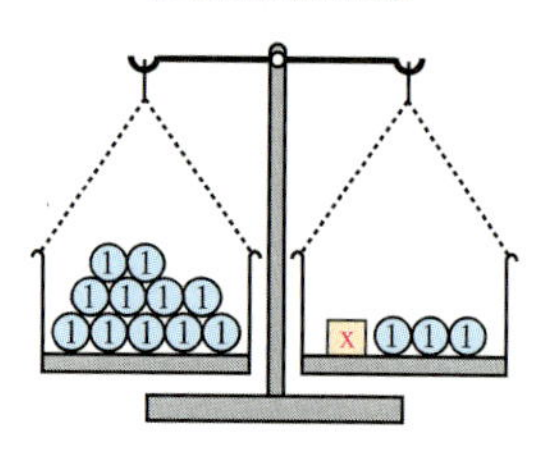

5. Löse die Gleichungen. Überprüfe deine Lösung.

a) $x \cdot 4 = 96$
$13 \cdot x = 65$
$x \cdot 9 = 99$

b) $x + 12 = 38$
$x + 4{,}5 = 11{,}5$
$2 + x = 7{,}5$

c) $27 = x \cdot 9$
$74 = 49 + x$
$10{,}5 = 3{,}5 \cdot x$

6. Löse die Gleichungen.

a) $x + 17 = 30$
$y + 13 = 45$
$z + 8 = 31$

b) $x - 14 = 6$
$z - 7 = 25$
$y - 24 = 8$

$x + 15 = 70 \quad | - 15$
$x = 55$

$x - 12 = 30 \quad | + 12$
$x = 42$

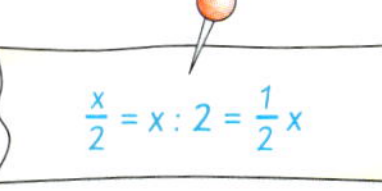

7. **a)** $3x = 24$
$6a = 42$

b) $\frac{x}{2} = 18$
$\frac{y}{5} = 8$

c) $\frac{x}{2} = 29$
$4c = 52$

$5x = 35 \quad | : 5$
$x = 7$

$\frac{x}{3} = 8 \quad | \cdot 3$
$x = 24$

8. **a)** $x + 15 = 47$
$c - 13 = 58$

b) $3y = 36$
$\frac{z}{4} = 15$

c) $y - 9 = 2$
$\frac{r}{2} = 18$

d) $7h = 63$
$6 + a = 21{,}5$

e) $\frac{z}{3} = 24$
$a - 19 = 3$

f) $6x = 72$
$d + 3 = 65$

g) $8x = 4$
$\frac{b}{4} = 21$

h) $\frac{t}{5} = 12$
$m - 28 = 10$

i) $16 + a = 16$
$\frac{x}{7} = 7$

j) $e - 36 = 26$
$5s = 5$

9. **a)** $25 = x + 6$
$44 = c - 8$

b) $56 = 2b$
$27 = \frac{x}{5}$

c) $180 = 5z$
$96 = 50 + y$

d) $67 = d - 45$
$8 = \frac{x}{6}$

e) $26 + x = 30$
$15y = 120$

f) $\frac{a}{12} = 9$
$n - 16 = 40$

g) $x - 75 = 125$
$20a = 5$

h) $\frac{y}{5} = 17$
$12 + x = 92$

i) $1 = \frac{x}{12}$
$0 = s - 14$

j) $18 = 18r$
$25 = 25 + z$

10. **a)** $x - 4 = 8$
$x + 17 = 12$
$x - 450 = 90$
$x + 315 = 215$
$77 + x = 86$

b) $4 \cdot y = 84$
$8 \cdot y = 168$
$y : 7 = 3$
$y : 3{,}5 = 6$
$0{,}1 \cdot y = 2{,}1$

c) $10 \cdot z = -30$
$z : 0{,}5 = 5$
$12 \cdot z = 3{,}6$
$5 \cdot z = -5$
$z : 3 = -3$

d) $3 + x = -3$
$3 - x = -3$
$3 \cdot x = 0$
$x : 3 = -5$
$x - 2 = 0$

e) $x + 180 = 420$
$x - 720 = 280$
$x \cdot 17 = -51$
$x : 8 = 125$
$x : 1{,}7 = 0$

f) $\frac{b}{4} = 40$
$\frac{k}{12} = \frac{1}{2}$
$u : 7 = 4$
$7 = u : 4$

11. Welche Zahl ist gesucht?

a) Vermindert man die Zahl um 26, so erhält man 54.
b) Das Zwölffache der Zahl ist 18.
c) Vermehrt man die Zahl um 2,7, so erhält man 9.
d) Der sechste Teil der Zahl ist 0,5.
e) Die Summe aus einer Zahl und 43 ist 23.
f) Die Differenz aus einer Zahl und 7 ist −21.

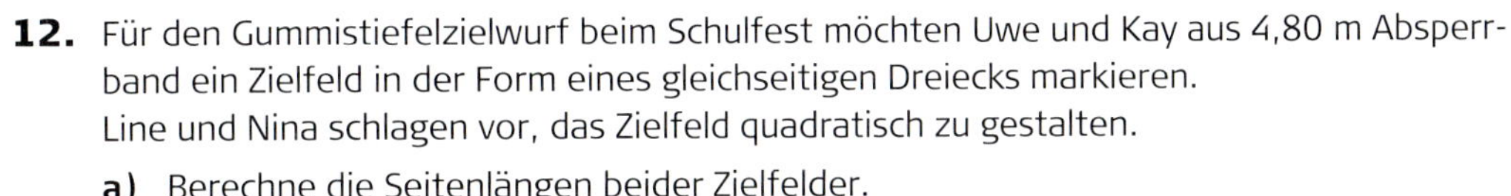

12. Für den Gummistiefelzielwurf beim Schulfest möchten Uwe und Kay aus 4,80 m Absperrband ein Zielfeld in der Form eines gleichseitigen Dreiecks markieren.
Line und Nina schlagen vor, das Zielfeld quadratisch zu gestalten.

a) Berechne die Seitenlängen beider Zielfelder.
b) Konstruiere beide Zielfelder in einem geeigneten Maßstab. Welches Zielfeld ist größer?

Anwenden der Umformungsregeln auf Gleichungen der Form $ax + b = c$

Einstieg

Noah geht zum Bäcker.

→ Noah fragt sich, wie teuer ein Brötchen ist.

→ Hätte Noah für sein Geld auch acht Brötchen bekommen?

Aufgabe

1. a) Johnny sagt:

Ich denke mir eine natürliche Zahl, multipliziere sie mit 5 und subtrahiere 18. Ich erhalte 77. Wie heißt die Zahl?

b) Bestimme die Lösungsmenge der Gleichung $4x - 7 = 45$.

Lösung

a) (1) *Aufstellen der Gleichung für die gedachte Zahl*

Die gedachte Zahl:	x
5 wird mit der gedachten Zahl multipliziert:	$5 \cdot x$
Vom Ergebnis wird 18 subtrahiert:	$5 \cdot x - 18$
Gleichung:	$5x - 18 = 77$

(2) *Schrittweises Lösen durch Umformen*

$$\begin{aligned} 5x - 18 &= 77 && \mid +18 \\ 5x - 18 + 18 &= 77 + 18 \\ 5x &= 95 && \mid :5 \\ 5x : 5 &= 95 : 5 \\ x &= 19 \end{aligned}$$

(3) *Probe am Text:*
19 mit 5 multipliziert ergibt 95, davon 18 subtrahiert ergibt 77.
19 ist eine natürliche Zahl, sie gehört also zum Variablengrundbereich der Aufgabe.

(4) *Ergebnis:* Johnny hat sich die Zahl 19 gedacht.

b)

$$\begin{aligned} 4x - 7 &= 45 && \mid +7 \\ 4x - 7 + 7 &= 45 + 7 \\ 4x &= 52 && \mid :4 \\ 4x : 4 &= 52 : 4 \\ x &= 13 \end{aligned}$$

Probe: **$4 \cdot 13 - 7 = 45$ (w?)**	
LS: $52 - 7 = 45$	RS: 45

$L = \{13\}$

Da nichts angegeben ist, nehmen wir die Menge der rationalen Zahlen als Variablengrundbereich an; die Zahl 13 gehört dazu.

Zum Festigen und Weiterarbeiten

2. Bestimme die Lösungsmenge der Gleichung. Der Variablengrundbereich soll ℕ sein.

a) $9x - 2 = 16$ **c)** $5 + 2x = 31$ **e)** $\frac{x}{4} + 7 = 10$

b) $48 = 14x + 6$ **d)** $5x + 8 = 13$ **f)** $24x - 9 = 4$

3. Stelle durch eine Probe fest, ob die angegebene Zahl Lösung der Gleichung ist.

a) $4a - 13 = 7$ [5] c) $4 = 11d - 1{,}5$ [0,5]

b) $21 + 3c = -6$ [−9] d) $7x + 12 = -9$ [−3]

4. Nicki und Nina unterhalten sich über natürliche Zahlen.

a) Das Dreifache der Zahl vermindert um 3 ergibt 12.

b) Das 120fache der Zahl vermehrt um 40 ergibt 1 000.

c) Man erhält 47, wenn man die Zahl verfünffacht und 2 addiert.

Übungen

5. Löse die Gleichung. Führe die Probe durch.

a) $2x - 3 = 7$ **c)** $14x - 6 = 8$ **e)** $9x + 29 = 110$

b) $3x + 2 = 11$ **d)** $10x + 12 = 2$ **f)** $2 + 4x = 0$

6. **a)** $24a + 2 = 8$ **c)** $96 + 6c = 99$ **e)** $\frac{e}{3} + 4 = 5$

b) $41 = 17b - 10$ **d)** $63 + 3d = -36$ **f)** $19 + 4f = 23{,}8$

7. Welche der angegebenen Zahlen ist Lösung der Gleichung?

a) $5x + 9 = 74$
Zahlen:
5; 8; 13; 16

b) $-80 = 7y + 4$
Zahlen:
3; −12; 0,5; 120

c) $z \cdot 3 + 12 = 0$
Zahlen:
−4; $-\frac{1}{2}$; 40; −12

8. Jannis hat Hausaufgaben angefertigt. Überprüfe sie. Korrigiere, falls nötig, in deinem Heft.

a)
$2x - 4 = 6 \quad | -4$
$2x = 2 \quad | :2$
$x = 1$

b)
$7x + 11 = 46 \quad | -11$
$7x = 35 \quad | :7$
$x = 5$

c)
$\frac{x}{2} - 5 = 17 \quad | +5$
$\frac{x}{2} = 22 \quad | :2$
$x = 11$

9. Stelle eine Gleichung auf. Löse.

a) Das Vierfache einer Zahl vermindert um 11 ergibt 37.

b) Das Sechsfache einer Zahl vermehrt um 23 ergibt 95.

c) Addiert man zu 8 das 7fache einer Zahl, erhält man −76.

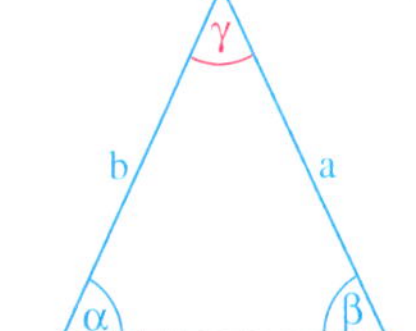

10. Berechne in den gleichschenkligen Dreiecken die fehlenden Seitenlängen.

a) $u = 1{,}20$ m, $c = 0{,}30$ m **b)** $u = 540$ m, $c = 290$ m **c)** $u = 1{,}2$ km, $c = 840$ m **d)** $u = 5{,}3$ cm, $a = 12$ mm

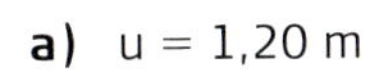

11. Stelle eine Gleichung auf; berechne die fehlende Winkelgröße im Dreieck ABC mit $a = b$.

a) $\gamma = 90°$ **b)** $\gamma = 120°$ **c)** $\gamma = 70°$ **d)** $\alpha = 15°$ **e)** $\beta = 80°$

UMSTELLEN VON FORMELN

Einstieg

Auf der 7. Etappe der Tour de France 2005 von Luneville nach Karlsruhe fuhr der Sieger, Robbie McEwen aus Australien, mit einer durchschnittlichen Geschwindigkeit von ca. $45\,\frac{km}{h}$. Er war fast genau 5 Stunden unterwegs.

- ➜ Welche Entfernung legten die Rennfahrer zurück?
- ➜ Wie lange wären die Rennfahrer bei diesem Tempo von Dresden nach München ($\approx$ 500 km) unterwegs?

Aufgabe

1. Beim Wandertag der Klasse 8 b erreichen die Schüler nach genau $2\frac{1}{2}$ Stunden ihr Ziel, den Badesee.
Von ihrem Lehrer erfahren Noah und Line, dass die durchschnittliche Wandergeschwindigkeit $4\,\frac{km}{h}$ betrug.
Noah und Line fragen sich, wie weit sie in (1) 2 h, (2) $1\frac{1}{2}$ h, (3) $2\frac{1}{2}$ h gelaufen sind.

Lösung

Die Formel zur Berechnung der Geschwindigkeit lautet $v = \frac{s}{t}$.
Wir setzen zunächst die gegebenen Größen in die Formel ein.

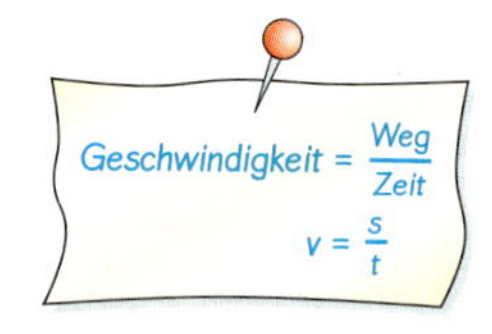

(1) $4\,\frac{km}{h}$ ist die Geschwindigkeit v,
2 h ist die Zeit t.
$4\,\frac{km}{h} = \frac{s}{2\,h}$

(2) $4\,\frac{km}{h}$ ist die Geschwindigkeit v,
$1\frac{1}{2}$ h ist die Zeit t.
$4\,\frac{km}{h} = \frac{s}{1\frac{1}{2}\,h}$

(3) $4\,\frac{km}{h}$ ist die Geschwindigkeit v,
$2\frac{1}{2}$ h ist die Zeit t.
$4\,\frac{km}{h} = \frac{s}{2\frac{1}{2}\,h}$

$2\frac{1}{2} = 2{,}5$

Um das Lösen zu erleichtern, verzichten wir zunächst auf die Einheiten und ersetzen die gesuchte Größe s durch x.

$4 = \frac{x}{2}$ $\qquad 4 = \frac{x}{1{,}5}$ $\qquad 4 = \frac{x}{2{,}5}$

Nun Lösen wir die Gleichungen durch Umformen:

$4 = \frac{x}{2}$ | $\cdot 2$
$4 \cdot 2 = \frac{x}{2} \cdot 2$

$4 = \frac{x}{1{,}5}$ | $\cdot 1{,}5$
$4 \cdot 1{,}5 = \frac{x}{1{,}5} \cdot 1{,}5$

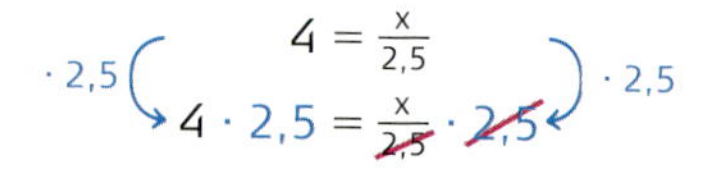

$4 = \frac{x}{2{,}5}$ | $\cdot 2{,}5$
$4 \cdot 2{,}5 = \frac{x}{2{,}5} \cdot 2{,}5$

Wir berechnen und vertauschen die Seiten der Gleichung:

$8 = x$
$x = 8$
In 2 Stunden sind die Schüler 8 km gelaufen.

$6 = x$
$x = 6$
In $1\frac{1}{2}$ h sind die Schüler 6 km gelaufen.

$10 = x$
$x = 10$
In $2\frac{1}{2}$ h sind die Schüler 10 km gelaufen.

Information

Muss man viele Berechnungen der gleichen Art mit der selben Formel durchführen, ist es sinnvoll, diese zunächst umzustellen.
Beim Umstellen benutzen wir jeweils die Umkehroperation.
Du kannst mit Variablen genauso rechnen wie mit Zahlen.

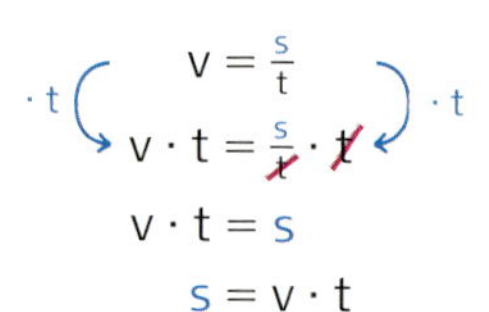

$v = \frac{s}{t}$ | $\cdot t$
$v \cdot t = \frac{s}{t} \cdot t$
$v \cdot t = s$
$s = v \cdot t$

Aufgabe

2. Angelinas Vater ist Lkw-Fahrer. Sie weiß, dass er heute Morgen zu einer 1 100 km langen Fahrt nach Paris aufgebrochen ist. Sie überlegt sich, wie lange ihr Vater insgesamt hinter dem Steuer sitzen muss, wenn er mit einer Durchschnittsgeschwindigkeit von 55 $\frac{km}{h}$ unterwegs ist. Die Pausenzeiten werden nicht berücksichtigt.

Lösung

Die Formel zur Berechnung der Geschwindigkeit lautet $v = \frac{s}{t}$.
Da die Zeit gesucht ist, müssen wir sie nach t umstellen.

1. Wir beseitigen zunächst den Bruch: $v = \frac{s}{t}$ | $\cdot t$; $v \cdot t = \frac{s}{t} \cdot t$

2. Wir stellen weiter um wie gewohnt: $v \cdot t = s$ | $: v$; $t = \frac{s}{v}$

3. Wir setzen die gegebenen Größen ein und berechnen: $t = \frac{1\,100\text{ km}}{55\,\frac{\text{km}}{\text{h}}}$; $t = 20\text{ h}$

Beachte: $\frac{\text{km}}{\frac{\text{km}}{\text{h}}} = \text{km} : \frac{\text{km}}{\text{h}} = \text{km} \cdot \frac{\text{h}}{\text{km}} = \text{h}$

Ergebnis: Angelinas Vater wird 20 Stunden hinter dem Steuer sitzen.

Zum Festigen und Weiterarbeiten

3. a) Welche Umformungen wurden gemacht?

(1) $\frac{F}{A} = p$ ☐ → $F = p \cdot A$ ☐ (2) $\frac{m}{V} = \varrho$ ☐ → $m = \varrho \cdot V$ ☐ (3) $P \cdot t = W$ ☐ → $P = \frac{W}{t}$ ☐

b) Was kann man mit den Formeln aus Teilaufgabe a) berechnen?

4. Stelle die Formeln nach der angegebenen Größe um.

a) $R = \frac{U}{I}$ nach U **b)** $A = a \cdot b$ nach a **c)** $P = \frac{W}{t}$ nach W **d)** $P = U \cdot I$ nach I

5. 

Herr Hoppe möchte ein 760 m² großes rechteckiges Grundstück am Stegenwald kaufen. Er weiß, dass die Entfernung zwischen Gehweg und Stegenwald 40 m beträgt und fragt sich, wie viel Meter Gehweg er im Winter beräumen müsste.

Information

Umstellen von Formeln

Um eine Formel nach einer Größe umzustellen, nutzen wir jeweils die Umkehroperation.
Ist die gesuchte Größe im Nenner, so multiplizieren wir beide Seiten mit dieser Größe.

Beispiele:

(1) $a \cdot x = b$ | $: a$
$x = \frac{b}{a}$

(2) $\frac{x}{a} = b$ | $\cdot a$
$x = b \cdot a$

(3) $b = \frac{a}{x}$ | $\cdot x$
$b \cdot x = a$ | $: b$
$x = \frac{a}{b}$

Übungen

6. Welche Umformungen wurden gemacht?

a)
☐ $\frac{F}{A} = p$ ☐
$F = p \cdot A$
☐ $\frac{F}{p} = A$ ☐

b)
☐ $\frac{m}{V} = \varrho$ ☐
$m = \varrho \cdot V$
☐ $\frac{m}{\varrho} = V$ ☐

c)
☐ $\frac{U}{I} = R$ ☐
$U = R \cdot I$
☐ $\frac{U}{R} = I$ ☐

7. Die Formel zum Berechnen des Flächeninhaltes von Parallelogrammen lautet: $A = g \cdot h_g$.
Stelle nach der gesuchten Variablen um.
Berechne die fehlende Größe für:

a) $A = 80\ \text{cm}^2;\ h_g = 5\ \text{cm}$

b) $A = 15\ \text{dm}^2;\ h_g = 2{,}5\ \text{dm}$

c) $A = 6\ \text{m}^2;\ g = 4\ \text{m}$

d) $A = 120\ \text{mm}^2;\ g = 15\ \text{mm}$

8. Stelle die Formeln nach jeder vorkommenden Variable um.

a) $W = F \cdot s$ **b)** $A_M = u \cdot h$ **c)** $a = \frac{v}{t}$

9. Johnny hat umgeformt. Berichtige seine Fehler.

a) $v = \frac{s}{t} \quad | \cdot t$
$v = s$

b) $A = a \cdot b$
$a = A \cdot b$

c) $R = \frac{U}{I}$
$\frac{R}{U} = I$
$I = \frac{R}{U}$

10. Suche in deinem Tafelwerk die Formel für

a) den Flächeninhalt eines Rechtecks,

b) die Mantelfläche eines Prismas,

c) das Volumen eines Quaders,

d) die elektrische Leistung,

e) die mechanische Arbeit,

f) die elektrische Energie.

Überprüfe, ob in deinem Tafelwerk die Malpunkte weggelassen wurden oder nicht. Notiere die jeweils andere Variante.

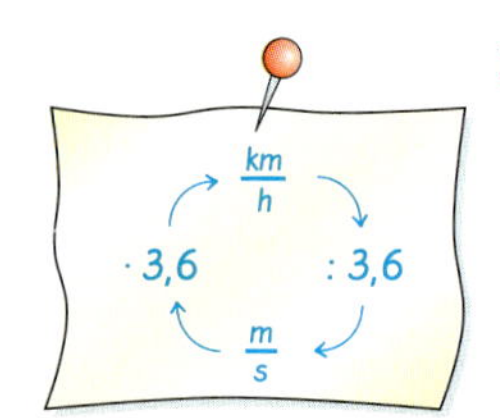

11. *Geschwindigkeiten im Spitzensport*

a) Berechne jeweils die fehlende Größe.

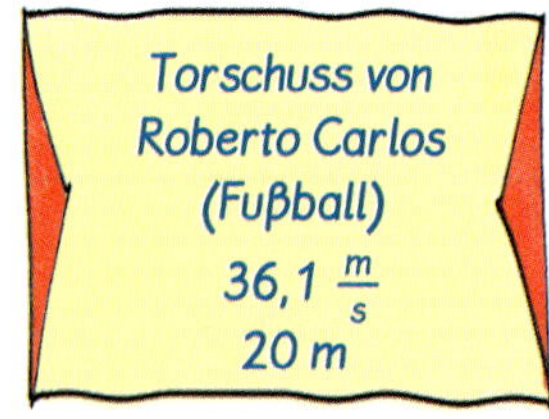

b) Berechne jeweils die Geschwindigkeit in $\frac{\text{km}}{\text{h}}$.

VERMISCHTE ÜBUNGEN

1. Löse die folgenden Gleichungen. Erkläre an der Waage, wie man die Gleichung löst.

a) $x + 3 = 11$ **b)** $x + 4 = 9$ **c)** $3 \cdot x = 9$ **d)** $4 \cdot x = 12$

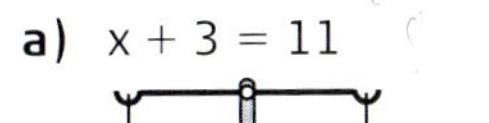
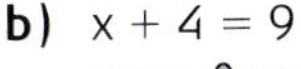
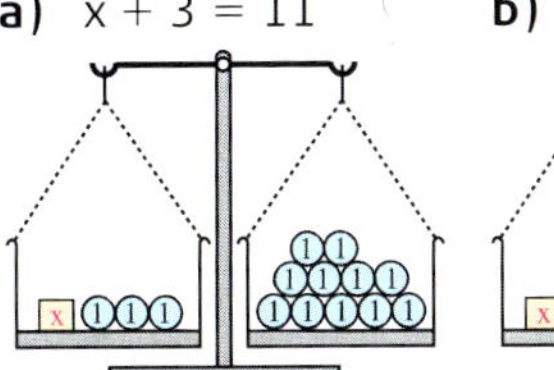
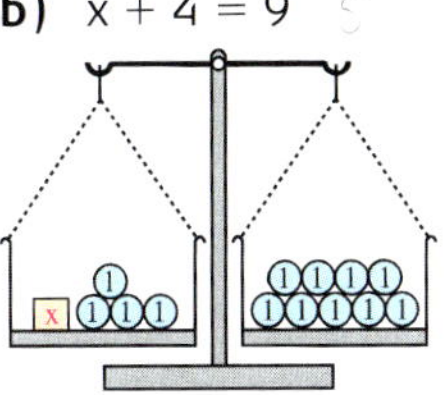
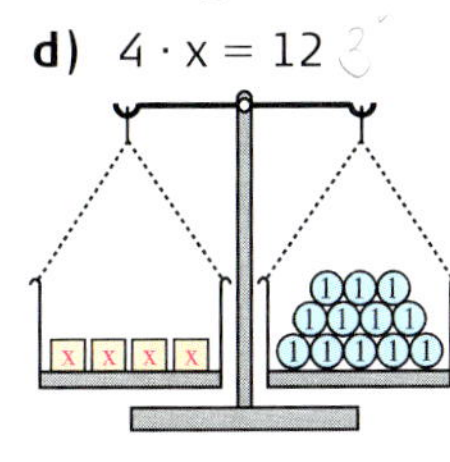

2. Löse die Gleichung. Denke an eine Waage. Du kannst die Waage auch zeichnen.

a) $x + 7 = 15$; $x = \square$ **b)** $3 + z = 18$; $z = \square$ **c)** $15 = 9 + x$; $\square = x$ **d)** $18 = 2y + 4$; $\square = 2y$

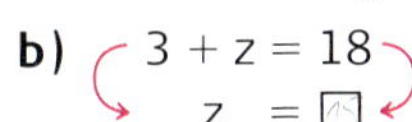
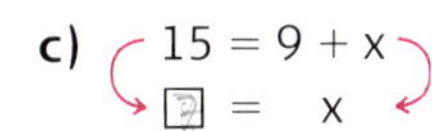

3. **a)** $3 \cdot x = 18$; $x = \square$ **b)** $2 \cdot y = 12$; $y = \square$ **c)** $24 = 8 \cdot x$; $\square = x$ **d)** $108 = x \cdot 8 + 4$; $\square = 8x$; $\square = x$

4. **a)** $y + 17 = 31$; $7 \cdot x = 91$ **b)** $12 + a = 45$; $6 \cdot c = 84$ **c)** $27 = x + 8$; $72 = 8 \cdot x$ **d)** $56 = 37 + x$; $96 = 6 \cdot z + 6$ **e)** $15 + z = 49$; $15a - 15 = 165$

5. Welche Regel wird bei der Umformung angewandt?

a) $x - 18 = 12$; $x = 30$ **b)** $y + 10 = 7$; $y = -3$ **c)** $a : 8 = -4$; $a = -32$ **d)** $5x = 45$; $x = 9$

6. Fülle in deinem Heft die Lücken aus.

a) $x + 12 = 38$; $x = \square$
b) $x - 11 = 3$; $x = \square$
c) $a + 2 = 7{,}5$; $a = \square$
d) $y - 3{,}6 = 0$; $y = \square$
e) $x \cdot 15 = 60$; $x = \square$
f) $1{,}2a = 10{,}8$; $a = \square$
g) $x : 7 = 5$; $x = \square$
h) $\frac{1}{3}x = 9$; $x = \square$
i) $-a = 5$; $a = \square$

7. Fülle die Lücke aus. Welche Regel wurde angewandt?

a) $-x = 20$; $x = \square$ **b)** $\frac{1}{2}z = 8$; $z = \square$ **c)** $r - 25 = -40$; $r = \square$ **d)** $-2r = 5$; $r = \square$

8. Stelle durch eine *Probe* fest, ob die angegebene Zahl eine Lösung der Gleichung ist.

a) $28 \cdot x = 168$; 6
b) $x \cdot 16 = 128$; 9
c) $x + 43 = 65$; 22
d) $40 = z \cdot 12$; $3\frac{1}{3}$
e) $7{,}2 = 0{,}4 \cdot x$; 17
f) $-168 = 12 \cdot y$; -14

Probe, ob 3 eine Lösung der Gleichung $13 \cdot x = 39$ ist.

$13 \cdot 3 = 39$ (w?)	
LS: $13 \cdot 3$ $= 39$	RS: 39

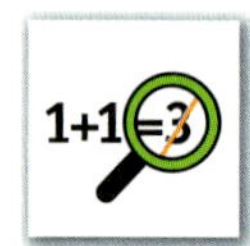

9. Korrigiere Eddies Hausaufgaben.

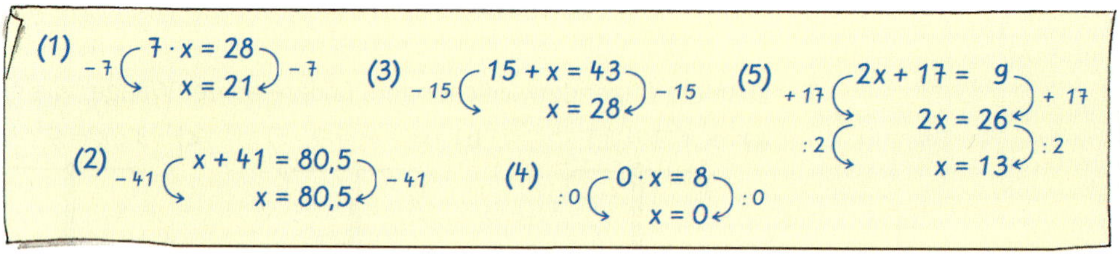

(1) $7 \cdot x = 28 \quad |-7$
$x = 21$

(2) $x + 41 = 80{,}5 \quad |-41$
$x = 80{,}5$

(3) $15 + x = 43 \quad |-15$
$x = 28$

(4) $0 \cdot x = 8 \quad |:0$
$x = 0$

(5) $2x + 17 = 9 \quad |+17$
$2x = 26 \quad |:2$
$x = 13$

10. Löse die Gleichung. Führe die Probe durch.

a) $\frac{x}{5} = 7$ $\frac{y}{3} = 13$ **b)** $12 = \frac{x}{4}$ $25 = \frac{c}{6}$ **c)** $\frac{x}{2} = 18$ $7c + 13 = 90$ **d)** $x : 2 = 16$ $4d - 8 = -2$ **e)** $4 = x : 6$ $\frac{e}{3} + 4 = 5$ **f)** $\frac{x}{6} = 6$ $67 = \frac{f}{5} - 23$

11. Schreibe zu jedem Zahlenrätsel eine Gleichung. Löse sie.

a) Verkleinert man die Zahl um 19, so erhält man 37.

b) Vermehrt man das Fünffache einer Zahl um 0,6, so erhält man 1,4.

c) Der vierte Teil der Zahl ist 16.

d) Der sechste Teil einer Zahl vermehrt um 17,5 ist 20.

12. Die folgenden geometrischen Figuren haben alle den Umfang 48 dm. Bestimme jeweils die Seitenlänge mithilfe einer Gleichung.

(1) gleichseitiges Dreieck (2) Rhombus (3) Quadrat (4) regelmäßiges Fünfeck (5) regelmäßiges Achteck

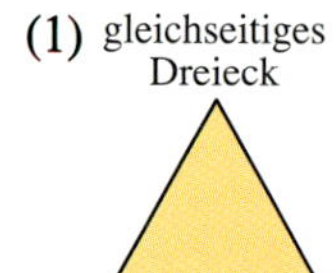
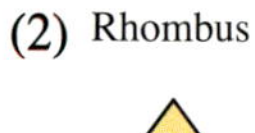
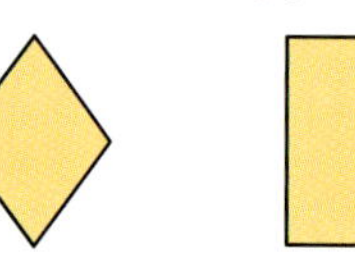
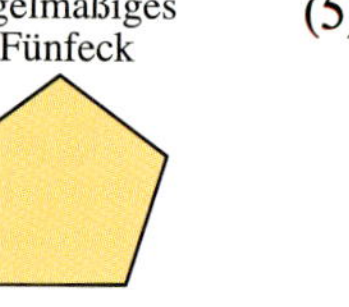

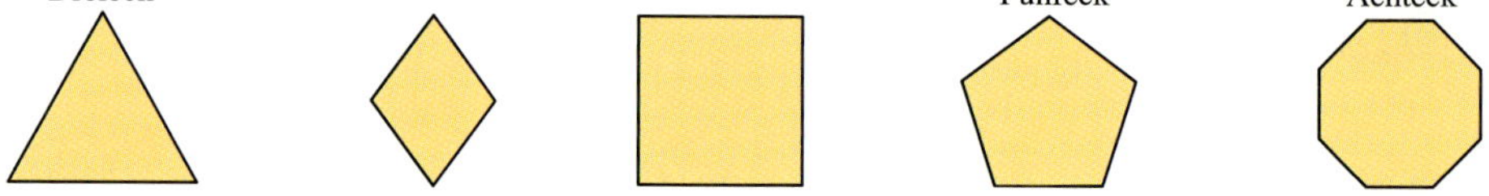

13. Maria möchte Fensterschmuck basteln. Für den Stern hat sie 3,30 m Draht zur Verfügung, für die Lampe 6,49 m und für den Zweig 4,03 m. Bestimme jeweils, wie lang die einzelnen Stücke sein müssen. Stelle dazu eine Gleichung auf.

(1) Stern

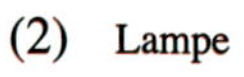

(2) Lampe

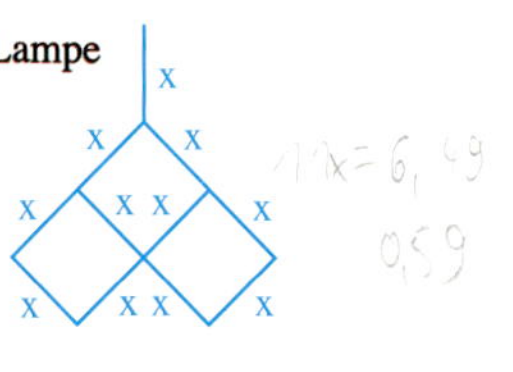

(3) Zweig

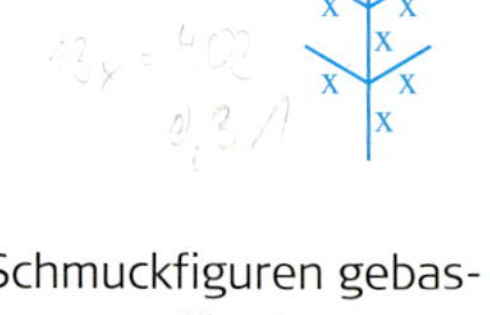

14. Uwe und Kay haben für das Schulfest der Pestalozzi-Mittelschule Schmuckfiguren gebastelt. Berechne, aus wie viel Meter Draht die Figuren bestehen, wenn für den Mann x = 30 cm und für die Frau x = 21 cm gilt.

a)

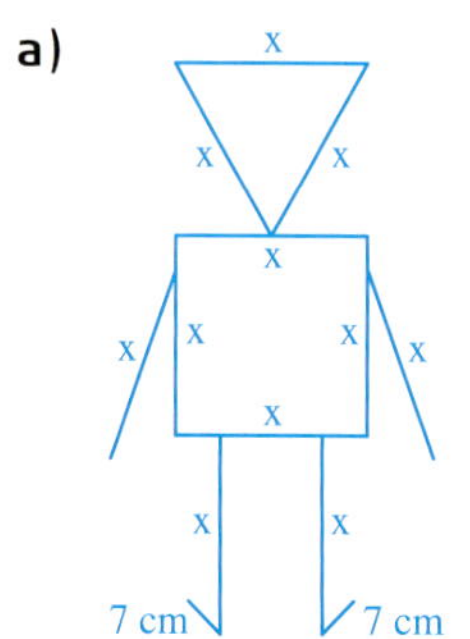

b)

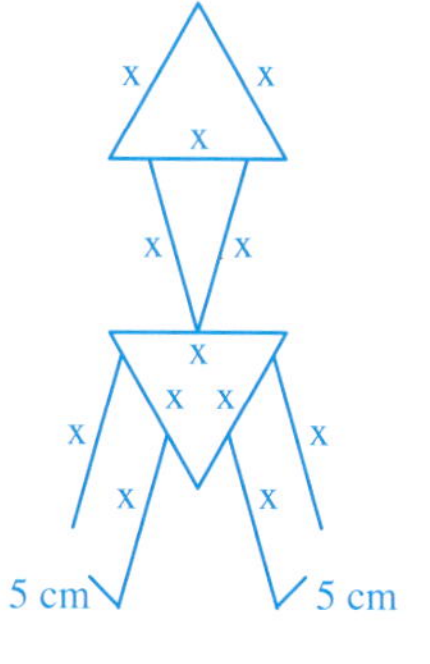

15. Die 21 Schüler der Klasse 8a sammeln Altpapier. Vom Hausmeister erfahren sie, dass sie schon 311 kg gesammelt haben und der Container 500 kg fasst.
Wie viel kg Altpapier muss jeder Schüler noch sammeln, um den Container zu füllen?

16. Ist euch schon einmal aufgefallen, dass Babys einen besonders großen Kopf zu haben scheinen? Das ist tatsächlich so. Es gelten folgende Faustformeln:

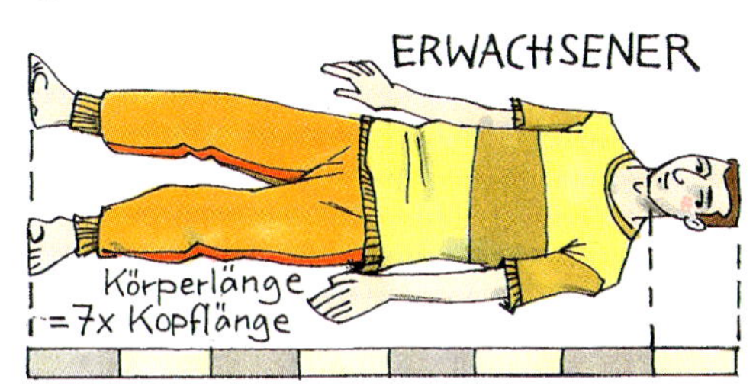

a) Berechnet, wie groß nach den Faustformeln die folgenden Personen sein müssten.

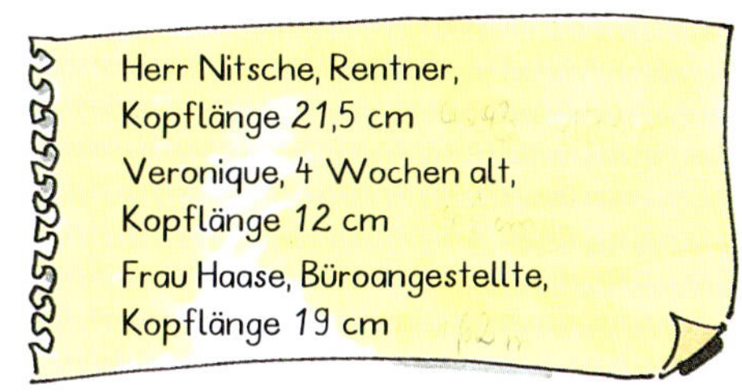

Herr Nitsche, Rentner,
Kopflänge 21,5 cm
Veronique, 4 Wochen alt,
Kopflänge 12 cm
Frau Haase, Büroangestellte,
Kopflänge 19 cm

Angelina, 3 Tage alt,
Kopflänge 11 cm
Frau Egger, volljährig,
Kopflänge 21 cm
Dirk Nowitzki, Basketball-Spieler,
Kopflänge 26,5 cm

b) Stellt die beiden Formeln nach der Kopflänge um. Berechnet nun, wie groß die Köpfe der folgenden Personen sind.

Orlando Bloom, Schauspieler, 1,81 m groß
Tom Cruise, Schauspieler, 1,70 m groß
Shakira, Sängerin, 1,50 m groß

Eminem, Rapper, 175 cm
Heidi Klum, Modell, 1,76 m
Nick Heidfeld, Rennfahrer, 1,67 m

TAB

c) Messt in eurer Gruppe von allen Schülern Kopf- und Körpergröße.
Entwickelt, eventuell mithilfe eines Tabellenkalkulationsprogramms, eine Formel für Jugendliche.

17.

a) Ordne richtig zu.

b) Bestimme jeweils die Geschwindigkeit.

c) Wie weit würde man mit den Verkehrsmitteln jeweils in 3 h kommen?

d) Wie lange wäre man bei einer Strecke von 10 km jeweils unterwegs?

18. Nina und Nicki wollen herausfinden, wie viel Energie die Elektrogeräte, die sie zu Hause haben, pro Monat verbrauchen. Mithilfe ihrer Eltern haben sie die folgende Tabelle aufgestellt:

	Leistung	Laufzeit pro Monat
Geschirrspüler (Nicki)	2,2 kW	15 × 1 h
Waschmaschine (Nina)	2,3 kW	$10 \times 1\frac{1}{2}$ h
Wäschetrockner (Nina)	2,1 kW	6 × 2 h
E-Herd (Nicki)	10 kW	7 × 1 h

a) Suche in deinem Tafelwerk die Formel zur Berechnung der elektrischen Energie bzw. elektrischen Arbeit.

b) Berechne für jedes Gerät, wie viel kWh es pro Monat arbeitet.

c) Erkundige dich bei deinen Eltern, wie viel Cent ihr für eine kWh Energie bezahlen müsst.
Berechne dann die monatlichen Kosten für die Geräte.

19. Welche der aufgelisteten Elektrogeräte können zu Hause gleichzeitig betrieben werden, wenn die Wohnung mit (1) 16 A, (2) 20 A, (3) 25 A abgesichert ist?
Findet ihr alle Möglichkeiten?
Welche Geräte darf man auf keinen Fall gleichzeitig einschalten?

TV-Kombination	1200 W	Wohnzimmerlampe	40 W
Radio	50 W	Waschmaschine	2300 W
Kaffeemaschine	800 W	Wäschetrockner	2100 W
Toaster	950 W	Geschirrspüler	2200 W
Wasserkocher	1200 W	Staubsauger	2400 W

20. Berechne, wie lange die Torhüter Zeit haben, um auf den Schuss des Angreifers zu reagieren.

Henning Fritz (Handball): $31\,\frac{m}{s}$, Entfernung 7 m
Olaf Kölzig (Eishockey): $45\,\frac{m}{s}$, Entfernung 4 m
Yvonne Frank (Hockey): $38\,\frac{m}{s}$, Entfernung 7 m
Timo Hildebrand (Fußball): $30\,\frac{m}{s}$, Entfernung 11 m

21. Veronique ist Physik-Fachhelferin. Im Auftrag ihres Lehrers hat sie von einigen Körpern Masse und Volumen bestimmt.
Leider hat sie ihre Messwerte alle auf einzelne Zettel geschrieben.
Hilf ihr, sie zu ordnen. Nutze dazu dein Tafelwerk.

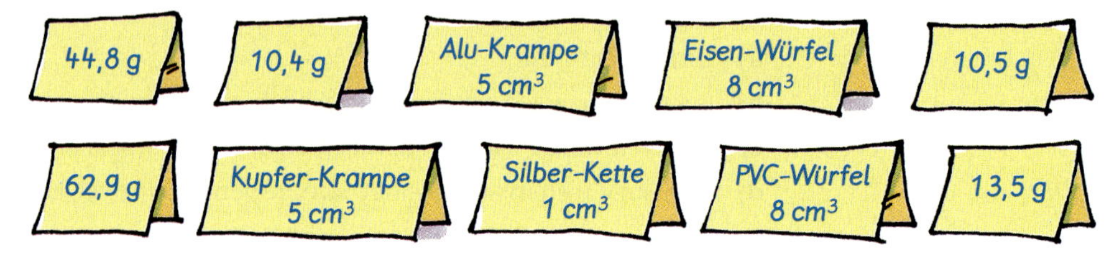

BIST DU FIT?

1. Stelle zu jeder Waage eine Gleichung auf. Löse.

a)

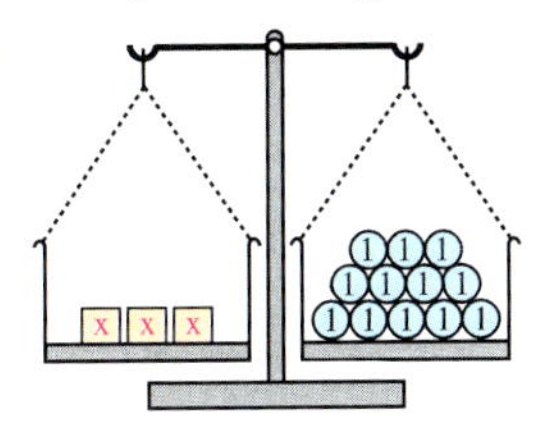

b)

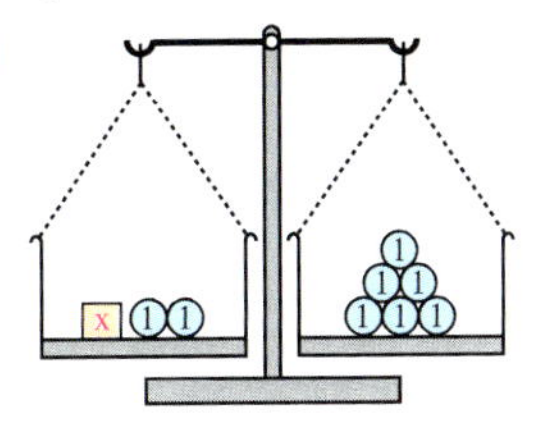

c)

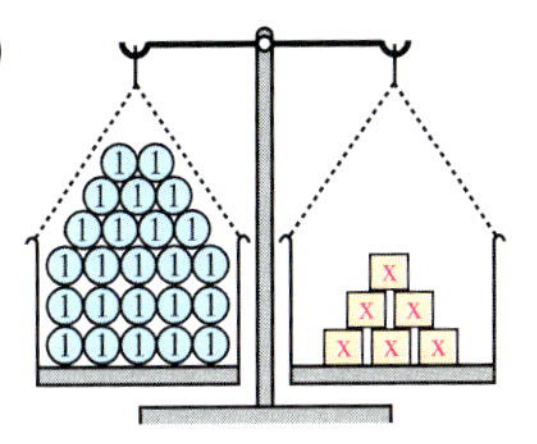

2. Löse die Gleichung. Überprüfe die Lösung mit einer Probe.

a) $x + 17 = 30$
$3x + 3 = 24$

b) $z - 7 = 25$
$45 = 4y + 13$

c) $4c = -52$
$\frac{x}{3} + 1 = 29$

d) $-8 = y - 24$
$\frac{x}{2} - 2 = 18$

3. Stelle eine Gleichung auf und löse sie.

a) Vermehrt man eine Zahl um 5, so erhält man 21.

b) Das Doppelte einer Zahl ist −8.

c) Vermindert man das Sechsfache einer Zahl um 12, so erhält man −3.

d) Addiert man 11 zum Vierfachen einer Zahl, so erhält man 17.

e) Subtrahiert man 4 vom zehnten Teil einer Zahl, so erhält man 5.

4. Die Klasse 8 a macht mit ihrem Lehrer und einer Begleitperson eine Exkursion in den Leipziger Zoo. Für die insgesamt 26 Personen mieten sie einen Sonderbus für 156 €.

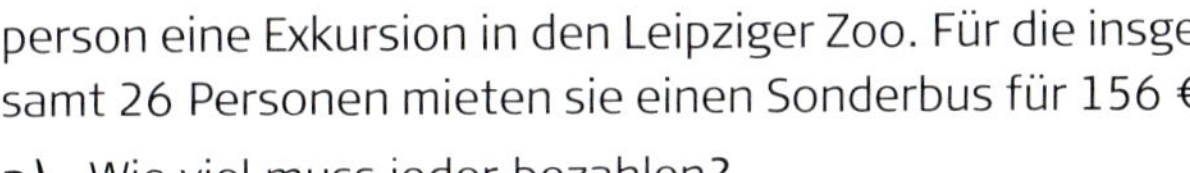

a) Wie viel muss jeder bezahlen?

b) Franzi und Katrin sind oft krank. Wie viel müsste jeder bezahlen, wenn die Beiden nicht mitfahren würden?

5. **a)** Suche in deinem Tafelwerk die Formel zur Berechnung des Flächeninhalts von Parallelogrammen.

b) Stelle die Formel nach allen darin vorkommenden Variablen um.

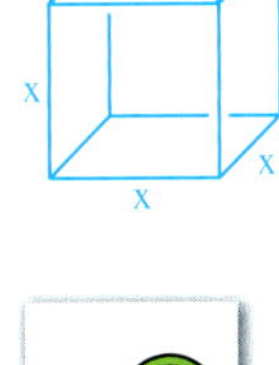

6. Annika hat im Supermarkt für einen Tetrapak Saft und 3 Tafeln ihrer Lieblingsschokolade 2,26 € bezahlt. Sie weiß noch, dass der Saft 49 Cent gekostet hat und fragt sich, wie teuer eine Tafel Schokolade war.

7. Für den Lampionumzug des Kindergartens „Zwergenland" wollen die Schüler der Klasse 8 b Laternen basteln. Für das Gerüst jeder Laterne stehen ihnen 200 cm Draht zur Verfügung.

8. Tom und Tim haben an der Tafel gerechnet. Leider sind alle Aufgaben falsch. Korrigiere.

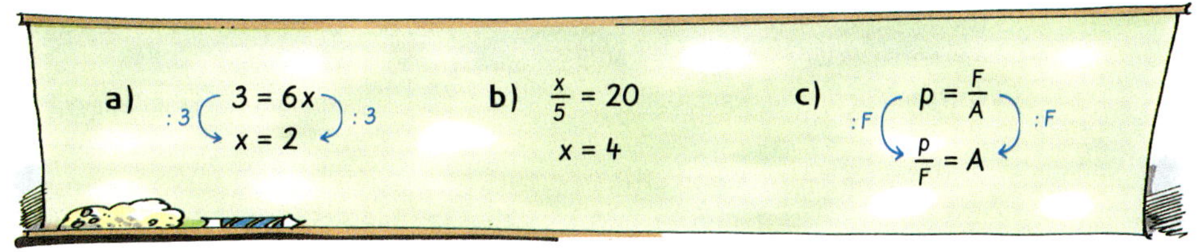

3 Vom Vieleck zum Kreis

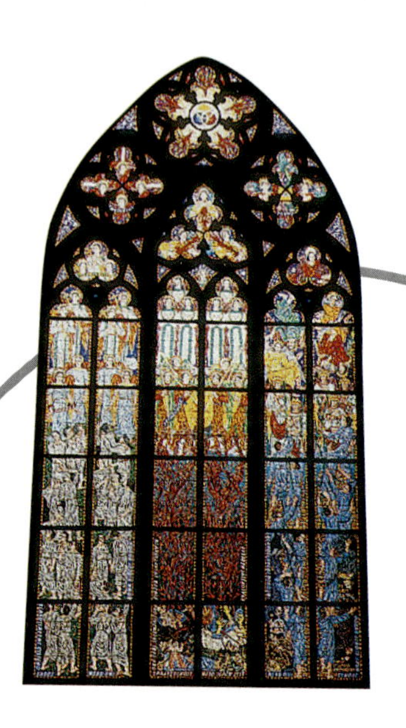

Hundertwasser-Schule, Lutherstadt Wittenberg

Astronomische Uhr, Heilbronn

Klangbrunnen im Specks Hof, Leipzig

In diesem Kapitel lernst du ...

... Kreisornamente und regelmäßige Vielecke zu zeichnen sowie Umfang und Flächeninhalt von Kreisen zu berechnen.

REGELMÄSSIGE VIELECKE

Achsensymmetrie

Zum Wiederholen

1. 

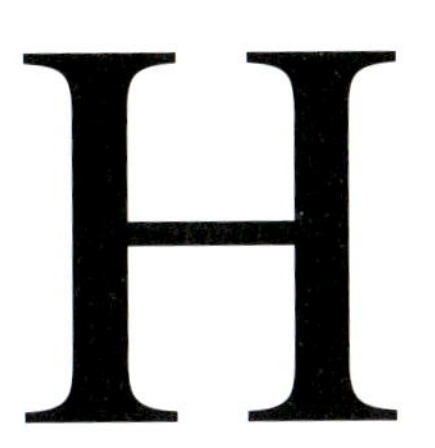

Welche Eigenschaft haben diese drei Bilder gemeinsam?

Wiederholung

Jede Figur, die so gefalten werden kann, dass beide Teile genau aufeinander passen (deckungsgleich sind) nennen wir **achsensymmetrisch**.
Die Faltlinie bezeichnen wir als **Symmetrieachse** der Figur.

Figur mit einer Symmetrieachse

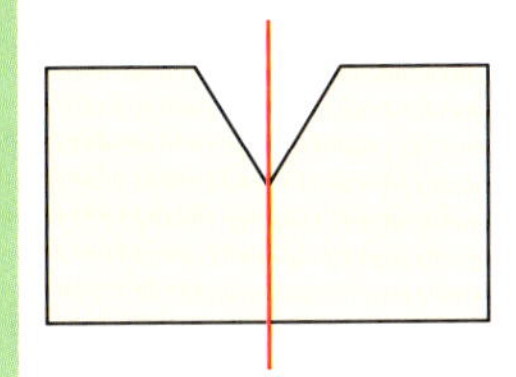

Figur mit vier Symmetrieachsen

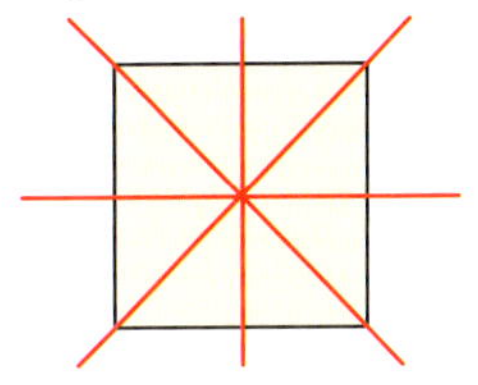

Zum Festigen und Weiterarbeiten

2. Wie viele Symmetrieachsen erkennst du jeweils in den Verkehrsschildern?

(1) 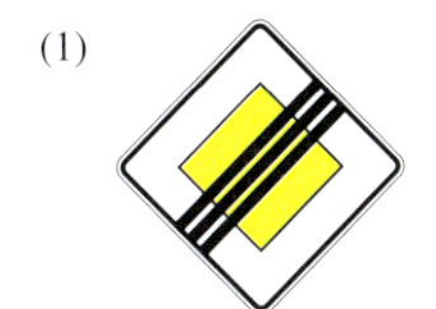

(2) 

(3) 

(4) 

3. Übertrage in dein Heft. Ergänze so, dass eine achsensymmetrische Figur mit g als Symmetrieachse entsteht.

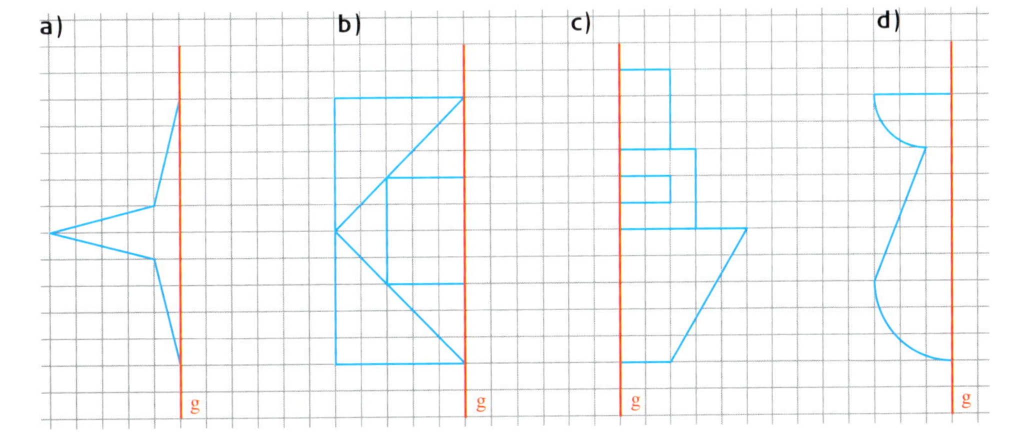

4. Christian soll ein regelmäßiges Sechseck ABCDEF in ein Koordinatensystem eintragen. Sein Mathelehrer gibt ihm vier Eckpunkte des Sechsecks vor:
$C(6|2)$, $D(3|6)$, $E(-2|6)$, $F(-5|2)$.
Die Gerade durch C und F soll eine Symmetrieachse sein. Ermittle die Koordinaten von A und B.

Übungen

5. Übertrage die Figur in dein Heft. Entscheide, ob die Figur achsensymmetrisch ist. Wenn ja, dann trage die Symmetrieachse ein. Beachte, dass eine Figur auch mehrere Symmetrieachsen haben kann.

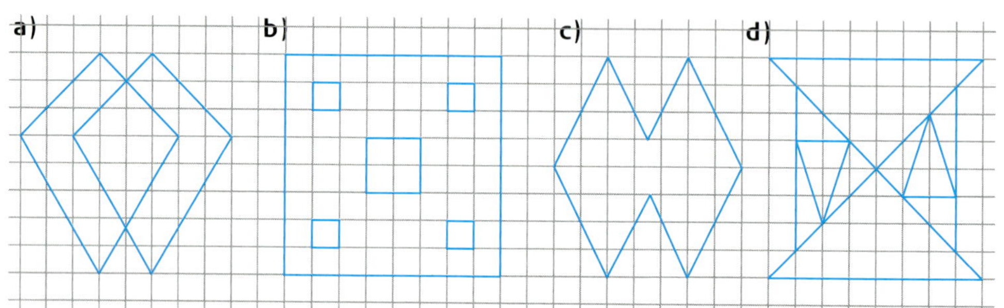

6. Ein Computer hat mehrere Symbole gespeichert. Einige davon sind achsensymmetrisch. Skizziere das Symbol in deinem Heft und trage alle vorhandenen Symmetrieachsen ein.

a) 

b) 

c) 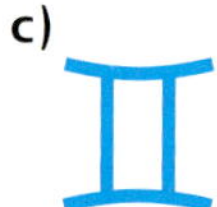

d) 

e) 

f) 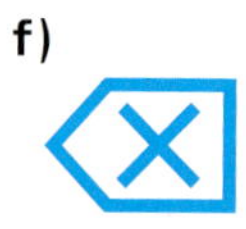

g) 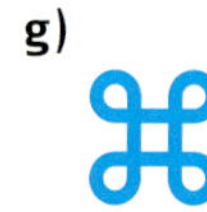

h) 

7. a) 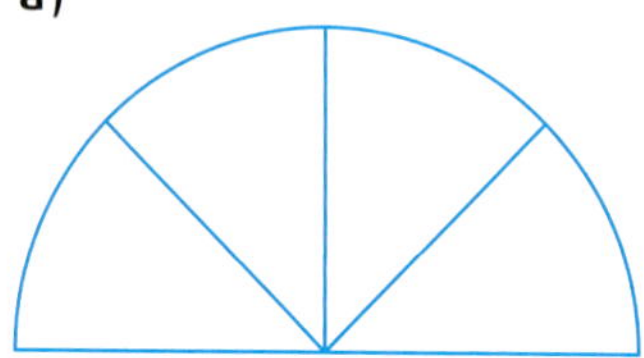

b) 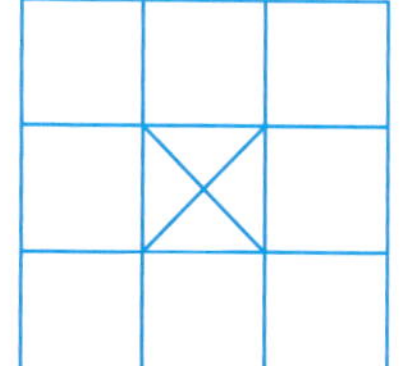

c) 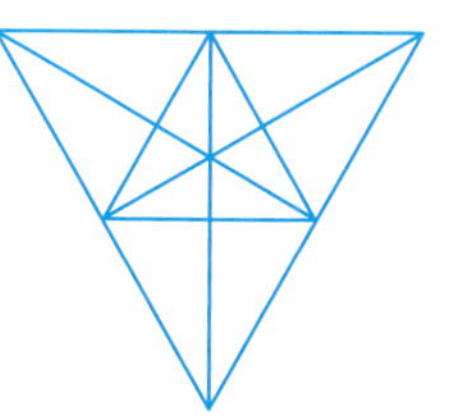

Zeichne die Figur in dein Heft. Färbe die Teilflächen so, dass deine gefärbte Figur
(1) genau eine Symmetrieachse hat;
(2) mehrere Symmetrieachsen besitzt;
(3) nicht mehr achsensymmetrisch ist.

8. *Geht auf Entdeckungsreise:*
Das Symbol im Bild rechts ist achsensymmetrisch.

a) Findet in eurer Umgebung weitere achsensymmetrische Symbole. Fotografiert oder zeichnet sie.

b) Gestaltet in geeigneter Form eine Ausstellung solcher Symbole.

9. Übertrage in dein Heft. Vervollständige so zu einer achsensymmetrischen Figur, dass die Gerade g eine Symmetrieachse ist.

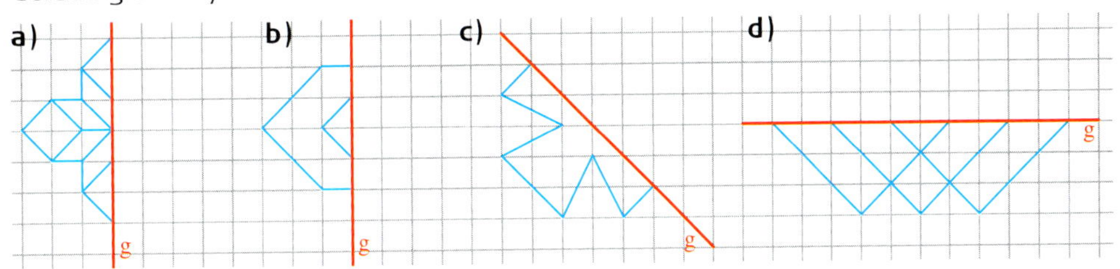

10. Übertrage in dein Heft und ergänze zu einer achsensymmetrischen Figur. Beachte, dass die vollständige Figur zwei Symmetrieachsen besitzt.

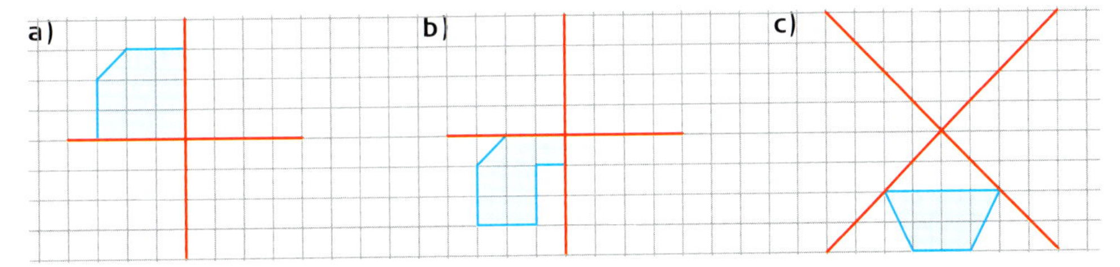

11. Faltet ein Blatt Papier so, dass durch Einschneiden an den Faltkanten ein achsensymmetrisches Schnittmuster entsteht.

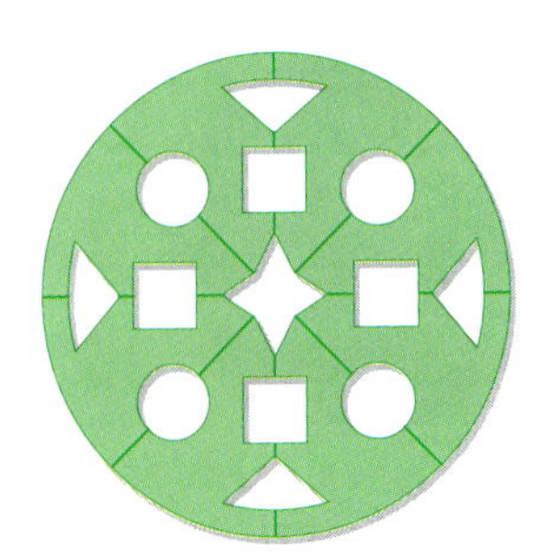

12. Annika trägt vier Eckpunkte einer achsensymmetrischen Figur in ein Koordinatensystem ein: A(0|− 4), B(2|− 3), C(3|− 2) und D(3|0). Die x- und y-Achse sind die Symmetrieachsen der Figur.

13. Die Mathelehrerin gab Doris und Henning die Koordination einiger Eckpunkte einer achsensymmetrischen Figur: A(2|0), B(3|2), C(0|4), D(− 3|2) und E(− 2|0). Die x-Achse soll die Symmetrieachse sein. Beide ermitteln nun zeichnerisch die Koordinaten der weiteren Eckpunkte.
Doris: F(− 3|− 2), G(0|− 4) und H(3|− 2) Henning: F(− 3|− 3), G(0|4) und H(− 2|3)
Wer hat die Koordinaten richtig ermittelt? Wie viele Fehler hat der andere gemacht?

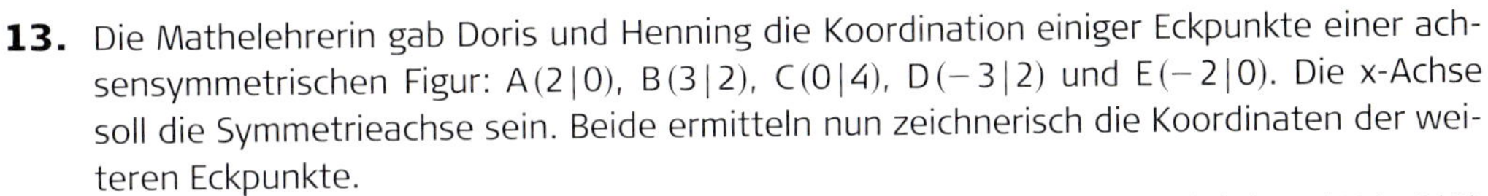

Drehsymmetrie

Zum Wiederholen

1. In Sachsen sind an vielen windreichen Orten Windkraftanlagen zu sehen. Das Bild zeigt das Flügelrad einer solchen Windkraftanlage. Erkennst du eine Symmetrie?

Wiederholung

Jede Figur, die um einen Punkt Z mit einem Winkel α gedreht werden kann, sodass sie genau auf sich selber passt (deckungsgleich ist), nennen wir **drehsymmetrisch**.
Der Punkt Z ist das **Symmetriezentrum** und der Winkel α ist der **Drehwinkel**.

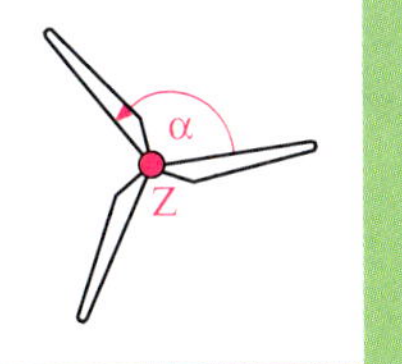

Übungen

2. Beim Schreiben mit dem Computer kannst du verschiedene drehsymmetrische Symbole einfügen. Skizziere das Symbol in deinem Heft.
Markiere das Symmetriezentrum und einen Drehwinkel.

a) 

c) 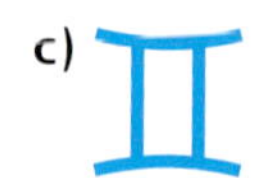

e) 

g) 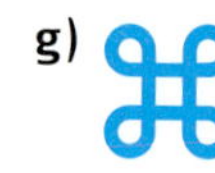

b) 

d) 

f) 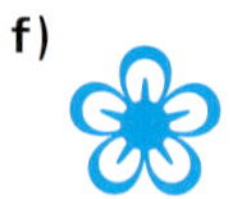

h) 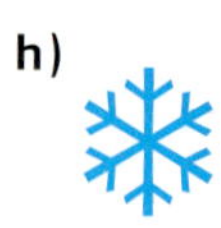

3. Die Figur ist drehsymmetrisch. Gib den kleinsten Drehwinkel an.

a) 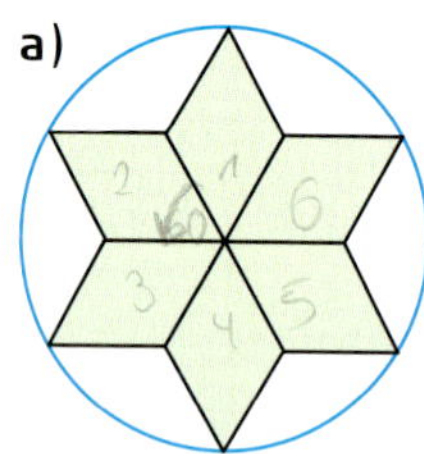

b) 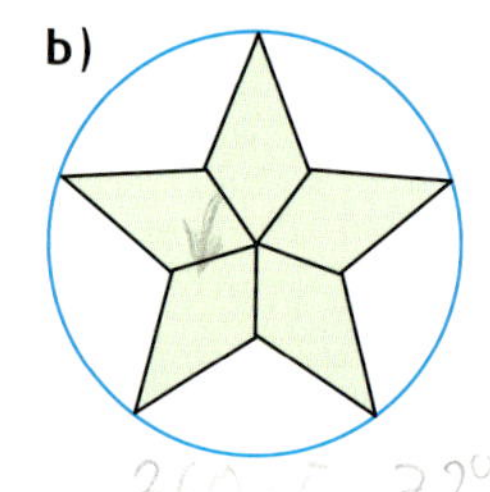

c) 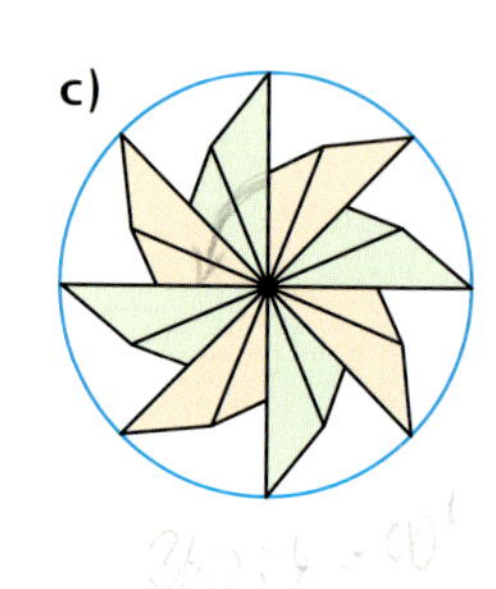

Teil aus einem gotischen Fenster

4. *Geht auf Entdeckungsreise:*

a) Fotografiert bzw. zeichnet drehsymmetrische Figuren.

b) Gestaltet damit eine Ausstellung in eurer Schule.

5. In einem Koordinatensystem haben die Eckpunkte eines Dreiecks ABC die Koordinaten A(0|0), B(5|5) und C(1|4). Zeichne dieses Dreieck und drehe es um den Punkt A als Symmetriezentrum

a) (1) um 90°, (2) um 180°, (3) um 270°; **b)** (1) um 120°, (2) um 240°.

Eigenschaften regelmäßiger Vielecke

Einstieg

Bereits in der Antike war der Drudenfuß bekannt zur Verbannung des Bösen. Er war das beliebteste Bannzeichen des Mittelalters.
Der Drudenfuß wird auch als Alpenkreuz, Fünfstern oder Pentagramm bezeichnet.
Sein Zauber wurde wirksam, wenn es gelang, dieses magische Fünfeck zu zeichnen, ohne abzusetzen.

→ Skizziere dieses Fünfeck ohne abzusetzen in einem Zug.

→ Verbinde nun die Eckpunkte miteinander. Sind die Seiten deines Fünfecks gleich lang?

Aufgabe

1. Felix will in der AG Holz regelmäßige fünfeckige Bilderrahmen bauen.
Wie soll er vorgehen, damit die Bilderrahmen gleiche Seitenlängen haben?

Lösung

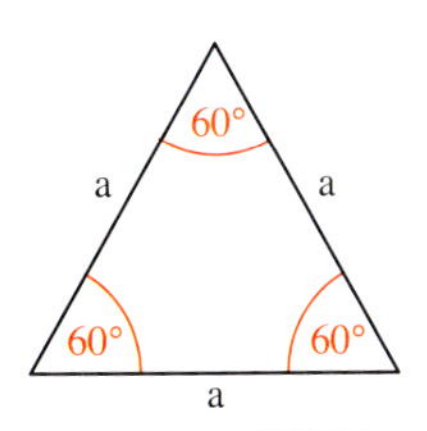

(1) Felix erinnert sich an das gleichseitige Dreieck. Es hat drei gleich lange Seiten und drei gleich große Innenwinkel. Die Summe dieser Innenwinkel beträgt 180° (Innenwinkelsatz für Dreiecke).

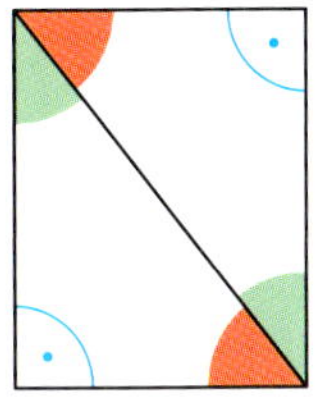

(2) Er überlegt sich, dass er beim Zusammenfügen zweier Dreiecke ein Viereck erhält. Die Innenwinkelsumme für dieses Viereck muss demzufolge 180° + 180° = 360° betragen. Die Abbildung zeigt das Zusammenfügen zweier zueinander kongruenter rechtwinkliger Dreiecke zu einem Viereck.

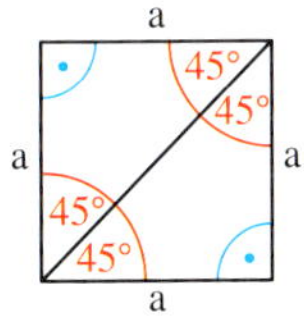

(3) Ein regelmäßiges Viereck muss gleich lange Seiten und gleich große Innenwinkel haben. Darum fügt Felix zwei gleichschenklig rechtwinklige Dreiecke zusammen, die zueinander kongruent sind. Da die Innenwinkelsumme im Viereck 360° beträgt, rechnet er 360° : 4 = 90°.

(4) Felix weiß:

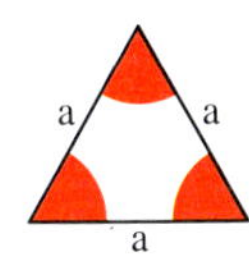

180° : 3 = 60°

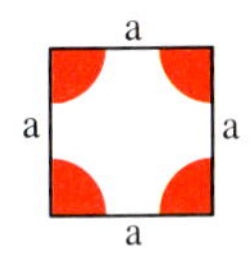

360° : 4 = 90°

Wenn in der gleichen Art und Weise einem Viereck ein Dreieck angefügt wird, so erhält man ein Fünfeck mit der Innenwinkelsumme 540°.
Da aber dieses Fünfeck regelmäßig sein soll, müssen die Seiten gleich lang und auch die Innenwinkel gleich groß sein.

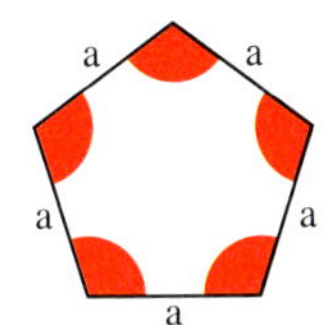

360° + 180° = 540°

540° : 5 = 108°

Mithilfe des Innenwinkels von 108° lässt sich nun ein Fünfeck mit gleich langen Seiten zeichnen:

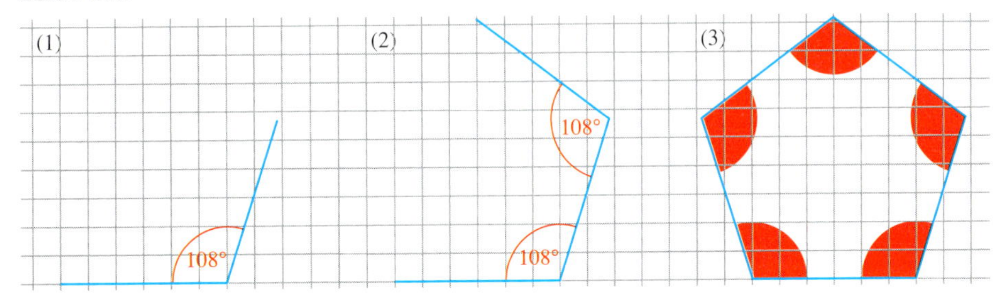

Information

Ein regelmäßiges Vieleck hat folgende Eigenschaften:

- Alle Seiten eines Vielecks sind gleich lang.
- Die Innenwinkel eines regelmäßigen Vielecks sind gleich groß.

Zum Festigen und Weiterarbeiten

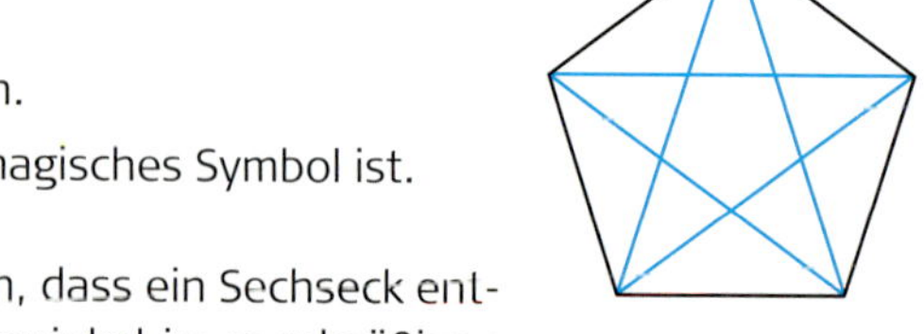

2. **a)** Konstruiere ein regelmäßiges Fünfeck mit der Seitenlänge a = 4,5 cm.

b) Trage alle Diagonalen in das Fünfeck ein.

c) Überlege, weshalb dieses Fünfeck ein magisches Symbol ist.

3. Annika fügt einem Fünfeck ein Dreieck so an, dass ein Sechseck entsteht. Nun überlegt sie, wie groß ein Innenwinkel im regelmäßigen Sechseck sein muss.

4. Konstruiere ein regelmäßiges Sechseck mit der Seitenlänge:

a) a = 4 cm **b)** a = 6,5 cm **c)** a = 8 cm

Übungen

5.

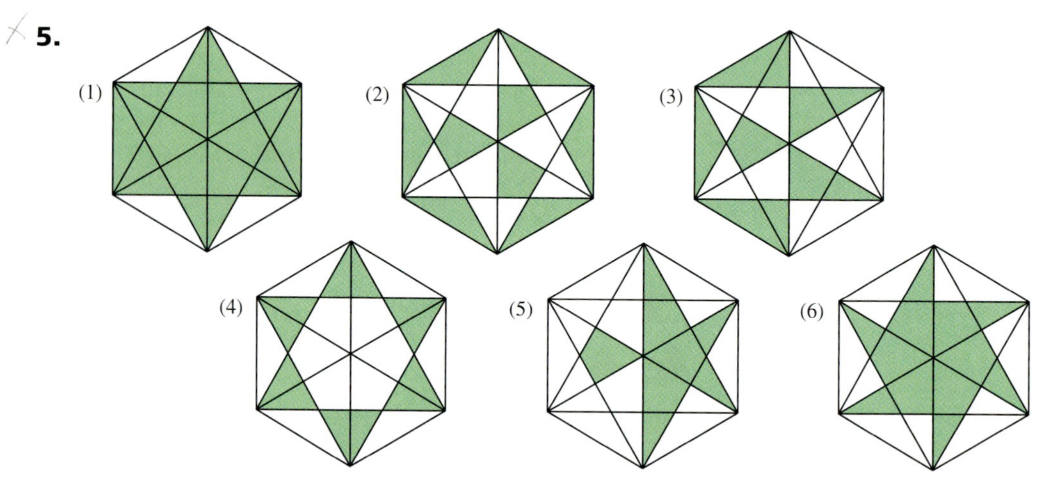

a) Welche Symmetrie kannst du jeweils in der Figur erkennen?

b) Wie viele Symmetrieachsen sind vorhanden?

6. **a)** Konstruiere ein regelmäßiges Sechseck. Markiere mit drei Farben die Teilflächen so, dass die entstandene Figur achsensymmetrisch oder drehsymmetrisch ist.

b) Finde weitere solche Sechsecke.

7. Die Schüler einer 8. Klasse fertigen zur Gestaltung der Schulfenster aus Tonpapier regelmäßige Vielecke mit drei, vier, fünf, sechs, acht bzw. zehn Ecken an.

a) Welche Größe haben die jeweiligen Innenwinkel?

b) Konstruiere je ein regelmäßiges Vieleck mit der Seitenlänge 4 cm.

8. Konstruiere auf weißes Papier ein regelmäßiges Vieleck.

a) Dreieck, Seitenlänge a = 6 cm

b) Viereck, Seitenlänge a = 3,5 cm

c) Fünfeck, Seitenlänge a = 4 cm

d) Sechseck, Seitenlänge a = 4 cm

e) Achteck, Seitenlänge a = 3 cm

f) Zehneck, Seitenlänge a = 3,5 cm

9. Konstruiere ein gleichschenkliges Dreieck mit dem Basiswinkel α und der Schenkellänge a. Ergänze die Figur zu einem regelmäßigen Vieleck.

a) $\alpha = 54°$; a = 5 cm **b)** $\alpha = 60°$; a = 4,5 cm **c)** $\alpha = 45°$; a = 5,5 cm

10. Schneide einen längeren gleich breiten Papierstreifen aus. Binde ihn so wie in dem Bild gezeigt zu einem Knoten. Ziehe nun vorsichtig an beiden Enden.
Was für ein Vieleck entsteht?

(1)

(2)

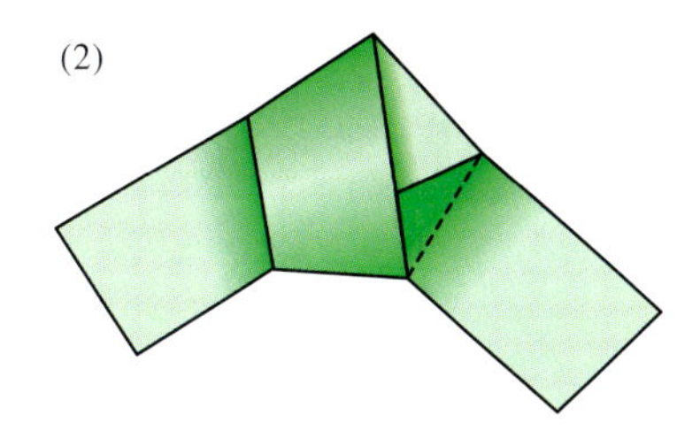

11. **a)** Zeichnet ein regelmäßiges Sechseck auf Zeichenkarton. Färbt die vier Teilflächen so wie es im Bild zu sehen ist. Schneidet dann die vier Teilflächen aus.
Gelingt es deiner Gruppe, aus den vier Teilflächen ein Sechseck zu puzzlen?

(1)

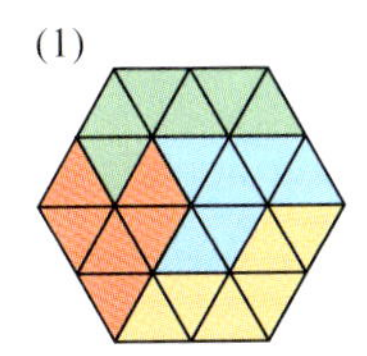

(2)

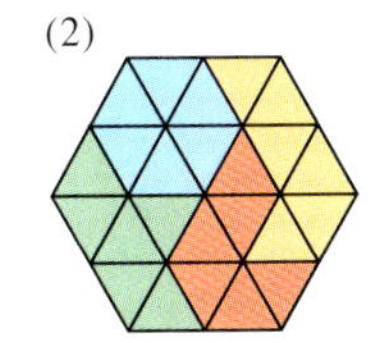

(3)

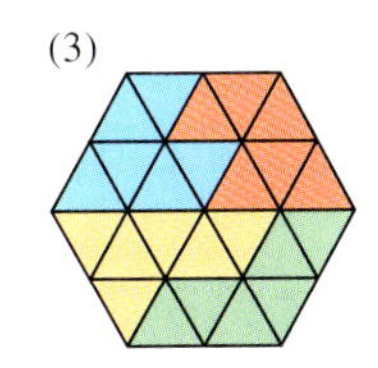

b) Gestaltet euch selbst solch ein Sechseckpuzzle. Zerlegt es in fünf Teilflächen.

12.

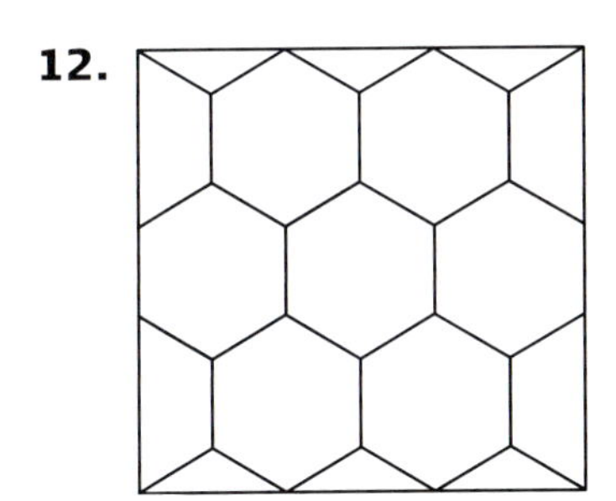

Mit regelmäßigen Sechsecken lässt sich auch eine Parkettierung herstellen.

a) Fertige eine geeignete Schablone an und zeichne damit solch eine Parkettierung.

b) Gestalte die Parkettierung farbig.

13. Thomas hat aus mehreren gleichschenkligen Dreiecken mit $a = b$ regelmäßige Vielecke gebildet. In einer Tabelle können zugehörige Winkelgrößen und Seitenlängen eingetragen werden.
Übertrage die Tabelle in dein Heft und ergänze sie.

	Quadrat	Fünfeck	Sechseck	Achteck
Seite c	7 cm	7 cm		
Umfang u			27,0 cm	30,4 cm
Winkel α				
Winkel γ				

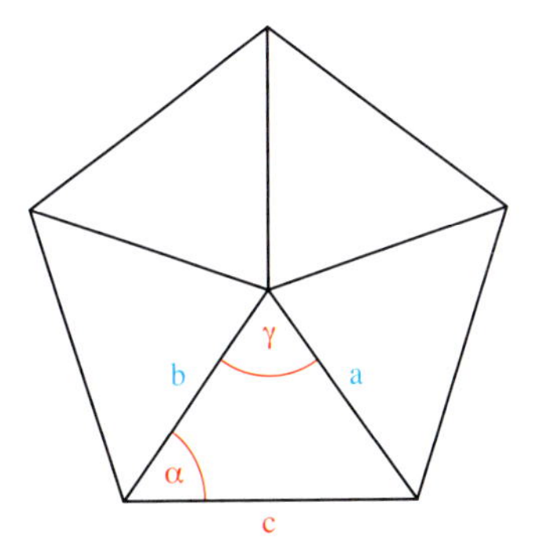

14. **a)** Konstruiere mit dynamischer Geometriesoftware regelmäßige Vielecke.

b) Kannst du damit auch Parkettierungen gestalten?

KREIS

Kreisornamente

Einstieg

Julia zeichnet in der AG Kunst Kreisornamente für quadratische Fliesen.

(1)

(2)

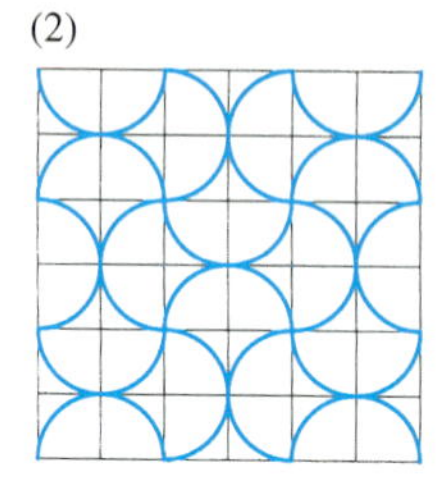

(3)

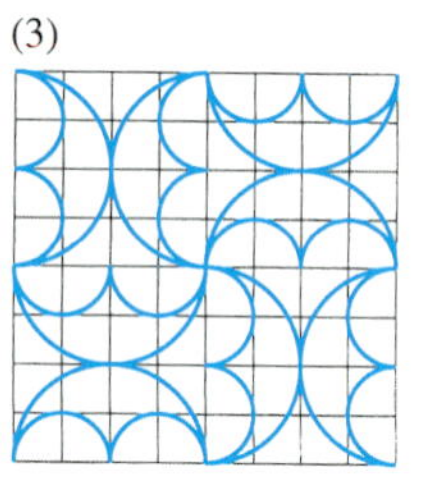

→ Wie hat es Julia geschafft, diese Kreisornamente mit dem Zirkel zu zeichnen? Beschreibe.

Aufgabe

1. Das Ornament links ist einer Blüte nachempfunden. Es wird auch *Rosette* genannt. Josephin will sich solch eine Rosette zeichnen. Wie muss sie mit dem Zirkel vorgehen?

Lösung

(1)

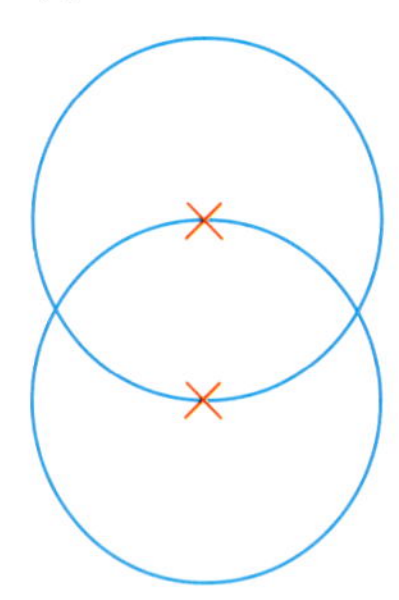

Zuerst wird ein Kreis gezeichnet. Wähle einen Kreispunkt aus und zeichne um ihn einen zweiten Kreis mit gleichem Radius.

(2)

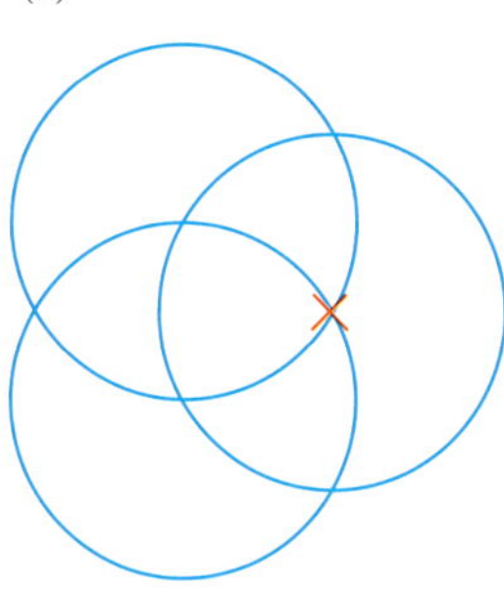

Ziehe um einen Schnittpunkt der beiden Kreise einen dritten Kreis.

(3)

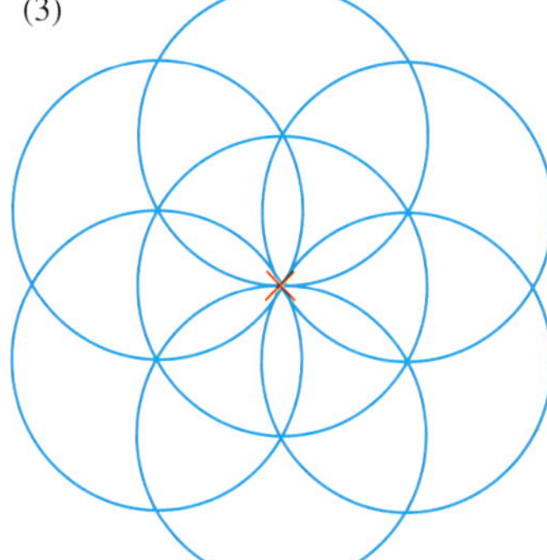

Zeichne in der Art und Weise weiter. Bei genauem Arbeiten entsteht dieses Ornament.

Information

Eine symmetrische Figur, die aus Kreisen besteht, ist ein **Kreisornament**.

Zum Festigen und Weiterarbeiten

Rosette (frz. Röschen)

2. Welche Symmetrie erkennst du in der Rosette von Aufgabe 1?

3. Zeichne dieses Ornament.
Was könnte es darstellen?
Welche Symmetrien kannst du erkennen?

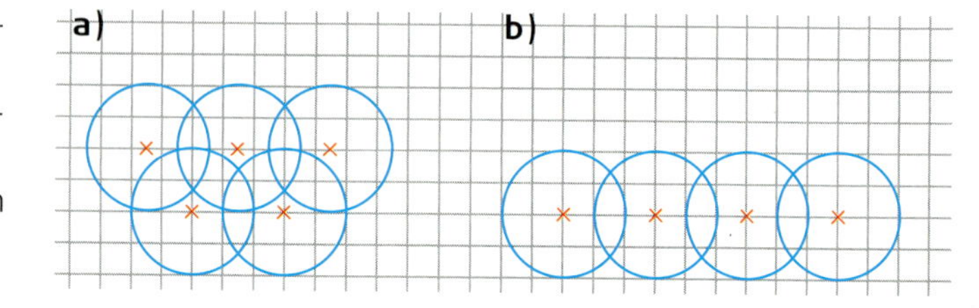

4. Wenn du in einem Kreis Linien und Kreisbögen symmetrisch anordnest, so kann ein besonders schön aussehendes Kreisornament entstehen.
Solche Ornamente werden auch als *Mandala* bezeichnet.

a) Zeichne dieses Mandala auf weißes Papier.

b) Gestalte das Mandala farbig.

Übungen

5. Zeichne das Kreisornament in dein Heft.

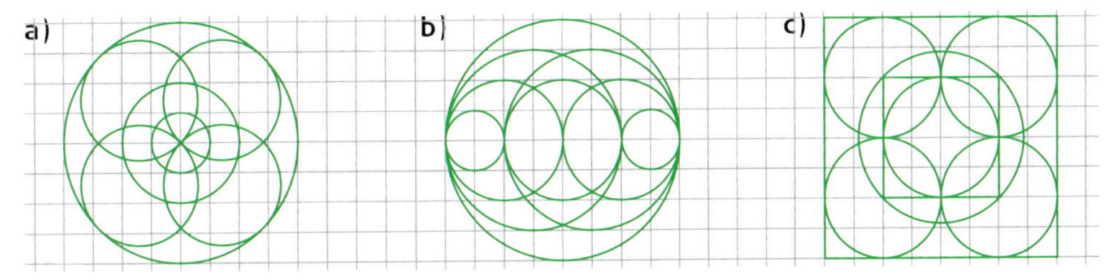

6. Zeichne das Ornament in dein Heft.

a)

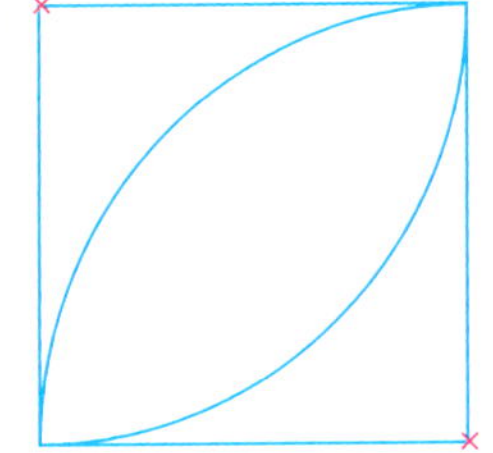

b)

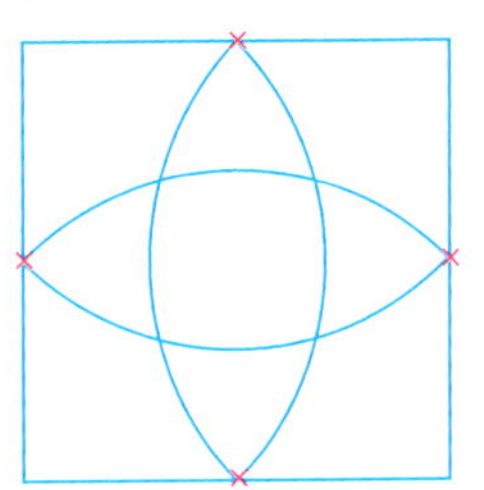

c)

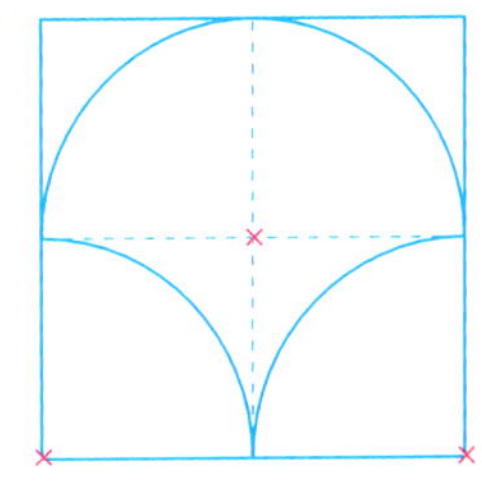

7.

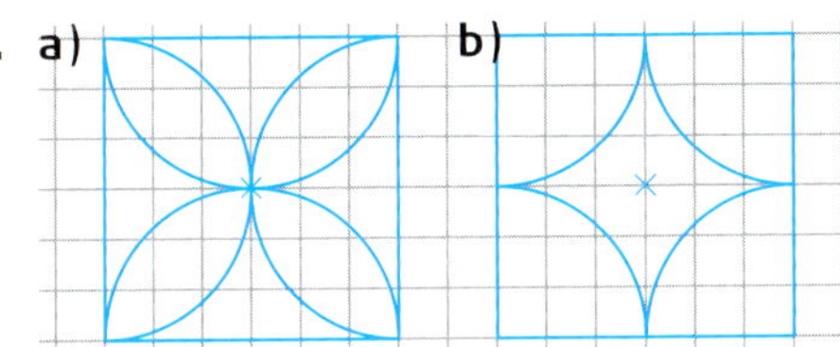

Zeichne das Ornament in einer geeigneten Größe in dein Heft.

8. Zeichne diese Figur. Lege dazu ein Geodreieck auf ein weißes Blatt und umrande es mit dem Bleistift. Halbiere die Seiten des entstandenen Dreiecks und zeichne die Kreise wie angegeben.

9. Versuche das Mandala zu zeichnen. Gestalte es farbig.

a)

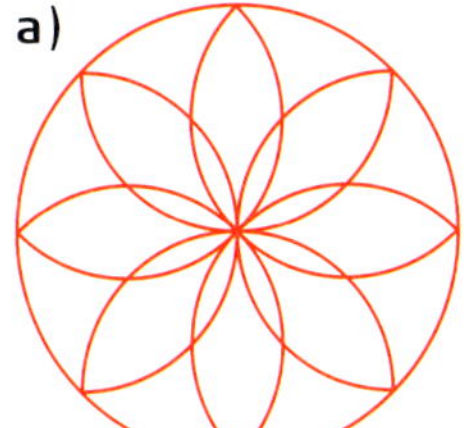

b)

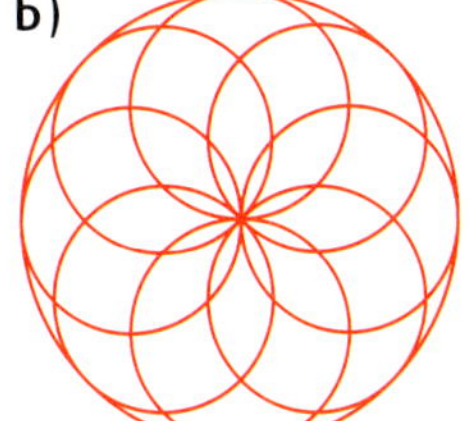

c)

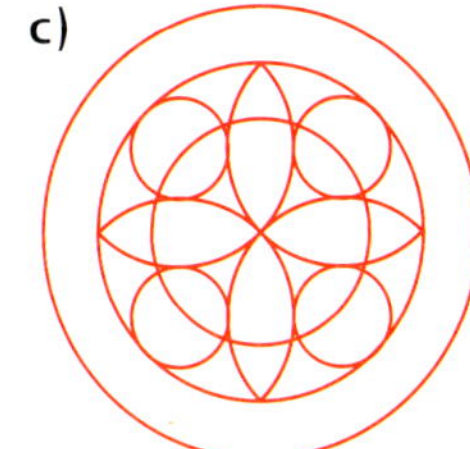

Strecken und Geraden am Kreis

Einstieg

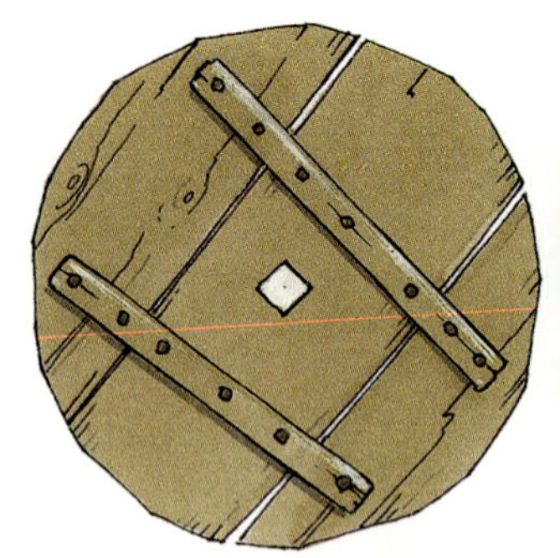

Ein Wagenrad wurde früher aus Brettern zusammengesetzt. Die Bretter waren mit der Zimmermannsaxt grob behauen. Mit solchen kantigen Wagenrädern rumpelten dann die Karren, die von Eseln, Ochsen oder Pferden gezogen wurden, über die Straßen und Wege.

→ Welche Form sollte das „Bretterrad" haben, damit es gut rollt?

Aufgabe

1. In Dresden ist ein Rettungshubschrauber stationiert. Damit er den Unfallort schnell erreichen kann, hat er einen Einsatzradius von 70 km, d. h. er kann Patienten von allen Orten holen, die von Dresden 70 km oder weniger entfernt sind.

a) Nenne Orte, die der Rettungshubschrauber erreichen kann.

b) Welchen Ort kann er gerade noch erreichen?

c) Wo kann der Dresdener Rettungshubschrauber nicht helfen?

Lösung

a) Der Hubschrauber erreicht alle Orte innerhalb des Kreises (z. B. Meißen).

b) Alle Orte die auf dem Kreis (z. B. Chemnitz) liegen, kann er gerade noch erreichen.

c) Der Hubschrauber fliegt Orte außerhalb des Kreises (z. B. Görlitz) nicht an.

Information

(1) Radius und Durchmesser eines Kreises

Alle Punkte eines Kreises haben von einem Punkt M den gleichen Abstand r. Der Punkt M ist der **Mittelpunkt** des Kreises.
Der Abstand r ist der **Radius** des Kreises.
Der **Durchmesser** d ist doppelt so groß wie der Radius.
Es gilt: $d = 2 \cdot r$.

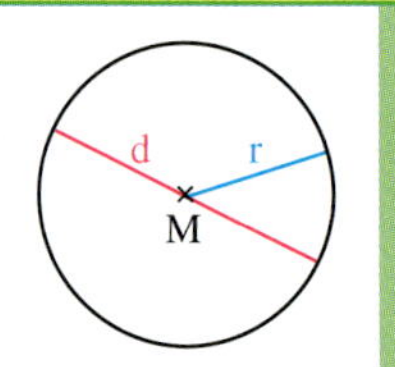

(2) Strecken und Geraden beim Kreis

(1) Eine *Strecke* von einem Kreispunkt A zu einem Kreispunkt B nennen wir **Sehne**. Wenn eine Sehne durch den Mittelpunkt M geht, dann ist es die längste Sehne des Kreises. Sie ist ein Durchmesser.

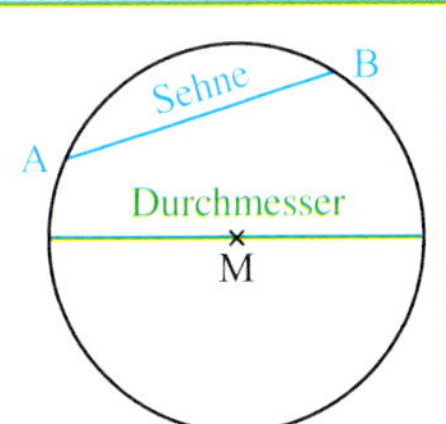

(2) Eine *Gerade*, die den Kreis in genau einem Punkt P berührt, nennen wir **Tangente**. Der Punkt P ist der Berührungspunkt. Der Radius zum Punkt P ist der Berührungsradius. Die Tangente steht senkrecht zum Berührungsradius $\overline{MP}$.

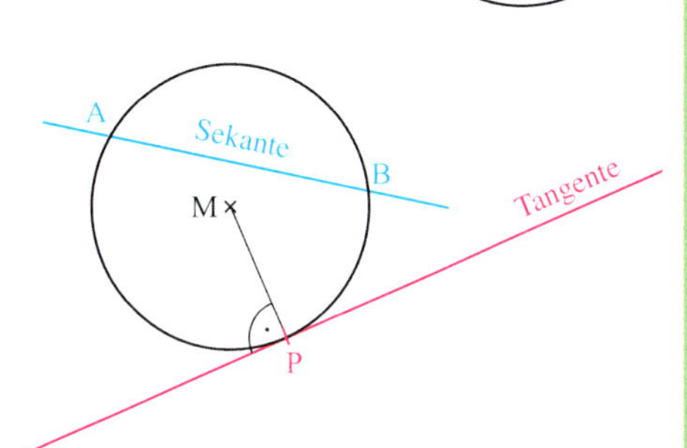

(3) Eine *Gerade*, die den Kreis in zwei Punkten A und B schneidet, nennen wir **Sekante**.

Zum Festigen und Weiterarbeiten

2. Markiere einen Punkt M. Zeichne mit dem Zirkel einen Kreis um M.

a) r = 4 cm **b)** r = 5,3 cm **c)** d = 12 cm **d)** d = 9 cm

3.

	a)	b)	c)	d)	e)	f)
Durchmesser	8 cm	19 cm			1,8 dm	
Radius			3 mm	9,5 m		$\frac{1}{4}$ m

4. In dem nebenstehenden Bild sind verschiedene Strecken und Geraden am Kreis abgebildet.
Notiere alle Radien, Durchmesser, Sehnen, Tangenten und Sekanten, die du in dem Bild erkennen kannst.

5. Die Strecke $\overline{AB}$ ist eine Sehne eines Kreises. Sie ist 5 cm lang. Der Radius hat eine Länge von 4 cm. Konstruiere den Kreis durch die Punkte A und B.

Übungen

6. a) Zeichne Kreise mit dem gleichen Mittelpunkt M. Benutze als Durchmesser 3 cm, 4 cm, 6 cm und 7 cm.

b) Zeichne vier Kreise mit dem gleichen Mittelpunkt M. Der Radius des innersten Kreises sei r = 1,5 cm. Die Kreisdurchmesser sollen sich um 2 cm unterscheiden.

7. Wie kannst du auf dem Schulhof einen besonders großen Kreis zeichnen?

8. *Geht auf Entdeckungsreise:*
Nennt aus eurer Umgebung Beispiele für Kreise.
Zeichnet oder fotografiert sie.

9. Zeichne einen Kreis mit d = 9 cm. Markiere auf der Kreislinie drei Punkte A, B und C. Zeichne nun drei Tangenten an den Kreis mit den Berührungspunkten A, B und C.

10. Betrachte die Abbildung rechts. An welchen Stellen erkennst du rechte Winkel zwischen dem Seil und den Speichen der festen Rolle des Kranauslegers?

11. Zeichne in ein geeignetes Koordinatensystem einen Kreis mit r = 2,5 cm. Der Mittelpunkt M hat die Koordinaten (6 | 5). Wie heißt die Gerade PQ in Bezug auf den Kreis?

a) P(3 | 1); Q(7 | 4) **b)** P(0 | 6); Q(9 | 0) **c)** P(3,5 | 5); Q(6 | 2,5)

12. Gegeben ist eine 5,4 cm lange Strecke $\overline{AB}$. Versuche zwei Kreise mit dem Radius r zu konstruieren, die $\overline{AB}$ als Sehne haben.

a) r = 3,5 cm **b)** r = 4,7 cm **c)** r = 2,7 cm

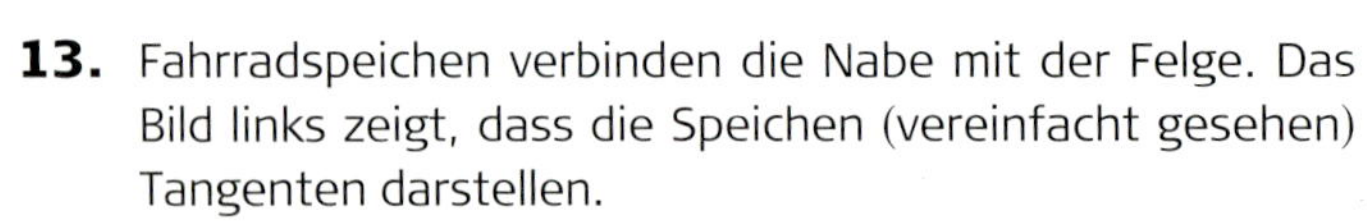

13. Fahrradspeichen verbinden die Nabe mit der Felge. Das Bild links zeigt, dass die Speichen (vereinfacht gesehen) Tangenten darstellen.

a) Zeichne das Rad aus dem Bild rechts mit Nabe (r = 2,5 cm), Felge (r = 7,5 cm) und acht Speichen in dein Heft. Verwende dabei den Zirkel sowie das Geodreieck.

b) Zeichne ein Rad mit Nabe, Felge und zwölf Speichen.

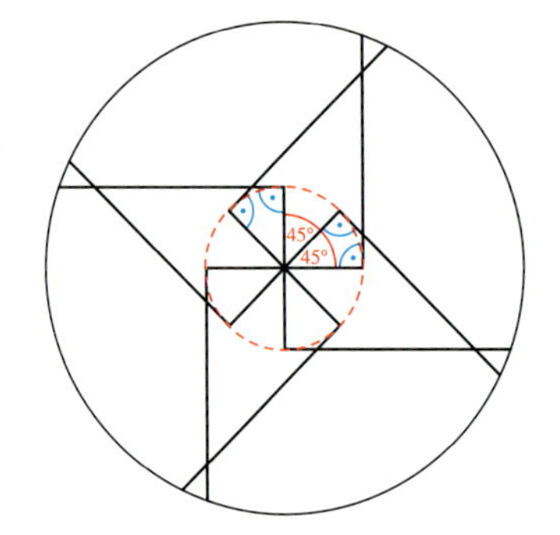

Umkreis eines regelmäßigen Vielecks

Einstieg

Bei archäologischen Grabungen wurde auch dieses Bruchstück eines Tellers gefunden. Ein Restaurator erhält den Auftrag, den Teller vollständig nachzubilden.

→ Wie bestimmt er aber aus dem Bruchstück den Durchmesser des Tellers?

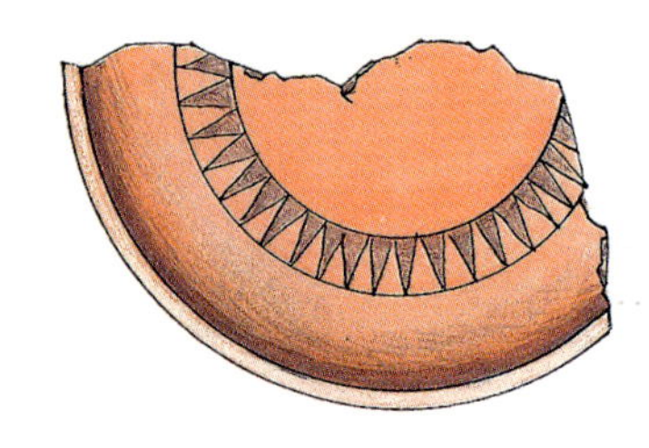

Aufgabe

1. Christian möchte um ein gleichseitiges Dreieck ABC einen Kreis zeichnen. Dabei sollen die Eckpunkte A, B und C auf der Kreislinie liegen.

Lösung

(1) Er schneidet sich aus Papier ein gleichseitiges Dreieck aus.

(2) Das Dreieck faltet er so, dass alle Symmetrieachsen sichtbar sind. Dabei erkennt er, dass sich die Symmetrieachsen in einem Punkt M schneiden. Das Dreieck ABC ist drehsymmetrisch mit M als Drehzentrum. Mit dem Zirkel stellt er fest, dass die Punkte A, B und C den gleichen Abstand zum Punkt M haben.

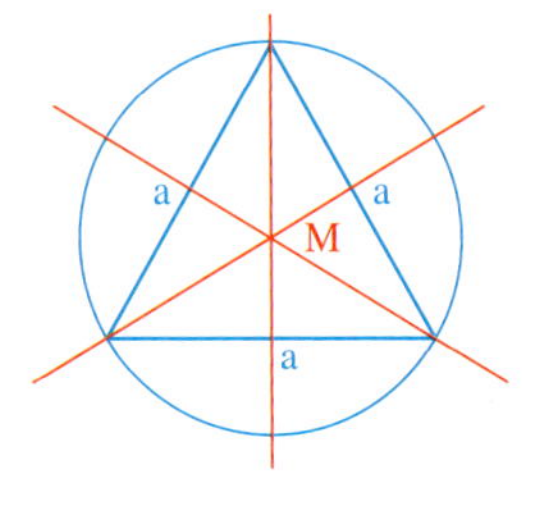

(3) Dieser Abstand ist der Radius eines Kreises um M, auf dessen Kreislinie die Dreieckspunkte A, B und C liegen.

Aufgabe

2. Zeichne zu einem regelmäßigen Fünfeck mit der Seite a einen Kreis durch die Eckpunkte.

Lösung

(1) Zeichne ein regelmäßiges Fünfeck mithilfe der Innenwinkel, schneide es aus und falte es so, dass alle Symmetrieachsen sichtbar werden. Sie schneiden sich alle in einem Punkt M.

(2) Das Fünfeck ist drehsymmetrisch mit dem Punkt M als Drehzentrum. Somit haben die Eckpunkte des Fünfecks den gleichen Abstand zum Punkt M.

(3) Dieser Abstand ist der Radius eines Kreises um M, auf dessen Kreislinie die Eckpunkte des Fünfecks liegen.

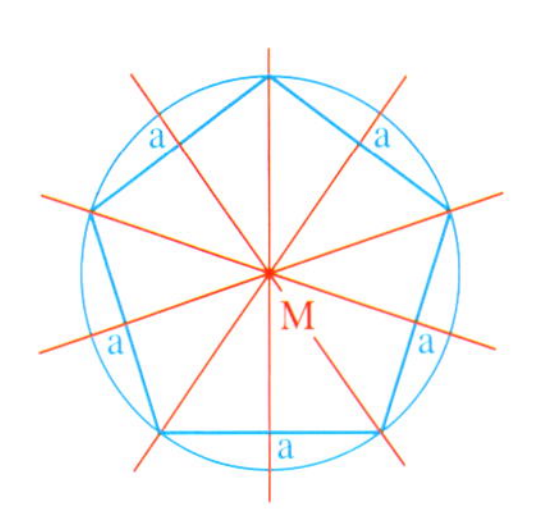

Information

Der Kreis, der durch die Eckpunkte des regelmäßigen Vielecks geht, heißt **Umkreis** des regelmäßigen Vielecks.
Der Mittelpunkt des Umkreises ist der Schnittpunkt der Symmetrieachsen.

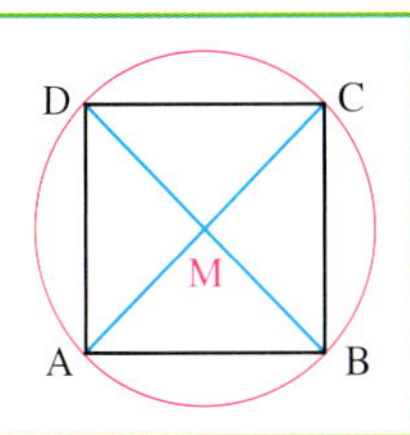

Zum Festigen und Weiterarbeiten

360° : 5 = 72°

3. a) Konstruiere ein gleichseitiges Dreieck ABC mit a = 7 cm.

b) Konstruiere den Umkreis des Dreiecks ABC.

4. a) Konstruiere ein regelmäßiges Sechseck mit a = 6 cm.

b) Konstruiere den Umkreis des Sechsecks.

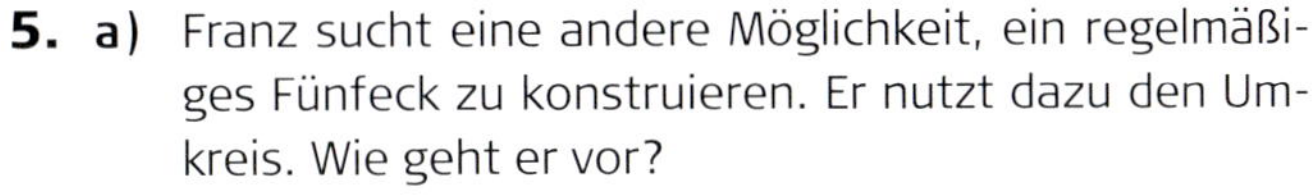

5. a) Franz sucht eine andere Möglichkeit, ein regelmäßiges Fünfeck zu konstruieren. Er nutzt dazu den Umkreis. Wie geht er vor?

b) Konstruiere ein regelmäßiges Fünfeck in einen Umkreis mit r = 5 cm.

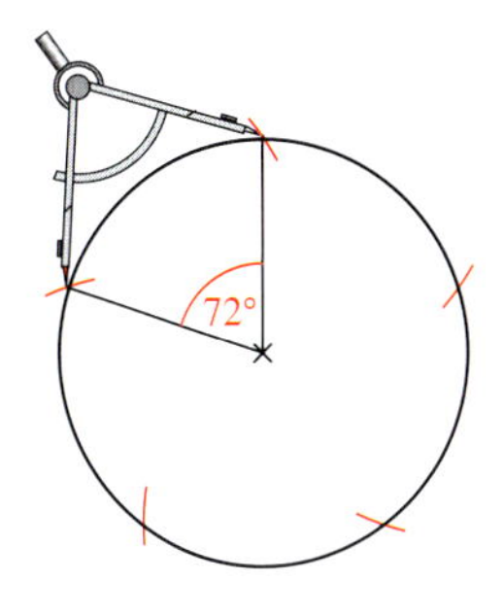

Übungen

6. Konstruiere den Umkreis eines gleichseitigen Dreiecks ABC.

a) a = 6 cm **b)** a = 4,5 cm **c)** a = 7,4 cm.

7.

In einer Wüste befinden sich drei Forschungsstationen. Sie sind voneinander jeweils 72 km entfernt. Eine Versorgungsstation soll so errichtet werden, dass sie zu jeder der drei Forschungsstationen die gleiche Entfernung hat.

a) Finde die Stelle für die Versorgungsstation zeichnerisch. Wähle dafür einen geeigneten Maßstab.

b) Wie weit sind die Forschungsstationen von der Versorgungsstation entfernt?

8. Konstruiere ein regelmäßiges Fünfeck mithilfe eines Umkreises.

a) r = 4 cm **b)** r = 55 mm **c)** d = 23 cm

9. Konstruiere mithilfe eines Umkreises (r = 4 cm) ein regelmäßiges Vieleck.

a) Viereck **b)** Sechseck **c)** Achteck **d)** Zehneck

10. a) Zeichnet in verschiedene Kreise regelmäßige Sechsecke.

b) Vergleicht Radius und Seitenlänge.

c) Welche Dreiecksart erkennst du in den Teildreiecken?

d) Führt die gleiche Untersuchung mit Achtecken durch.

11. Zeichne in einen Kreis ein Quadrat ABCD mit der Seitenlänge a = 4 cm.

12. In der AG Holzbau will Felix das Modell eines Riesenrades (r = 24 cm) herstellen. Es soll die Form eines regelmäßigen Vielecks und zehn Gondeln haben.
Welchen Abstand haben zwei benachbarte Gondeln?
Löse die Aufgabe zeichnerisch. Verwende dabei einen geeigneten Maßstab.

△ Winkel im Kreis

Einstieg

Schüler einer 8. Klasse sitzen im Halbkreis vor der Tafel.
Sie hat eine Länge von 4 Metern.

➜ Mit welchem Blickwinkel schaut jeder Schüler auf die Tafel?

Aufgabe

△ 1. Anne sitzt im Zirkuszelt in der 1. Reihe. Sie will den Einmarsch der Elefanten fotografieren. Dazu richtet Anne die Kamera auf den Eingang A. Jedoch kommen die Elefanten durch den Eingang B in die Zirkusarena.
Um wie viel Grad muss Anne ihre Kamera drehen?

Lösung

Zeichnet einen Halbkreis über der Strecke $\overline{AB}$. Wählt – jeder einen anderen – Punkt C auf dem Halbkreis und verbindet ihn mit den Endpunkten der Strecke $\overline{AB}$. Ihr erhaltet jeweils ein Dreieck ABC. Messt den Winkel γ.
Wenn ihr genau gezeichnet und genau gemessen habt, findet ihr stets einen rechten Winkel bei C.
Wir vermuten: Zeichnet man einen Halbkreis über eine Strecke $\overline{AB}$ und verbindet man irgendeinen Punkt C dieses Halbkreises mit den Endpunkten A und B, so erhält man stets ein rechtwinkliges Dreieck ABC.

Ergebnis: Es ist egal, wo Anne sitzt, sie muss die Kamera auf jeden Fall um 90° drehen.

Information

Einen Winkel über der Sehne $\overline{AB}$, dessen Scheitelpunkt auf dem Kreis liegt, nennen wir **Peripheriewinkel** über der Sehne $\overline{AB}$.

Satz des Thales

Jeder Peripheriewinkel über dem Durchmesser ist ein rechter Winkel.

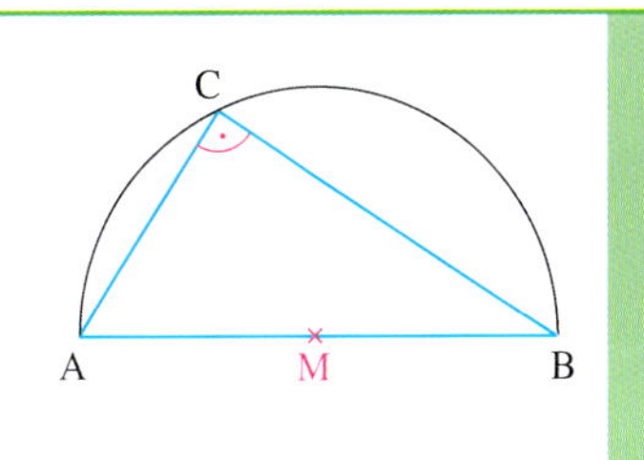

2. Zeichne in einen Kreis eine Sehne $\overline{AB}$, die nicht zugleich ein Durchmesser ist. Lege über der Sehne $\overline{AB}$ drei Kreispunkte C, D, E fest und verbinde sie mit A und B. Bestimme die Größe der Peripheriewinkel in C, D und E. Was stellst du fest?

Information

Peripheriewinkelsatz

Peripheriewinkel über der gleichen Sehne sind stets gleich groß.

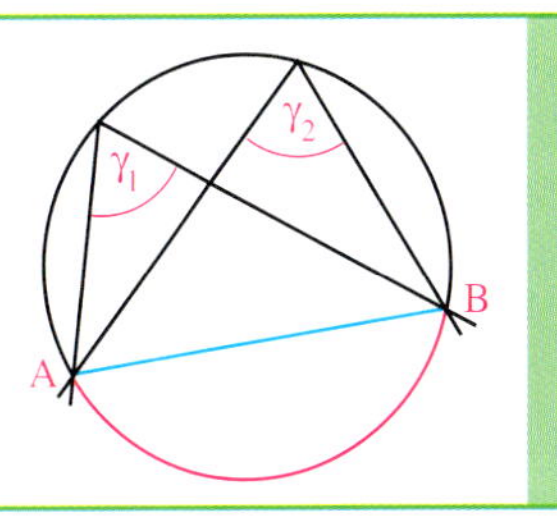

Zum Festigen und Weiterarbeiten

3. **a)** Zeichne in einen Kreis mit d = 7 cm eine Sehne $\overline{AB}$ ein. Trage über der Sehne $\overline{AB}$ zwei Peripheriewinkel ab. Was kannst du über deren Größe sagen?

b) Zeichne in einem Kreis mit d = 6 cm einen Durchmesser ein. Trage über diesem Durchmesser einen Peripheriewinkel ab. Wie groß ist der Winkel?

4. **a)** In jeder Figur soll $\alpha = 50°$ sein. Bestimme die Größe des Winkels β.

b) In jeder Figur soll $\beta = 35°$ sein. Bestimme die Größe des Winkels α.

(1)

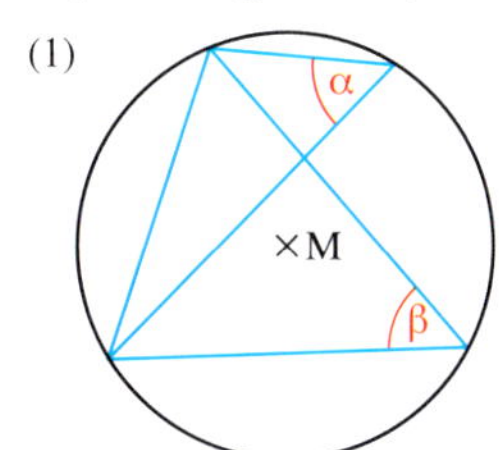

(2)

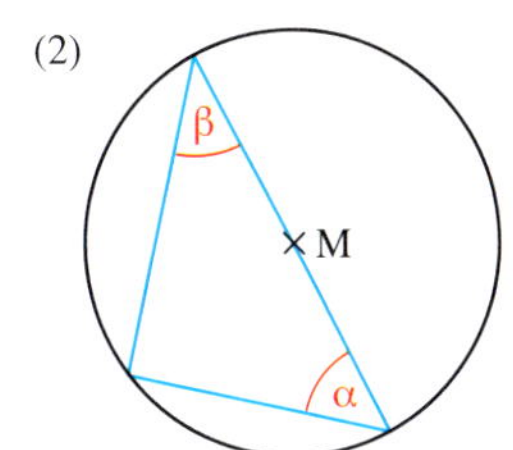

(3)

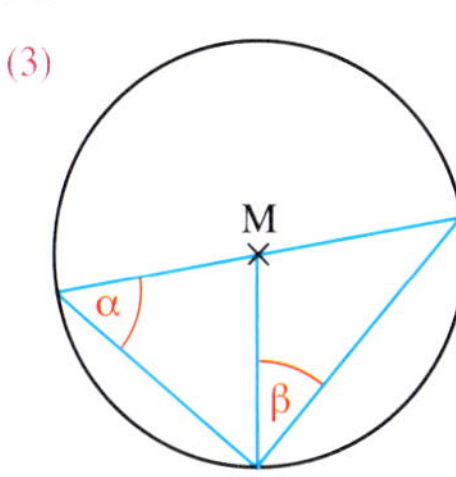

Übungen

5. Zeichne einen Kreis und trage den Peripheriewinkel α ab. Seine Schenkel gehen durch die Kreispunkte A und B. Wie lang ist die Sehne $\overline{AB}$?

a) r = 5 cm, $\alpha = 80°$ **b)** r = 3,5 cm, $\alpha = 105°$ **c)** d = 9 cm, $\alpha = 45°$

6. In dem Kreis sind mehrere Winkel eingetragen.

a) Welche Strecken sind Sehnen?

b) Erkenne die Peripheriewinkel.

c) Der Winkel α soll 66° groß sein. Wie groß sind dann die Winkel β, γ, δ und ε?

d) Stelle dir zu dem Bild selbst eine Aufgabe.

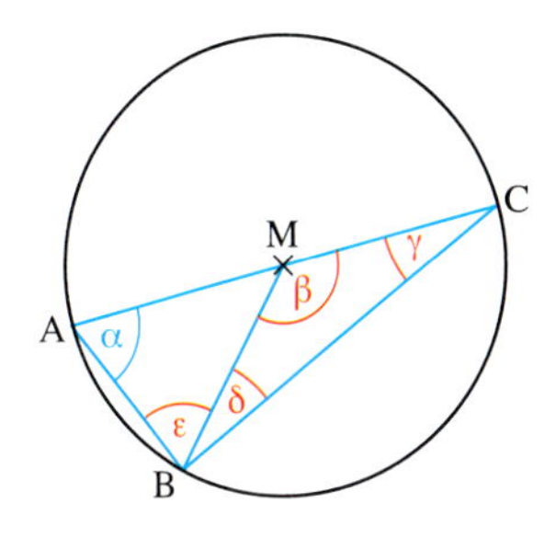

Formel für den Umfang des Kreises – Kreiszahl π

Einstieg

Der kreisrunde Holzbottich hat außen einen Durchmesser von d = 85 cm. Er soll durch zwei Metallbänder zusammengehalten werden.

→ Schätze, welche Länge so ein Metallband mindestens haben muss.

Aufgabe

1. Alena und Fanny überlegen sich, ob es bei einem Kreis einen Zusammenhang zwischen dem Durchmesser und dem Umfang gibt.

a) Alena misst dazu bei einer 2-Euro-Münze den Durchmesser d. Den Umfang u erfährt sie durch Abrollen der Münze auf ihrem Heft.

b) Fanny misst d und u von Tellern.

c) Beide vergleichen den Wert des Quotienten u : d.

Lösung

a)

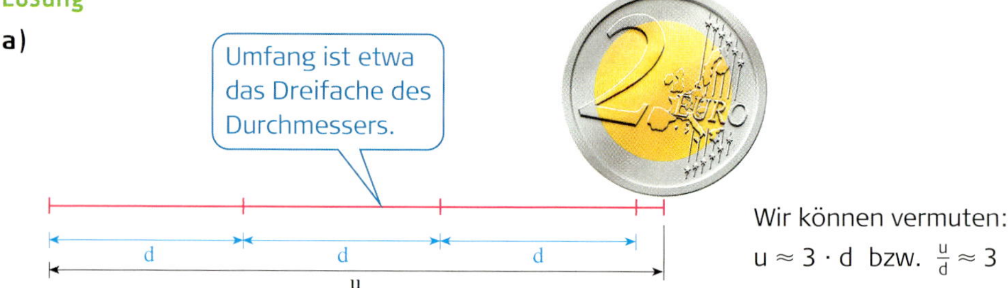

Wir können vermuten: $u \approx 3 \cdot d$ bzw. $\frac{u}{d} \approx 3$

Alena sieht, dass der Münzumfang etwas mehr als das Dreifache des Durchmessers ist.

b)

d (in cm)	u (in cm)	$\frac{u}{d}$
8	25	3,125
12	38	3,167
18	56,7	3,150
22	68,8	3,127
	Mittelwert:	3,142

Die Werte für Durchmesser und Umfang hat Fanny in eine Tabelle geschrieben.

Der Wert der Quotienten ist etwa konstant. Ihr Mittelwert beträgt rund 3,142.

konstant: fest; unveränderlich

c) Alena und Fanny erhalten aus Umfang und Durchmesser einen Wert, der knapp über der Zahl 3 liegt.

Information

(1) Umfang eines Kreises

Wir erkennen, dass beim Kreis der Quotient aus dem Umfang u und dem Durchmesser d stets denselben Wert ergibt; man bezeichnet diesen Wert mit π: $\frac{u}{d} = \pi$ mit $\pi \approx 3{,}14$.
Damit erhalten wir für den Kreisumfang die Formel $u = \pi \cdot d$.
Wegen $d = 2r$ ergibt sich $u = 2\pi \cdot r$.

Für den **Umfang u des Kreises** mit dem Durchmesser d bzw. dem Radius r gilt:
$\mathbf{u = \pi \cdot d}$ bzw. $\mathbf{u = 2\pi \cdot r}$

Den Wert des Quotienten aus Umfang und Durchmesser nennen wir *Kreiszahl*. Sie wird mit dem griechischen Buchstaben π (gelesen: pi) bezeichnet. π ist kein endlicher Dezimalbruch. Es gilt: $\pi \approx 3{,}14$

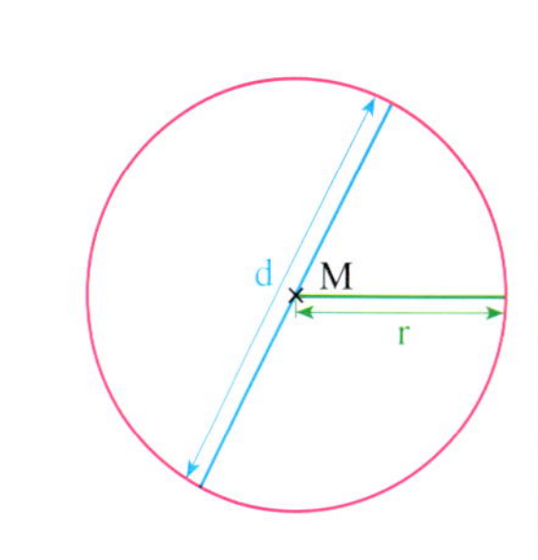

Beispiel: $r = 5{,}0$ cm;
Überschlag: $u \approx 2 \cdot 3 \cdot 5$ cm $= 30$ cm
Rechnung: $u = 2\pi \cdot r$
$u = 2\pi \cdot 5{,}0$ cm
$u \approx 31{,}4$ cm

(2) Zur Geschichte der Zahl π

Die älteste bekannte Darstellung der Zahl π stammt aus Ägypten. Sie ist ca. 4 000 Jahre alt und ist mit $\left(\frac{16}{9}\right)^2$ ($\approx 3{,}1605$) angegeben. Der griechische Mathematiker ARCHIMEDES (287 – 212 v. Chr.) fand für π die Zahl $\frac{22}{7}$. In China wurde im 5. Jh. n. Chr. die Zahl $3\frac{16}{113}$ für π verwendet. Die Inder nutzten 600 n. Chr. die Zahl $\sqrt{10}$ ($\approx 3{,}1623$), um π anzugeben. Im Mittelalter bestimmte der Mathematiker LUDOLF VAN CEULEN die Zahl π auf 32 Dezimalstellen genau. Ihm zu Ehren nennen wir die Kreiszahl π, heute auch Ludolfsche Zahl. Der Mathematiker VIETA (1540 – 1603) schrieb π als Summe: $1{,}8 + \sqrt{1{,}8}$ ($\approx 3{,}1416$).
Ein verrückter Weltrekord: Ein japanischer Mathematiker berechnete die Zahl π mit dem Computer auf 1 241 Milliarden Dezimalstellen genau.

Zum Festigen und Weiterarbeiten

2. **a)** Welche Zahl hat dein Taschenrechner als Kreiszahl π gespeichert?
b) Vergleiche die historischen Zahlenangaben für π mit deiner Rechneranzeige.

3. **a)** Miss bei kreisförmigen Gegenständen Durchmesser und Umfang. Trage die gemessenen Werte in eine geeignete Tabelle ein.
b) Bilde jeweils den Quotient aus Umfang und Durchmesser.
c) Berechne für die Quotienten den Mittelwert. Was stellst du fest?

4. Informiere dich unter www.matheprisma.uni-wuppertal.de/Module/PI/Start.htm über die Berechnung des Kreises mithilfe der Kreiszahl π. Gestalte für deine Mitschüler einen kurzen Vortrag.

5. Berechne den Umfang des Kreises.

a) $r = 5$ cm **c)** $d = 25$ cm **e)** $d = 1{,}5$ dm
b) $r = 1$ m **d)** $d = 52$ cm **f)** $r = 20{,}5$ km

6. Ein Pilzsammler fand am Wegrand diesen Riesenschirmling. Sein „Schirm" hat einen Durchmesser von 27 cm. Überschlage zunächst den Umfang. Wähle dazu den Näherungswert 3 für π. Berechne nun seinen Umfang.

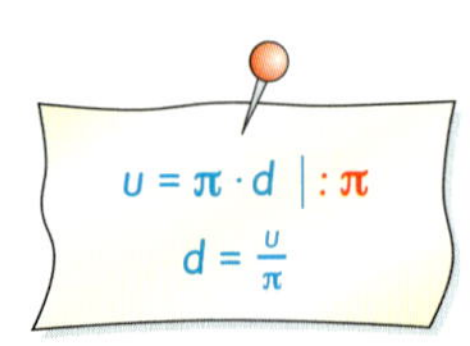

7. Eine 1-Euro-Münze hat einen Umfang von 73,04 mm. Berechne den Durchmesser der Münze. Überprüfe deine Rechnung durch Messen.

Übungen

8. Berechne jeweils den Umfang des Gegenstandes. Überschlage zunächst.

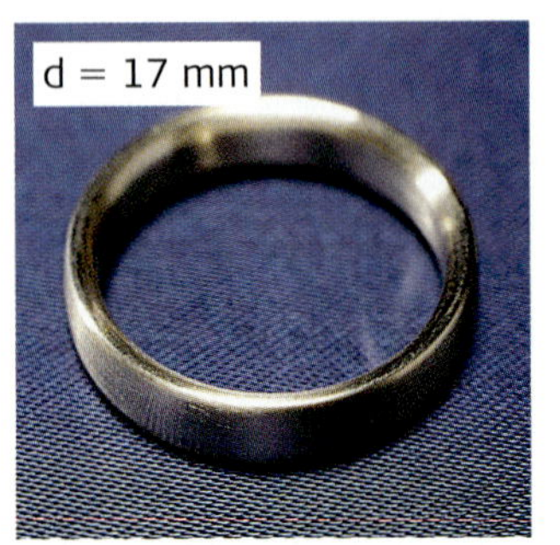

9. Eine Firma stellt kreisrunde Tischdecken her. Jede Tischdecke erhält als Saum eine Borte aus Spitze. Berechne die Länge der benötigten Spitzenborte.

a) d = 160 cm **b)** r = 45 cm **c)** r = 65 cm **d)** d = 105 cm

10. Übertrage die Tabelle in dein Heft. Berechne die fehlenden Größen.

	a)	b)	c)	d)	e)	f)
Radius	12 cm	320 mm				
Durchmesser			5,7 dm	150,5 cm		
Umfang					11,31 m	351,9 km

11. Hausmeister Neugebauer fährt mit dem Moped 9 km bis zur Schule. Wie oft dreht sich dessen Vorderrad (d = 58 cm) auf dem täglichen Arbeitsweg?

12. Einen „Kilometerzähler" nutzte schon vor 300 Jahren der Pfarrer Adam Friedrich Zürner zur Bestimmung der Entfernung der Orte seiner Kirchgemeinde. Später schuf er für Sachsen das Netz der Postmeilensäulen.

a) Informiere dich z. B. im Internet über A. F. Zürner.

b) Mit einem Zählwerk ermitttelte er die Anzahl der Umdrehungen des Rades eines Messwagens (u = 453,1 cm). Sie wurde mit dessen Umfang multipliziert.
Wie viel Meter rollt das Rad bei zehn Umdrehungen?

c) Für kleine Strecken nutzte er das Rad einer Messkarre (u = 226,6 cm).

d) Mit diesen Messrädern wurden in 18 Jahren 162 000 km zurückgelegt.

13. 

Auf dem Förderturm am alten Bergwerk sieht man noch immer das große Speichenrad. Über dieses Rad liefen die Seile mit denen der Förderkorb aus 500 m Tiefe heraufgezogen wurde.
Wie oft musste sich das Rad (r = 280 cm) drehen, damit der Förderkorb heruntergelassen und wieder heraufgezogen werden konnte?

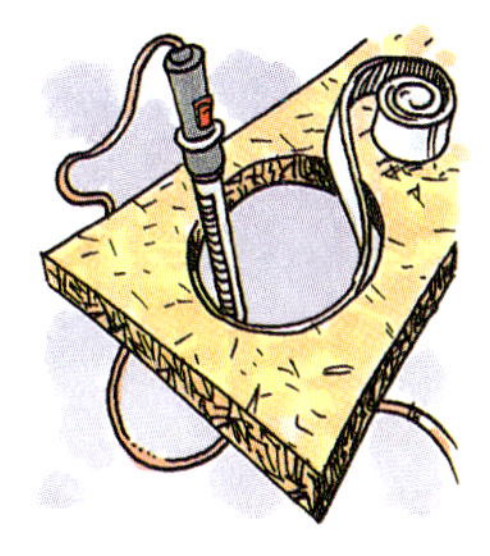

14. Aus einer Spanplatte werden Löcher ausgeschnitten. Die Kanten werden mit Kunststoffstreifen (so genannten Umleimern) verkleidet.
Berechne jeweils die Länge der Streifen.

a) 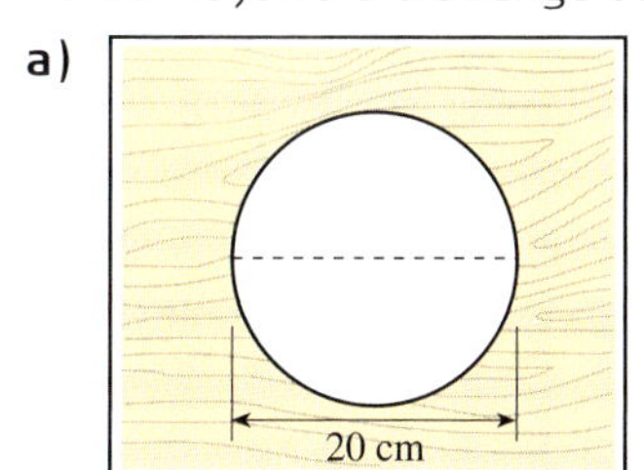

b) 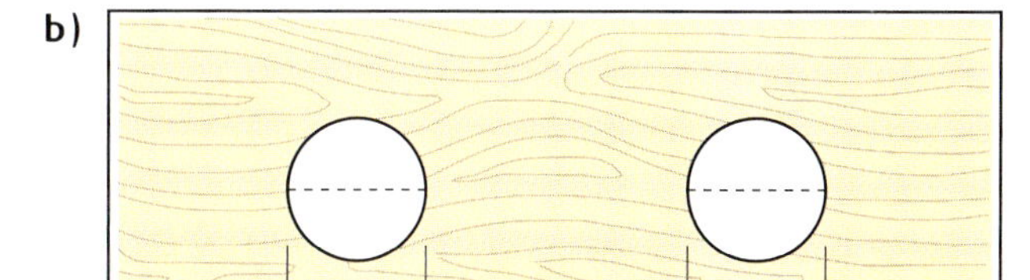

15. Der Durchmesser des Wiener Riesenrades im Prater beträgt 61 m.

a) Wie viel m legt ein Tourist in einer Gondel bei einer Umdrehung des Riesenrades zurück?
Überschlage zunächst.

b) Angabe in einem Prospekt:
Das Riesenrad dreht sich mit einer Geschwindigkeit von 0,75 m pro Sekunde.
Wie lange braucht das Riesenrad für eine Umdrehung (ohne Halt)?

16. Berechne den Durchmesser der Münze. Prüfe dein Ergebnis durch Messen.

a) 2-Euro-Münze, u = 80,9 mm **b)** 2-Cent-Münze, u = 58,9 mm

17. Berechne den Radius der Münze. Prüfe dein Ergebnis durch Messen.

a) 50-Cent-Münze, u = 76,2 mm **b)** 1-Cent-Münze, u = 51,1 mm

18. Die Baumsatzung einer Stadt schreibt vor: Bäume (außer Obstbäume) mit einem Durchmesser von mehr als 19 cm (in 1 m Höhe) dürfen nur mit Genehmigung der Naturschutzbehörde oder des Bauaufsichtsamtes gefällt werden.
Auf einem Grundstück stehen verschiedene Bäume, deren Umfang mit einem Meterband festgestellt wurde:

(1) Eiche: u = 151 cm
(2) Buche: u = 65 cm
(3) Birke: u = 56 cm
(4) Pappel: u = 61 cm

Welche dieser Bäume dürfen nur mit Genehmigung gefällt werden?

19. *Geht auf Entdeckungsreise:*

a) Erkundigt euch, ob es für euren Wohnort eine Baumfällsatzung gibt.

b) Welche Bäume in eurer Umgebung dürfen deshalb nicht gefällt werden?

c) Gestaltet für diese geschützten Bäume eine Übersicht und stellt sie in eurer Schule aus.

20. Dieser Revisionsschacht der Kanalisation wird durch mehrere quadratische Betonpflastersteine umrandet. Sie sind 10 cm lang und 10 cm breit.

a) Überschlage, wie groß der Durchmesser des Schachtes ist.

b) Berechne den Durchmesser der Schachtöffnung mit einer sinnvollen Genauigkeit.

Formel für den Flächeninhalt des Kreises

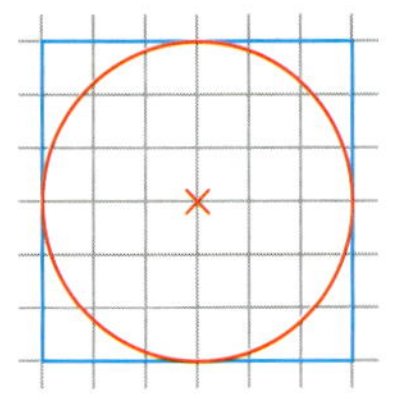

Einstieg

In einem Quadrat ist ein Kreis so eingezeichnet, dass er die Seiten des Quadrates berührt.

➜ Schätze, wie viel Prozent des Flächeninhaltes des Quadrates von dem Kreis bedeckt werden.

Aufgabe

1.

Susann will eine kreisförmige Tischplatte mit Farbe anstreichen. Die Platte hat einen Durchmesser von 1,4 m.
Wie groß ist die zu streichende Fläche?

Lösung

Wir können aus einer Torte 12 oder 16 gleich große Stücke schneiden. Also denken wir uns die kreisrunde Tischplatte ebenfalls in 16 Stücke geteilt. Legen wir die 16 Teile wie im Bild rechts aneinander, so entsteht annähernd ein Rechteck. Seine Länge ist die Hälfte des Kreisumfangs, seine Breite der Radius des Kreises. Der Flächeninhalt des Rechteckes entspricht dem Flächeninhalt der Tischplatte: $A = \frac{u \cdot r}{2}$.

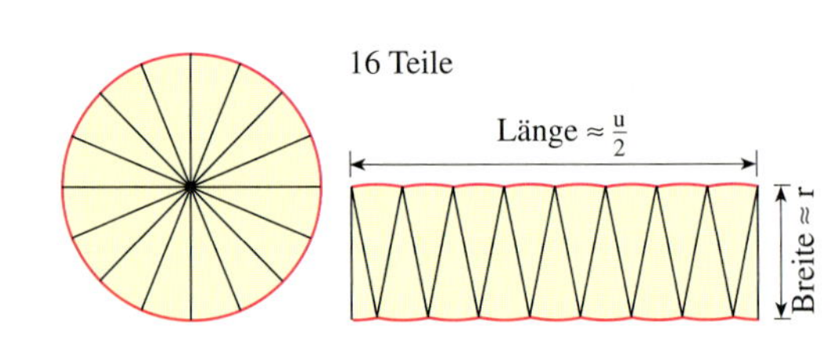

Mit $u = 2\pi r$ folgern wir die Formel: $A = \frac{2\pi r \cdot r}{2}$ bzw. $A = \pi r^2$.

Susann setzt in die Formel ein und rechnet:
$A = \pi \cdot (0{,}7\text{ m})^2$
$A \approx 1{,}54\text{ m}^2$

Ergebnis: Die Tischplatte hat einen Flächeninhalt von rund $1{,}54\text{ m}^2$.

Information

Für den **Flächeninhalt A eines Kreises** mit dem Radius r gilt:

$$A = \pi \cdot r^2$$

Beispiel: $r = 5{,}0\ \text{cm}$

Überschlag: $A \approx 3 \cdot 5^2\ \text{cm}^2 = 75\ \text{cm}^2$

Rechnung: $A = \pi \cdot (5{,}0\ \text{cm})^2$

$A = \pi \cdot 25\ \text{cm}^2$

$A \approx 78{,}5\ \text{cm}^2$

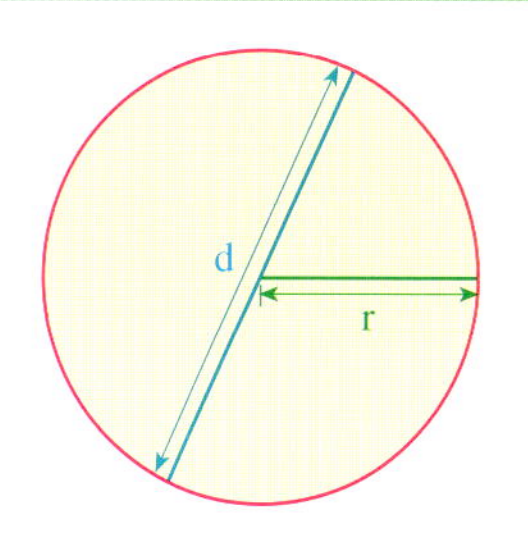

Zum Festigen und Weiterarbeiten

2. Ein Tischler sägt eine kreisrunde Tischplatte mit r = 40 cm aus einer Holzplatte heraus. Wie groß ist diese Tischplatte? Überschlage zunächst.

3. Übertrage das Schema rechts in dein Heft. Diskutiere mit deinen Partnern, was mit diesem Schema dargestellt wird.

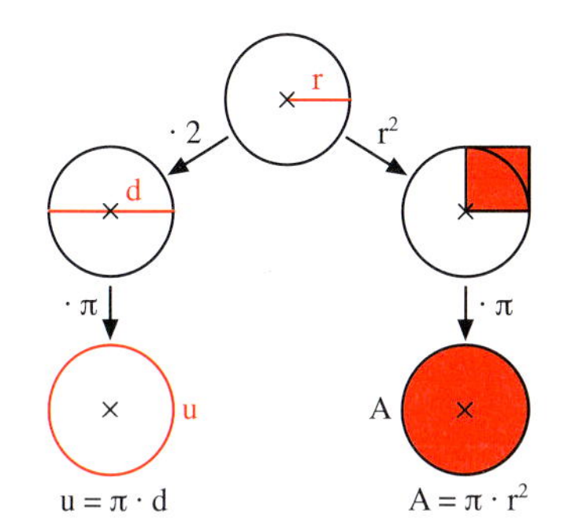

4. Bestimme den Flächeninhalt des Kreises durch einen Überschlag. Überprüfe durch eine Berechnung.

a) r = 3 cm **b)** r = 10 cm **c)** r = 45 m **d)** d = 2 m **e)** d = 15 m

Übungen

5. Berechne den Flächeninhalt A eines Kreises.

a) r = 7 cm **b)** r = 18 cm **c)** r = 2,07 m **d)** r = 20,5 m **e)** r = 0,88 m

6. **a)** d = 7 cm **b)** d = 34 cm **c)** d = 7,4 dm **d)** d = 234 m **e)** d = 0,88 m

7. Übertrage in dein Heft und berechne die fehlenden Größen. Runde sinnvoll.

	a)	b)	c)	d)	e)
Radius r	5 cm	68 mm			
Durchmesser d			72 km	30,8 dm	9,38 m
Flächeninhalt A					

8. Ein kreisrundes Beet hat einen Radius von 3,45 m. Wie groß ist das Beet?

9. Jonas schneidet aus einer Pappe eine kreisförmige Scheibe mit d = 60 cm heraus. Er will sie auf einer Seite mit Folie bekleben.

a) Welchen Flächeninhalt hat die Scheibe?

b) Die Folie schneidet er aus einem rechteckigen Stück (0,70 m × 1 m) heraus. Gib den Abfall in Prozent an.

10. Am Projekttag legen Schüler ein kreisrundes Kräuterbeet mit einem Durchmesser von 4,50 m an. Berechne den Umfang und den Flächeninhalt des Kräuterbeetes.

11. Der Einsatzradius eines Rettungshubschraubers beträgt 70 km.
Wie groß ist das Gebiet, in dem der Hubschrauber eingesetzt werden kann?

12. Von einem Kreis ist der Umfang u bekannt. Berechne den Flächeninhalt A.

a) $u = 1$ m **b)** $u = 2$ m **c)** $u = 3{,}4$ m **d)** $u = 62{,}8$ m

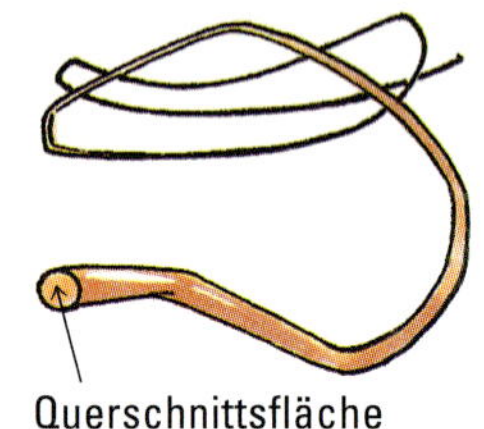
Querschnittsfläche

13. Der elektrische Widerstand eines Kupferdrahtes hängt von der Querschnittsfläche ab. Wie groß ist die Querschnittsfläche eines Kupferdrahtes mit $d = 4$ mm?

14. Die Stieleiche im Pferdegrund hat einen Stammumfang von 4,20 m.

a) Berechne den Durchmesser des Baumstammes.

b) Welche Querschnittsfläche hat ihr kreisrunder Stamm?

15. Für das Mittagessen lässt Tina 17 leckere Fischstäbchen in der Bratpfanne bruzeln. Alle liegen mit ihrer größten Seitenfläche (8 cm lang, 3 cm breit) auf dem Pfannenboden mit $d = 26$ cm.

a) Berechne die Auflagefläche der Fischstäbchen.

b) Bestimme den Flächeninhalt der Bratpfanne.

c) Wie viel Prozent des Bratpfannenbodens sind nicht von den Fischstäbchen bedeckt?

16. Aus einem rechteckigen Blech soll eine kreisrunde Fläche ausgeschnitten werden. Ihr Flächeninhalt soll so groß wie möglich werden.
Fertige eine Zeichnung im Maßstab 1 : 10 an.

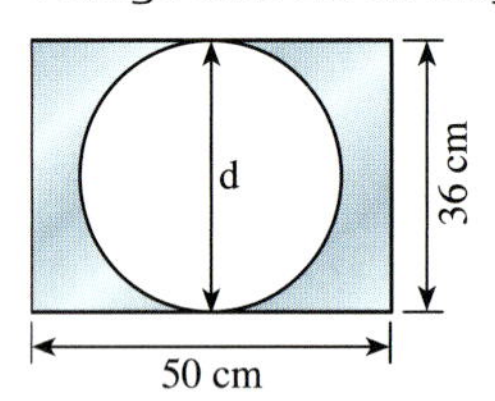

a) Welchen Flächeninhalt hat das rechteckige Blech?

b) Bei welchem Radius r hat das kreisrunde Blech den größten Flächeninhalt?

c) Gib den Abfall in cm^2 und in Prozent an.

17. Zeichne die Figur in dein Heft und berechne ihren Flächeninhalt.

a)

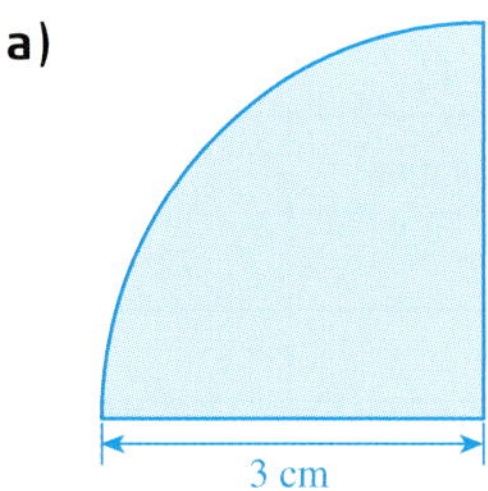

b)

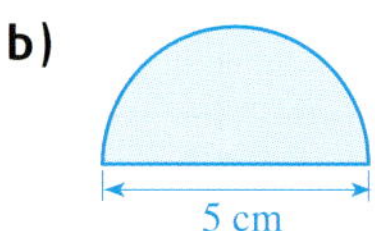

c)

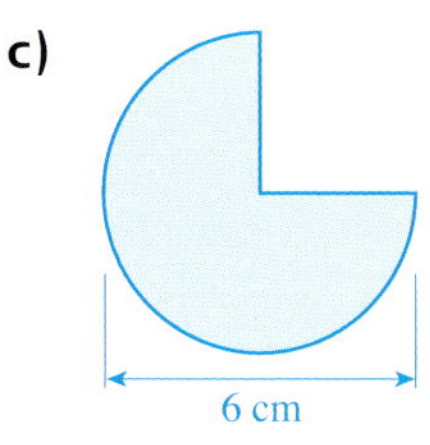

18. **a)** Ermittle jeweils den Umfang der Figur.

b) Ermittle jeweils den Flächeninhalt der Figur.

(1)

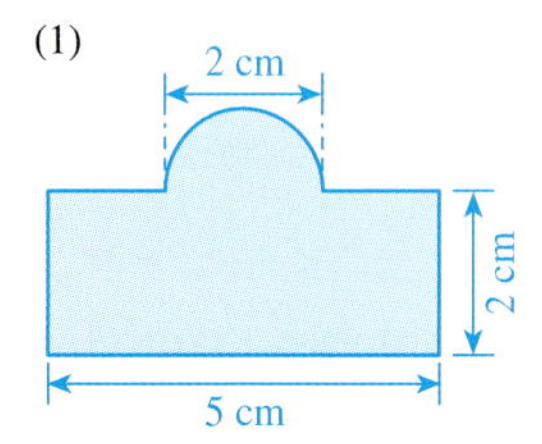

(2)

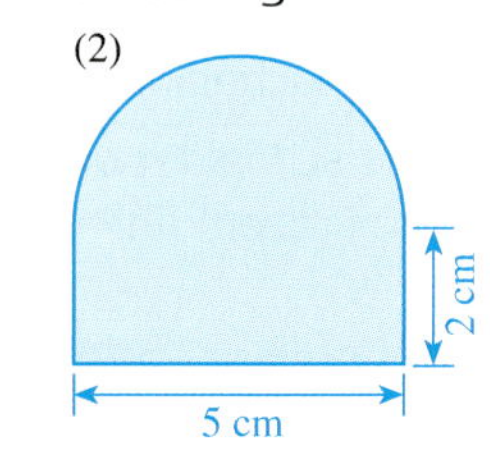

(3)

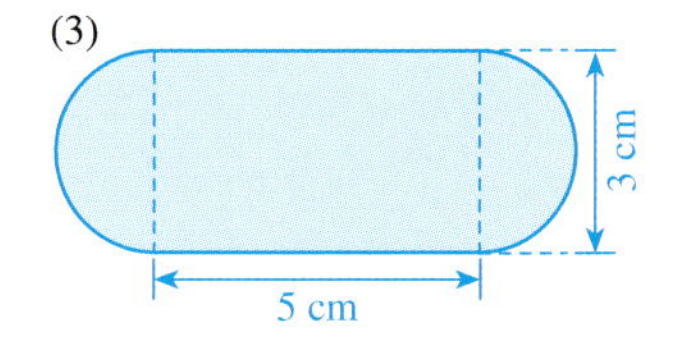

KREISRING

Einstieg

Tischlermeister Holzmann erhielt den Auftrag, für den Jugendclub einen Tisch in der im Bild zu sehenden Form anzufertigen.
Der Meister überlegt, wie er die ringförmige Tischplatte aus einer rechteckigen Holzplatte heraussägen kann.

→ Wie soll er vorgehen?

Aufgabe

1. Im Stadtpark befindet sich ein kreisförmiges Rosenbeet (r = 3,50 m). Auf einem 0,80 m breiten Ring soll der Auszubildende Staude der Gärtnerei das Beet mit Bodendeckern umgeben. Wie groß ist der Flächeninhalt des ringförmigen Beetes?

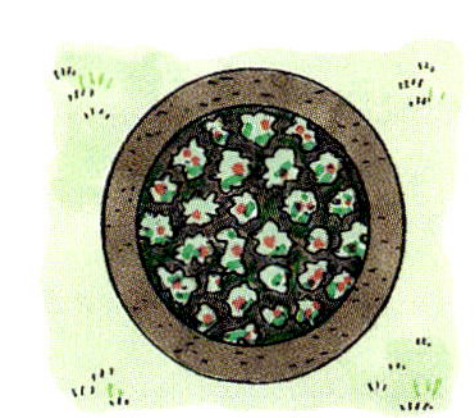

Lösung

Die Bodendecker werden vom Auszubildenden Staude auf einem Kreisring gepflanzt. Wir erhalten den Flächeninhalt eines Kreisrings, indem wir vom Flächeninhalt des Außenkreises den Flächeninhalt des Innenkreises subtrahieren.

(1) Wir berechnen zuerst den Außenradius des Kreisrings:
$r_a = 3{,}5\text{ m} + 0{,}8\text{ m}$
$r_a = 4{,}3\text{ m}$

(2) Als nächstes berechnen wir den Flächeninhalt des Außenkreises:
$A_a = \pi \cdot r_a^2$
$A_a = \pi \cdot (4{,}3\text{ m})^2$
$A_a = 58{,}1\text{ m}^2$

(3) Nun berechnen wir den Flächeninhalt des Innenkreises:
$A_i = \pi \cdot r_i^2$
$A_i = \pi \cdot (3{,}5\text{ m})^2$
$A_i = 11{,}0\text{ m}^2$

(4) Wir subtrahieren die Flächeninhalte:
$A_{Kreisring} = A_a - A_i$
$A_{Kreisring} = 58{,}1\text{ m}^2 - 11{,}0\text{ m}^2$
$A_{Kreisring} = 47{,}1\text{ m}^2$

Ergebnis: Der zu bepflanzende Kreisring hat einen Flächeninhalt von 47,1 m².

Information

Flächeninhalt des Kreisrings	=	Flächeninhalt des Außenkreises	−	Flächeninhalt des Innenkreises

$$\mathbf{A = \pi \cdot r_a^2 - \pi \cdot r_i^2}$$

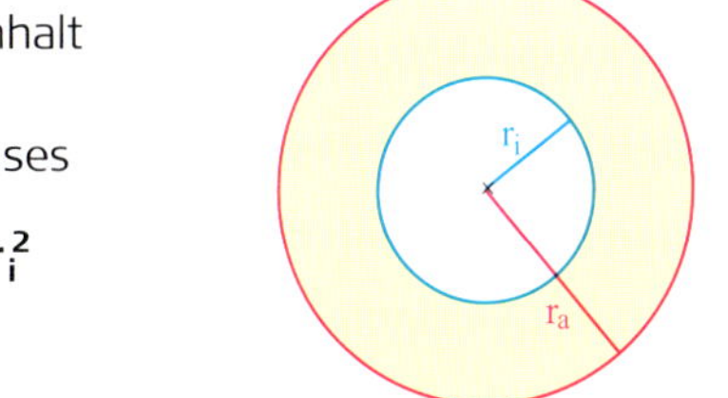
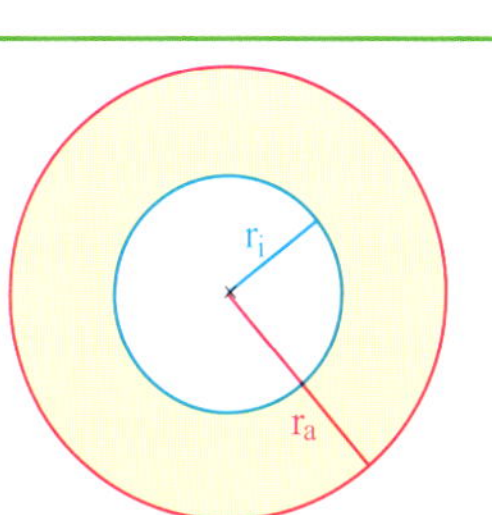

Zum Festigen und Weiterarbeiten

2. **a)** Zeichne mit dem Zirkel einen Kreisring mit $r_a = 6$ cm und $r_i = 3$ cm.
b) Schätze, welchen Flächeninhalt der Kreisring hat.
c) Berechne den Flächeninhalt des Kreisrings.

3. Aus einem Blatt Papier mit den Seitenlängen 20 cm und 25 cm schneidet Paul einen Kreisring mit $r_a = 9$ cm und $r_i = 6$ cm.
a) Berechne den Flächeninhalt des von Paul ausgeschnittenen Kreisrings.
b) Wie groß ist die Fläche, die weggeschnitten wird?
c) Wie viel Prozent beträgt der Abfall?

Übungen

4. Berechne den Flächeninhalt eines Kreisrings mit dem Außenradius 27 cm und dem Innenradius 14 cm.

5. Zeichne einen Kreisring. Schätze und berechne seinen Flächeninhalt.
a) $r_a = 3$ cm; $r_i = 2$ cm **b)** $r_a = 5{,}4$ cm; $r_i = 4{,}5$ cm **c)** $d_a = 8$ cm; $d_i = 6$ cm

6. *Geht auf Entdeckungsreise:*
Sucht in eurer Umgebung nach Beispielen für Kreisringe.

7. Zur besseren Haftung von Schraubverbindungen werden Unterlegscheiben verwendet. Schreibe dazu eine Rechengeschichte.

8. Lege drei verschiedene Unterlegscheiben auf dein Heft. Zeichne mit dem Bleistift den Innen- und Außenrand vorsichtig nach.
Bestimme die Flächeninhalte der gezeichneten Kreisringe.

9. Berechne den Flächeninhalt A eines Kreisrings.

	a)	b)	c)	d)	e)	f)
r_a	4 m	70 cm	235 cm	15,5 km	3,4 cm	22 dm
r_i	2 m	65 cm	135 cm	10,4 km	22 mm	1,08 m
A						

10. 

Familie Blume ist am Wochenende gern im Garten. Das Wasser zum Gießen der vielen Blumen holen sie aus einem 8 m tiefen Brunnen. Der Brunnen hat einen Innenradius von 0,88 m. Der Außenradius ist um 25% größer als der Innenradius.
a) Fertige eine Skizze an. Markiere die Brunnenmauer farbig.
b) Berechne den Außenradius.
c) Welche Mauerstärke hat der Brunnen?

11. Ein Rohr mit einer Wandstärke von 9 mm hat einen Innendurchmesser von 12 cm.
Stelle dir selbst eine Aufgabe und löse sie.

VERMISCHTE ÜBUNGEN

1. Überlege, wie die untenstehende Figur entstanden ist. Zeichne dann die Figur in ein Quadrat mit der Seitenlänge 6 cm. Entscheide, ob die Figur achsensymmetrisch oder drehsymmetrisch ist.

a) 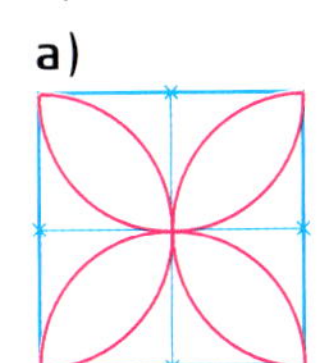
b) 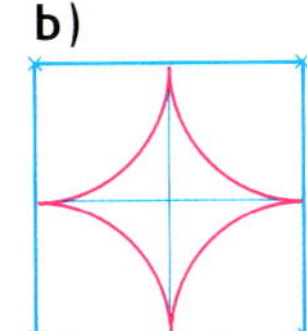
c) 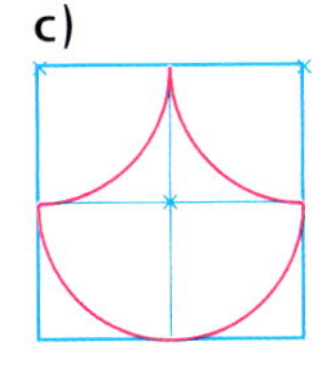
d) 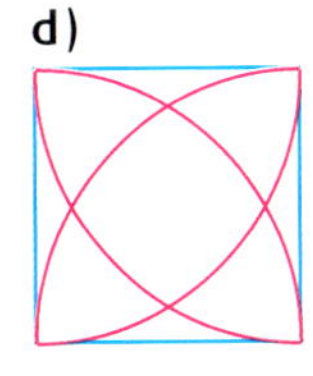
e) 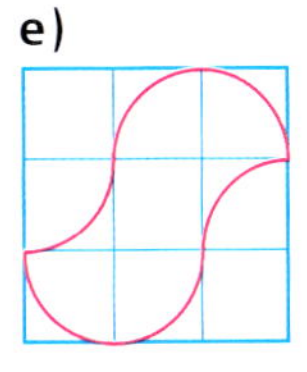
f) 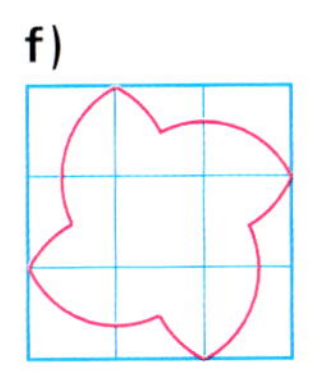

2. a) Zeichne in ein Quadrat mit der Seitenlänge 10 cm einen Kreis so ein, dass er die Quadratseiten berührt. Wie groß muss der Radius des Kreises sein? Wie findest du seinen Mittelpunkt?

b) Setze diese Figur nach innen fort und färbe sie.

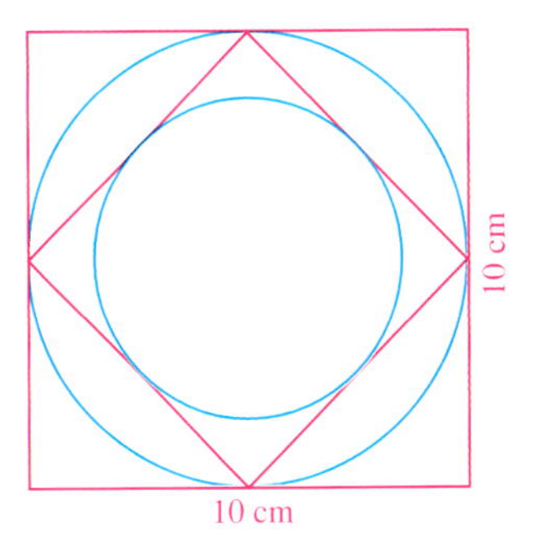

3. Zeichne sieben Kreise mit $d_1 = 2$ cm, $d_2 = 4$ cm, $d_3 = 6$ cm, ..., $d_7 = 14$ cm um einen Mittelpunkt M. Zeichne so wie in der nebenstehenden Skizze ein Quadrat ein. Was fällt dir auf?

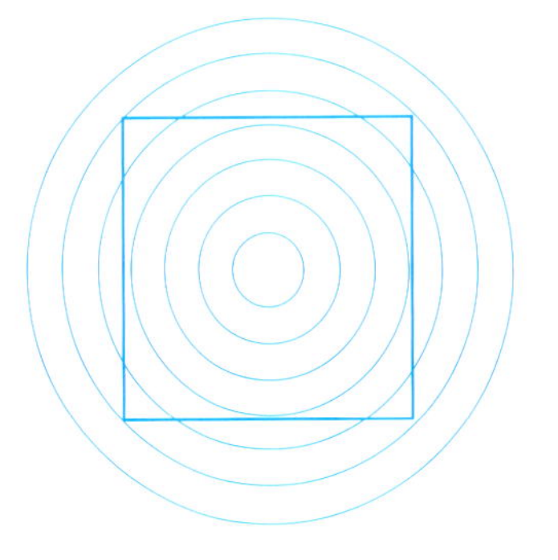

4. In einen Kreis mit beliebigem Radius sind ein Durchmesser, eine Sehne, eine Sekante und eine Tangente zu zeichnen.

5. Ein gleichseitiges Dreieck ABC hat die Seitenlänge $a = 4{,}7$ cm. Zeichne das Dreieck.

a) Zeichne nun einen Kreis, der genau durch die Eckpunkte A, B und C geht.

b) Miss die Entfernung der Dreieckspunkte zum Kreismittelpunkt.

6. Konstruiere ein regelmäßiges Fünfeck ABCDE mit der Seitenlänge a. Konstruiere dann einen Kreis, der durch alle fünf Eckpunkte geht (Umkreis).

a) $a = 5{,}5$ cm b) $a = 7{,}2$ cm c) $a = 45$ mm

△ **7.** Bestimme die Größe des Winkels α.

a) 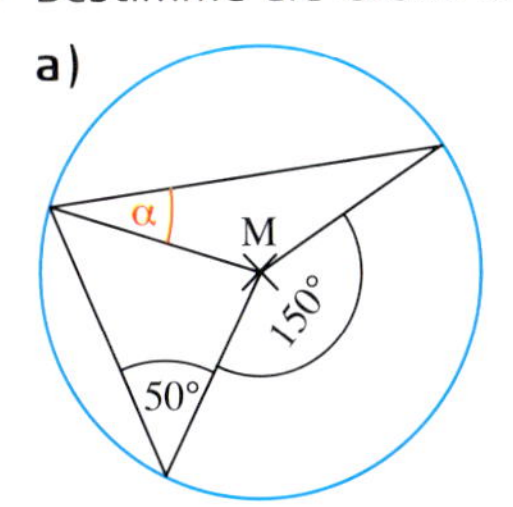

b) 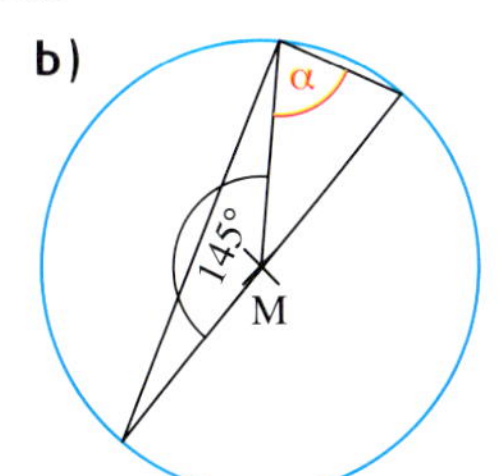

c) 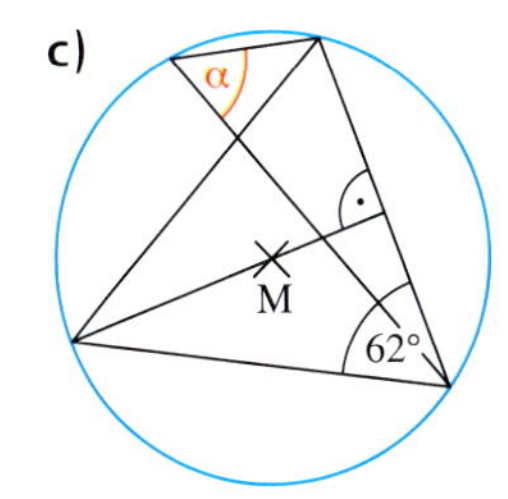

8. Zeichne das Ornament.
Was könnte es darstellen?
Gib auch die Symmetrien an.

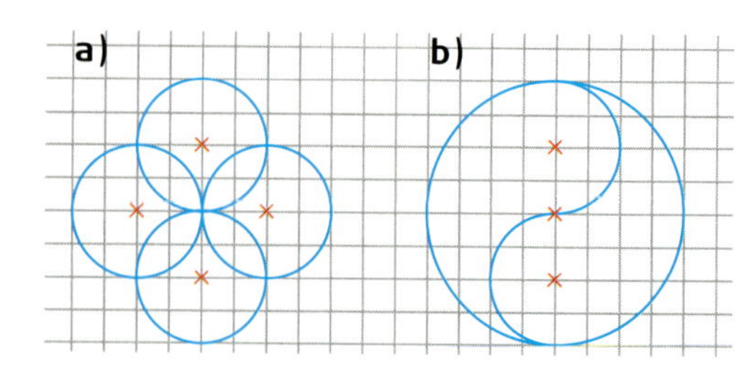

9. Zeichne das regelmäßige Vieleck auf weißes Papier. Trage alle Symmetrieachsen ein.

a) gleichseitiges Dreieck **b)** Quadrat **c)** Fünfeck **d)** Sechseck

10. Zeichne das Ornament in dein Heft.

a)

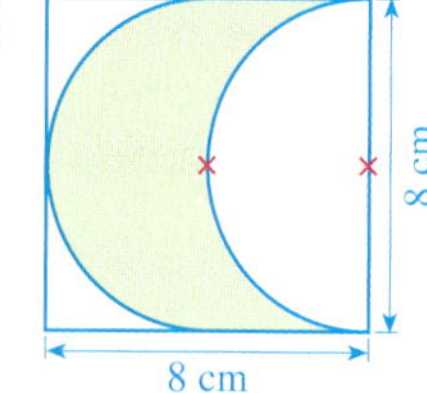

b)

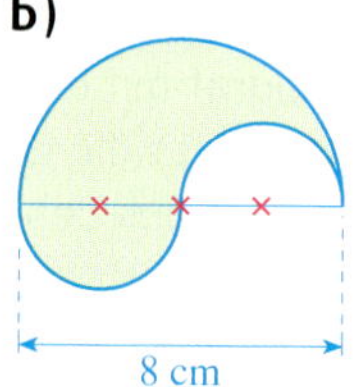

c)

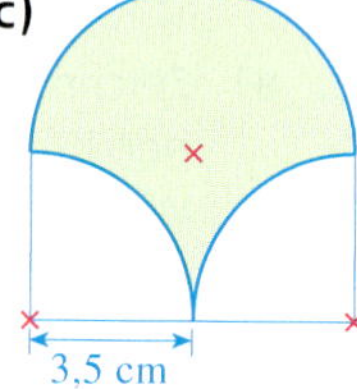

d)

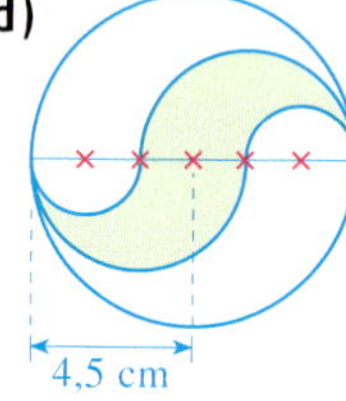

△ **11.**

Der Satz des Thales

Ein Kreisdurchmesserendpunkt meint, dass seine Lage nutzlos scheint.
Dies ihn verdriesst. Drum er sich rafft zum Ausbruch auf die Wanderschaft.
Er geht in froher Art und Weise entlang des Umfangs von dem Kreise.
Und weil es sich beim Wandern schickt, dass man in die Umgebung blickt,
bemerkt er, seine Heimatstatt, sieht stets er unter 90 Grad!
„Guck an", sagt er ganz unbekümmert und sich des Thalessatz' erinnert ...

K. Näther

Zu diesem mathematischen Gedicht lässt sich ein Poster, ein Gedicht-Vortrag oder auch ein Rollenspiel gestalten.

12. Ein Kreis mit r = 5,5 cm soll der Umkreis eines regelmäßigen Vielecks sein.

a) Zeichne in den Kreis ein regelmäßiges Fünfeck.

b) Zeichne in den Kreis ein regelmäßiges Achteck.

13. Berechne Umfang und Flächeninhalt des Kreises. Runde das Ergebnis sinnvoll.

a) r = 7,0 cm **b)** r = 34,0 cm **c)** r = 12,5 dm **d)** r = 7,250 km

14. **a)** d = 1,45 m **b)** d = 2,7 dm **c)** d = 7,4 cm **d)** d = 108,5 cm

15. Ermittle den Radius und den Umfang.

a) ICE-Rad: d = 1,04 m

b) Armreif: d = 7,2 cm

c) Kupferdraht: d = 1,5 mm

d) CD: d = 1,2 dm

16. Der Mond hat einen Durchmesser von 3 470 km. Überschlage die Länge seines Äquators; berechne ihn dann.

17. Überschlage, wie groß der Durchmesser des Kreises ist. Berechne dann den Durchmesser und auch den Flächeninhalt des Kreises.

a) u = 3,12 m **b)** u = 9,42 dm **c)** u = 19,32 m **d)** u = 396 cm

18. Ein Kugelstoßkreis hat einen Durchmesser von 213,5 cm.

a) Wie lang ist das Metallband rings um den Kreis?

b) Berechne den Flächeninhalt des Kugelstoßkreises.

19. Ein Elektroherd hat vier Kochfelder. Die beiden Felder rechts haben denselben Durchmesser d = 180 mm. Die anderen Kochfelder haben d = 210 mm bzw. d = 145 mm.
Berechne den Flächeninhalt jedes Kochfeldes.

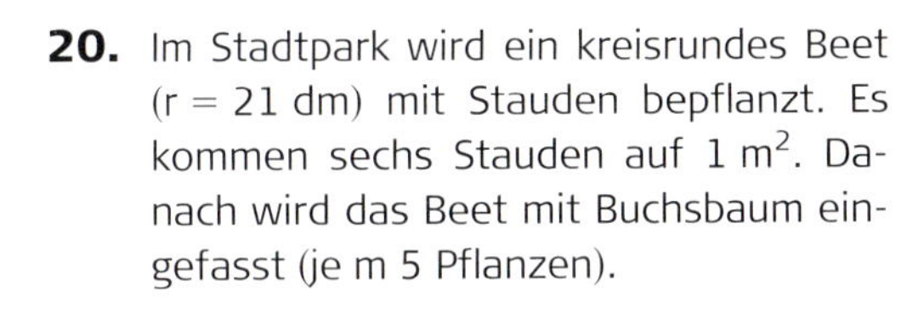

20. Im Stadtpark wird ein kreisrundes Beet (r = 21 dm) mit Stauden bepflanzt. Es kommen sechs Stauden auf 1 m^2. Danach wird das Beet mit Buchsbaum eingefasst (je m 5 Pflanzen).

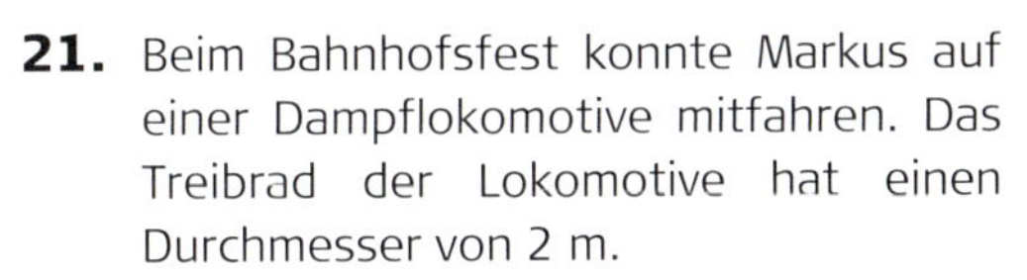

21. Beim Bahnhofsfest konnte Markus auf einer Dampflokomotive mitfahren. Das Treibrad der Lokomotive hat einen Durchmesser von 2 m.

a) Wie weit rollt die Lokomotive bei einer Treibradumdrehung?

b) Wie oft dreht sich das Treibrad auf einer 100 m langen Strecke?

22. Ein Elektriker verlegt in einem Einfamilienhaus mehrere Rollen Kupferdraht. Dabei verwendet er unterschiedliche Durchmesser. Berechne den Querschnitt (Flächeninhalt der kreisförmigen Schnittfläche) des Drahtes.

a) d = 0,5 mm **b)** d = 1,0 mm **c)** d = 1,5 mm **d)** d = 2,5 cm

23. Ein runder Wehrturm aus dem Mittelalter hat einen äußeren Umfang von 37,7 m. Die Wandstärke des Turmes beträgt 240 cm. Stelle dir selbst Aufgaben.

24. Zeichne die Figur und bestimme ihren Flächeninhalt.

a)

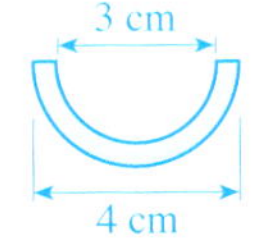

b)

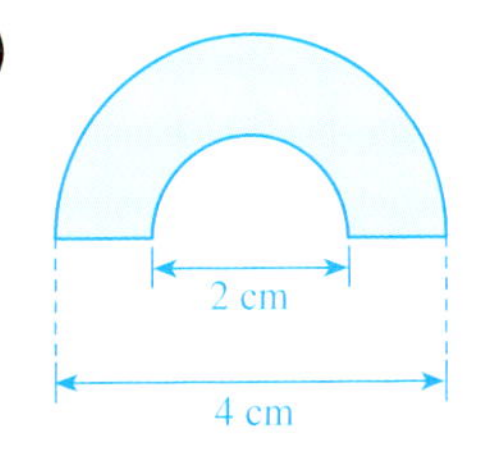

25. Ein Pkw-Reifen hat einen Außendurchmesser von 606 mm.

a) Wie weit rollt der Reifen bei einer Umdrehung?

b) Ein Pkw ist 100 km gefahren. Wie oft hat sich dabei ein Rad gedreht?

c) Die Laufleistung des Reifens wird mit 45 000 km angegeben. Wie viel Umdrehungen schafft der Reifen?

d) Bei guter Fahrweise und günstigen Straßenverhältnissen kann die Laufleistung eines Reifens um 15% vergrößert werden.

26. Eine Hängebrücke wird von mehreren 5 cm dicken Drahtseilen gehalten.

a) Berechne den Querschnitt der Drahtseile.

b) Um wie viel Prozent vergrößert sich der Querschnitt, wenn der Durchmesser eines Seiles um 10% vergrößert wird?

27.

Im Hotel „Kleines Schloss am Wald" sollen im kreisförmigen Turmzimmer neue Fußbodenfliesen verlegt werden. Das Turmzimmer hat einen Durchmesser von 6,75 m.

a) Berechne, wie viel m^2 Fliesen zu verlegen sind. Runde das Ergebnis sinnvoll.

b) Es werden quadratische Fliesen mit einer Seitenlänge von 20 cm verwendet.

28. Fanny umsäumt eine kreisrunde Tischdecke ($d = 130$ cm) mit Borte.

a) Wie viel m Borte sind zu kaufen?

b) Für 10 cm Borte sind 90 Cent zu bezahlen.

29. In der AG Nähen soll aus einer 160 cm langen und 140 cm breiten rechteckigen Stoffbahn eine möglichst große kreisrunde Tischdecke hergestellt werden.

a) Welchen Radius wird die Tischdecke haben?

b) Bestimme die Größe der Tischdecke.

c) Wie viel Prozent der Stoffbahn sind Verschnitt?

30. Im fächerverbindenden Unterricht zum Thema „Stieleiche" wurde in der Nähe der Schule ein Baum vermessen. Die Stieleiche hat einen Kronendurchmesser von 26 m und einen Stammumfang von 4,36 m. Stelle dazu Aufgaben und löse sie.

31. **a)** Telefonkabel haben einen Durchmesser von 0,5 mm.

b) Elektromeister Biesold empfiehlt Bauherren, im Wohnbereich Kupferkabel mit Radien von 0,7 mm bzw. 0,9 mm zu verlegen.

32. Eine Schülerfirma stanzt aus quadratischen Aluminiumblechen kreisrunde Scheiben. Die Bleche haben eine Seitenlänge von 24 cm.

(1) 1 Scheibe

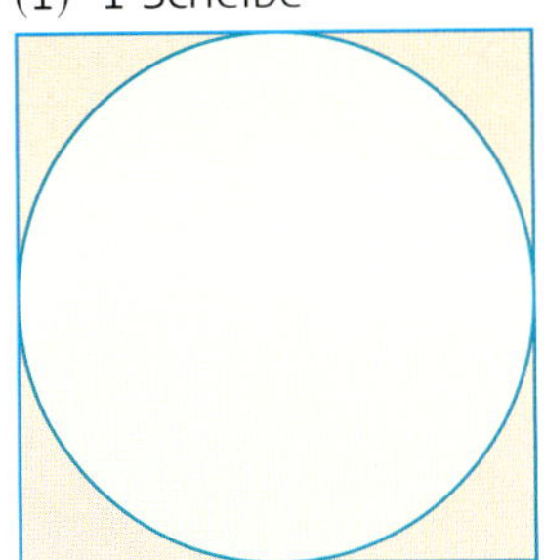

(2) 4 Scheiben

(3) 9 Scheiben

a) Bestimme den Radius einer Scheibe.

b) Welchen Flächeninhalt hat eine Scheibe?

c) Gib den beim Stanzen entstehenden Abfall in Prozent an.

33. Ein Fernsehsatellit umkreist die Erde ($r = 6\,378$ km) in einer Höhe von 631 km. Wie viel Kilometer hat der Fernsehsatellit bei einer Erdumkreisung zurückgelegt?

34. Im fächerverbindenden Unterricht haben Schüler eine Torwand hergestellt.

a) Die Torwand ist 3,75 m breit und 2,25 m hoch. Bestimme ihren Flächeninhalt.

b) Die Torwand hat drei Löcher. Ihre Durchmesser betragen 25 cm, 30 cm bzw. 35 cm. Passt ein Ball mit dem Umfang von 1 m durch ein Loch dieser Torwand?

c) Gib den Anteil der drei Löcher am gesamten Flächeninhalt in Prozent an.

35. Bei meiner Armbanduhr hat der Minutenzeiger eine Länge von 2,0 cm und der Stundenzeiger eine Länge von 1,5 cm.

a) Wie groß ist die Fläche, die vom Minutenzeiger in einer Stunde „überstrichen" wird.

b) Vergleiche die Flächen, die beide Zeiger an einem halben Tag überstreichen.

36. Schüler einer 8. Klasse haben je 500 Münzen im Wert von 1, 2, 5 bzw. 10 Cent gesammelt. Die Münzen wollen sie einzeln auf einem Tisch auslegen.

a) Welchen Wert haben die Münzen insgesamt?

b) Ermittle den Durchmesser der Münzen. Den genauen Wert erhält man im Internet unter www.Bundesbank.de.

c) Können die Schüler mit ihrem „Münzteppich" eine 1 m lange und 1 m breite Tischplatte bedecken?

d) Wie viel Prozent der Tischplatte bleiben frei?

37. Zeichne die Figur in dein Heft und berechne die Länge der blauen Linie.

a) (1) $a = 1$ cm

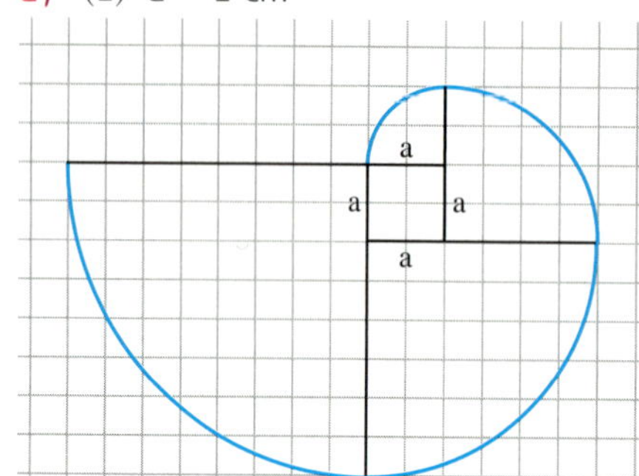

b) (2) $a = 8$ cm

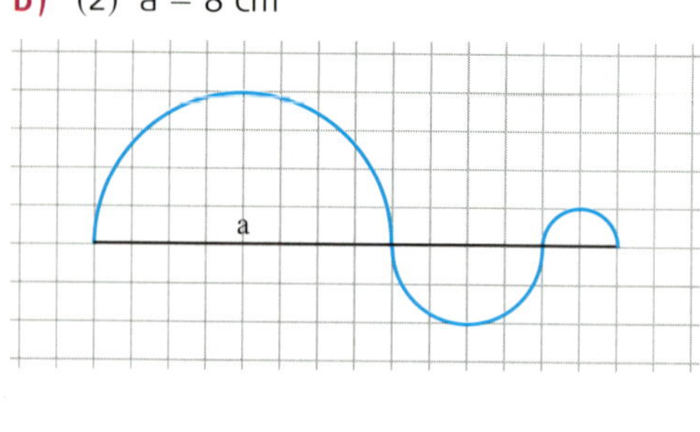

38. **a)** Zeichne in dein Heft.

b) Berechne den Flächeninhalt der gefärbten Fläche.

c) Berechne den Umfang der gefärbten Fläche.

(1)

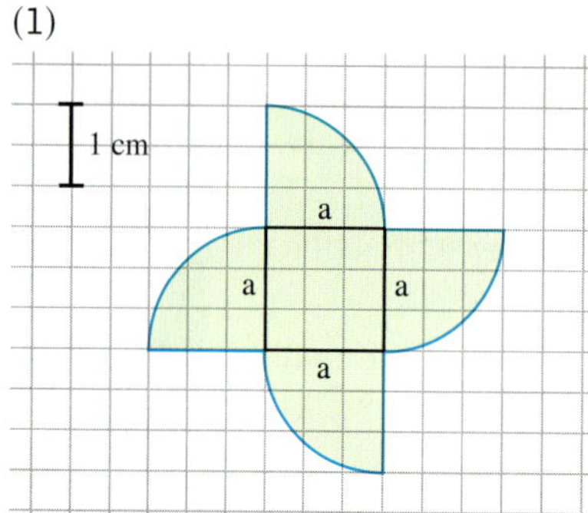

(2)

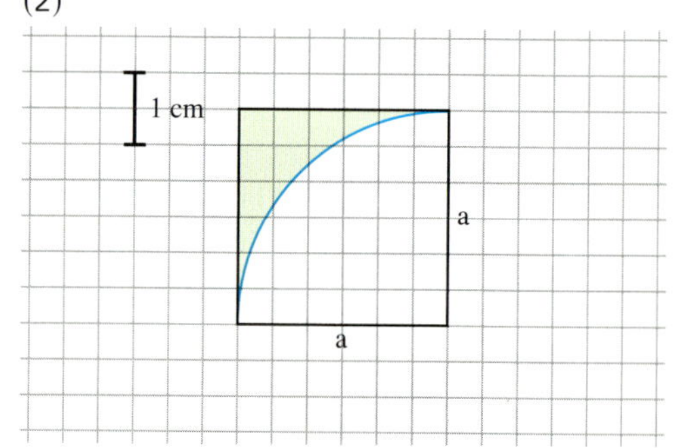

39. **a)** Zeichne den Kreisring in dein Heft.

b) Berechne den Flächeninhalt des Kreisrings.

(1) $r_a = 4$ cm, $r_i = 2$ cm (2) $r_a = 5{,}4$ cm, $r_i = 4{,}9$ cm (3) $d_a = 88$ cm, $d_i = 77$ cm

40. Ein Dichtungsring hat außen einen Durchmesser von 34 mm. Der Dichtungsring hat eine Breite von 1 cm.

a) Berechne den inneren und äußeren Radius des Dichtungsringes.

b) Bestimme seinen Flächeninhalt.

41. In der Bratpfanne ($d = 26$ cm) liegt ein kreisrunder Plinsen. Tina schätzt, dass der um den Plinsen herum frei gebliebene Streifen 3 cm breit ist.

a) Welchen Radius sollte der Teller mindestens haben, auf den Tina den Plinsen legen wird?

b) Berechne den Flächeninhalt des Plinsens.

BIST DU FIT?

1. **a)** Wie groß sind die Innenwinkel in einem regelmäßigen Achteck?

b) Zeichne ein regelmäßiges Achteck mit der Seitenlänge a = 4 cm.

c) Konstruiere den Umkreis dieses Achtecks.

d) Wie viele Symmetrieachsen hat dieses Achteck?

2. Berechne den Umfang und den Flächeninhalt des Kreises. Runde sinnvoll.

a) r = 47 cm **b)** r = 84,5 cm **c)** d = 15 m **d)** d = 4,28 km

3.

a) Der Rand eines kreisrunden Beetes (d = 3,2 m) soll mit Steinen eingefasst werden. Man rechnet 8 Steine auf 1 m. Wie viele Steine werden benötigt?

b) Das Beet soll mit Rosen bepflanzt werden. Man rechnet 4 Rosen auf 1 m^2. Wie viele Rosen sind zu bestellen?

4. Aus einer quadratischen Steinplatte (a = 1,5 m) wird eine kreisrunde Tischplatte hergestellt. Wie viel Prozent Abfall entsteht bei der Herstellung?

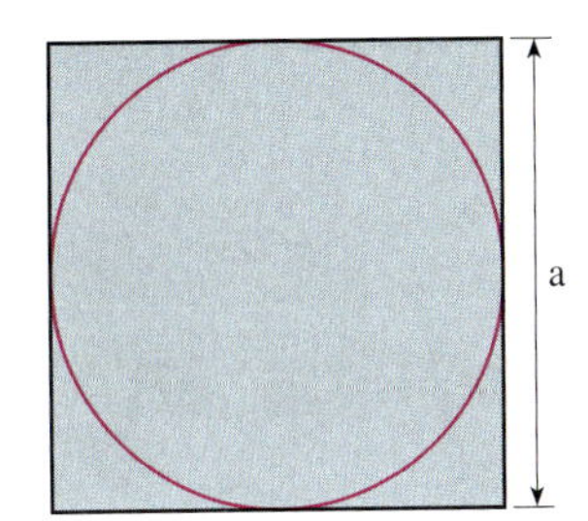

5. Ein Satellit umkreist die Erde auf einer Kreisbahn mit r = 6 950 km.

a) In welcher Höhe befindet sich der Satellit über der Erde?

b) Wie viel km legt er bei einer Erdumrundung zurück?

6. Berechne den Inhalt der markierten Fläche (Maße in mm).

a) 30, 90

b)

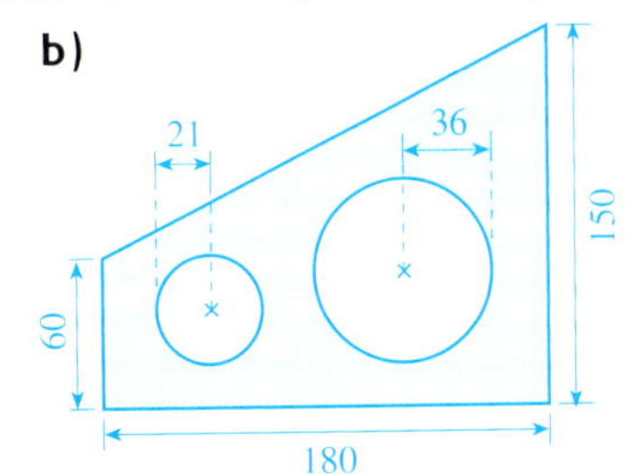

c)

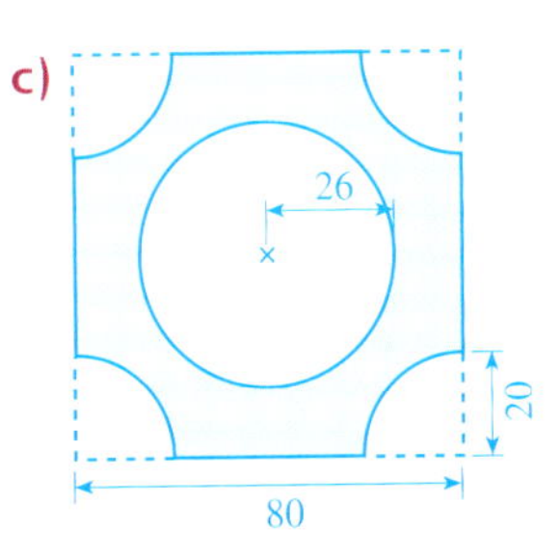

7. Berechne den Flächeninhalt des Kreisringes.

a) $r_i = 4{,}5$ cm, $r_a = 5{,}8$ cm **b)** $r_i = 4{,}27$ cm, $r_a = 6{,}75$ cm **c)** $r_i = 65$ mm, $r_a = 98$ mm **d)** $d_i = 124{,}8$ m, $d_a = 135{,}9$ m

IM BLICKPUNKT: GEOMETRIE AM COMPUTER

Hier kannst du die Welt der dynamischen Geometriesoftware entdecken.
Du kannst ähnlich wie im Heft konstruieren.
Geeignete Software sind vor allem

- Euklid Dynageo
- Geonext
- Cabri Geomètre
- Cinderella

Diese Programme sind ähnlich aufgebaut und besitzen alle eine Menüleiste.
Um erfolgreich konstruieren zu können, musst du dich erst einmal mit dieser Menüleiste vertraut machen.
Sie könnte zum Beispiel so aussehen:

Die Hauptleiste: Hier kann man Dateien laden, speichern, Objekte drucken oder radieren.

Die Konstruieren-Leiste: Hier findet man alle Schaltflächen, die für die Konstruktion einer geometrischen Figur benötigt werden.

Die Form & Farbe-Leiste: Hier kann man die Strichstärke auswählen und seine Zeichnungen farblich verschönern.

Es gibt sicherlich noch viel mehr zu entdecken, probiere es einfach aus. **Nur Mut!**

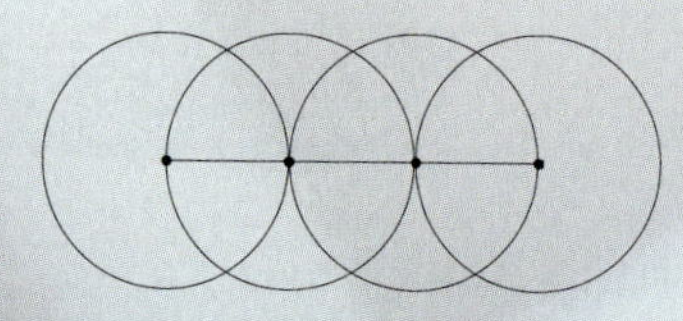

1. Zeichne einen Kreis mit dem Radius r = 3 cm und wiederhole dies so oft, bis du ein Kreisornament erhältst (linkes Bild).
Kopiere das Kreisornament in eine Word-Datei.

2. Erfinde weitere Kreisornamente. Versuche, sie farbig zu gestalten. Kopiere sie in Word.

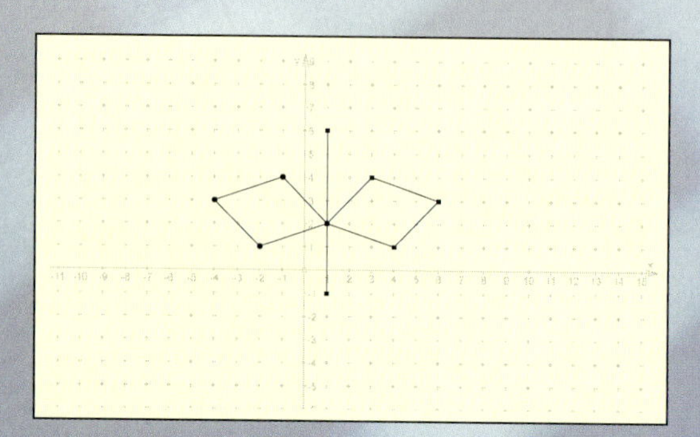

3. Versuche, die Figur links mit deiner Geometriesoftware nachzubilden.

4. Entwerft im Team weitere symmetrische Figuren mit einer, zwei oder mehreren Symmetrieachsen. Präsentiert eure Entwürfe in Form von Wandzeitungen.
Welches Team ist am einfallsreichsten?

5. Zeichne Winkel von **a)** 60°; **b)** 73°; **c)** 126°; **d)** 245°.

6. Konstruiere die Winkelhalbierenden zu den Winkeln aus Aufgabe 5.

7. Konstruiere ein gleichseitiges Dreieck mit der Seitenlänge a = 4 cm. Finde den zugehörigen Umkreis.

8. Konstruiere ein Quadrat mit der Seitenlänge a = 5 cm. Zeichne den Umkreis dieses Quadrates.

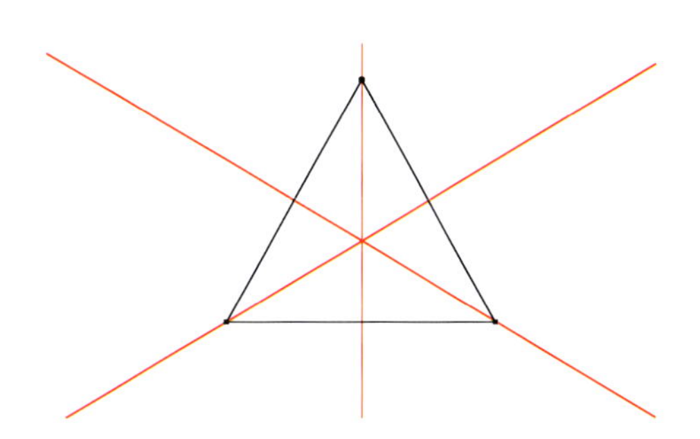

Du kannst Winkel und Umkreise zeichnen und du hast Sicherheit im Umgang mit deiner Geometriesoftware bekommen.
Versuche dich jetzt an einem regelmäßigen Sechseck. Überlege dir die notwendigen Konstruktionsschritte.

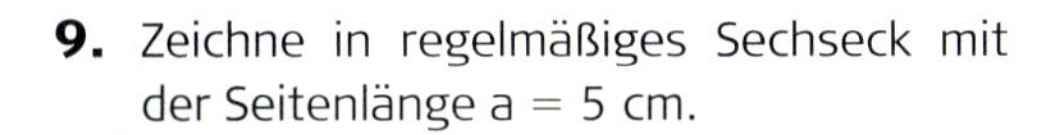

9. Zeichne in regelmäßiges Sechseck mit der Seitenlänge a = 5 cm.

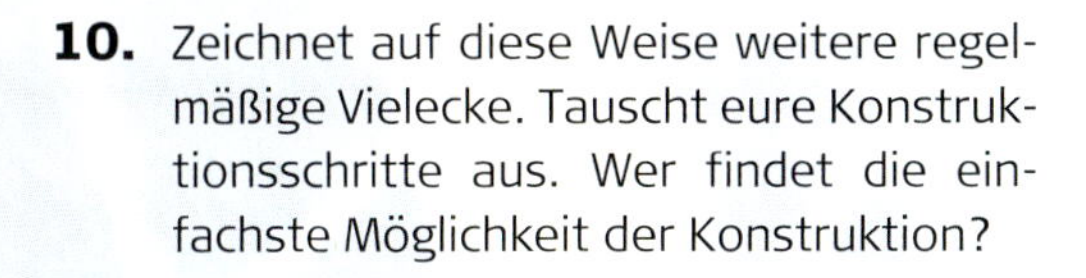

10. Zeichnet auf diese Weise weitere regelmäßige Vielecke. Tauscht eure Konstruktionsschritte aus. Wer findet die einfachste Möglichkeit der Konstruktion?

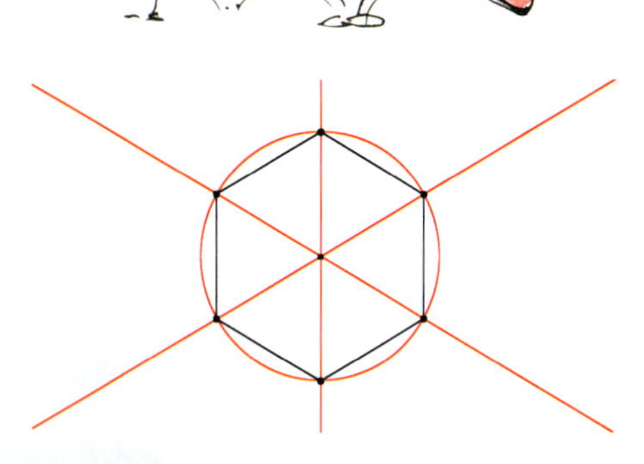

11. Zeichne einen Kreis mit dem Radius r = 6 cm. Zeichne in diesen Kreis eine Strecke $\overline{AB}$, die Durchmesser des Kreises ist. Wähle einen Punkt C auf der Kreislinie und zeichne das Dreieck ABC.
Bewege mithilfe der Maus den Punkt C auf der Kreislinie.

a) Welche Eigenschaft hat das Dreieck ABC immer?

b) Welcher Satz verbirgt sich hier?

c) Kannst du ein gleichschenkliges Dreieck erzeugen?

12. Zeichne einen Kreis mit dem Radius r = 4,5 cm. Zeichne auf der Kreislinie zwei Punkte A und B ein. Konstruiere zu diesen Punkten die Tangenten.

WAHLPFLICHT: DAS FAHRRAD

Kenndaten

1. Vor einer Fahrradtour der 8. Klasse sprechen vier Schüler über ihre Fahrräder.
Aljona: „Das Hinterrad bremse ich mit dem Rücktritt, das Vorderrad mit einer Scheibenbremse."
Bea: „Durch den Alurahmen ist mein Rad leichter."
Conny: „Das Rad von Aljona ist kleiner als meins."
Emil: „Mein Fahrrad hat 21 Gänge."

a) Über welche Merkmale von Fahrrädern haben sie gesprochen?

b) Schreibe entsprechende Sätze über dein Fahrrad.

2.

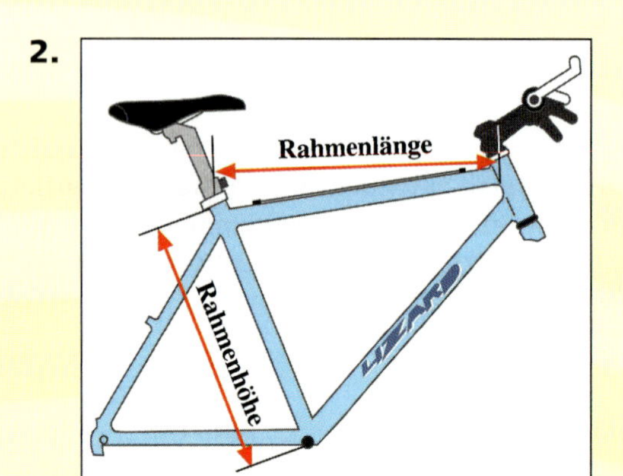

Beim Fahrradkauf solltest du auch auf einige Maße achten. Beachte z. B. die *Rahmenhöhe* und deine Schrittlänge (Innenlänge der Beine).
Bestimme deine Schrittlänge und die Rahmenhöhe deines Fahrrades.
Welche Einheit ist dafür sinnvoll?

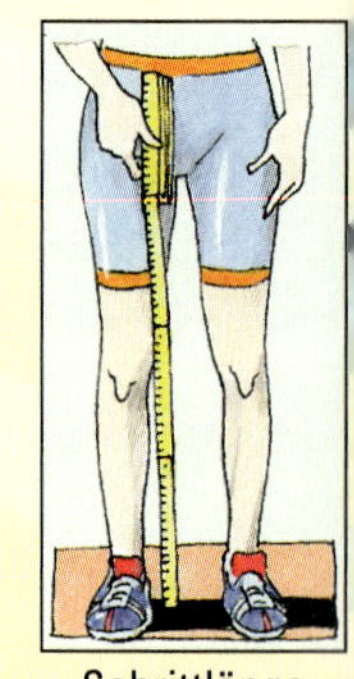

Schrittlänge

3. In einem Werbeprospekt ist das Diagramm rechts abgebildet. Daraus können die Rahmenhöhen eines Trekkingrades abgelesen werden, die zur Schrittlänge des Fahrers passen.

a) Ermittle für eine Schrittlänge von 90 cm die kleinste passende Rahmenhöhe.

b) Gib für 80 cm Schrittlänge alle passenden Rahmenhöhen an.

c) Welche Schrittlänge sollte ein Fahrer für ein Trekkingrad mit 56 cm Rahmenhöhe haben?

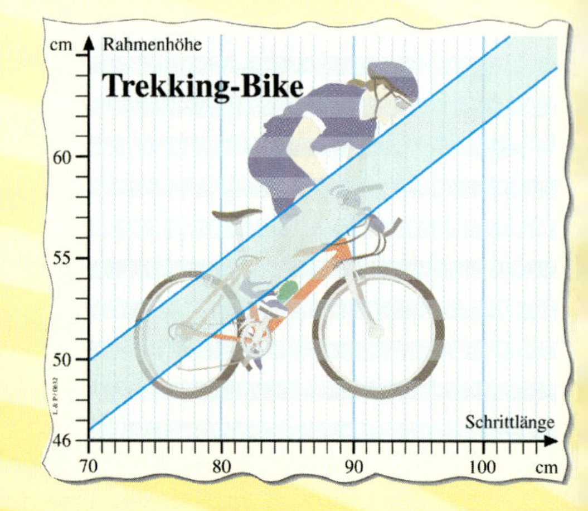

4. Tina sucht ein Rad, dessen Rahmenhöhe zu ihrer Schrittlänge passt.
In einer Zeitschrift liest sie: *Schrittlänge − 28 cm = Rahmenhöhe.*
Ein Händler empfiehlt ihr zu rechnen: *Schrittlänge − 25 cm = Rahmenhöhe.*
Ordne in einer Tabelle den Schrittlängen von 70 cm bis 95 cm die passenden Rahmenhöhen zu. Stelle die Werte in einem Diagramm dar.

5. In einer 8. Klasse fahren 15 Schüler mit Kettenschaltung und 5 mit Nabenschaltung. Zwei Schüler fahren ohne Schaltung. In der Klasse haben drei kein Fahrrad. Zeichne ein geeignetes Diagramm.

Wenn du bei einer Kettenschaltung die Anzahl der Zähne am Kettenblatt und am Ritzel kennst, dann kannst du das **Übersetzungsverhältnis** eines Ganges berechnen:

Merke

$$\text{Übersetzungsverhältnis} = \frac{\text{Anzahl der Zähne am Kettenblatt}}{\text{Anzahl der Zähne am Ritzel}}$$

Läuft z. B. die Kette über ein Kettenblatt mit 36 Zähnen und ein Ritzel mit 18 Zähnen, dann rechnen wir: 36 : 18 = 2. Dieses Übersetzungsverhältnis von 2 bedeutet: Wenn sich bei einer Kurbelumdrehung das Kettenblatt einmal dreht, dann dreht sich das Ritzel zweimal.

6. Das Rennrad von Mathelehrer Radel hat zwei Kettenblätter mit 52 und 42 Zähnen. Die sechs Ritzel haben 13, 15, 17, 20, 24 und 28 Zähne.

a) Berechne die Übersetzungsverhältnisse dieser Gangschaltung.

b) Hat dein Rad ein kleineres oder größeres Übersetzungsverhältnis?

7. Die Tabelle zeigt die Übersetzungsverhältnisse des 42-er Kettenblattes eines Mountainbikes an. Übertrage die Tabelle in dein Heft.

	28	24	21	18	15	13	11
42	1,50	1,75	2,00	2,33	2,80	3,23	3,82
32							
22							

a) Wurden die Übersetzungsverhältnisse richtig berechnet?

b) Berechne die Übersetzungsverhältnisse für die beiden anderen Kettenblätter.

c) Wie würdest du schalten (1) bei Fahrt auf ebener Straße; (2) bei Fahrt bergauf? Begründe.

Fahrstrecke

1. Viele Schüler kommen mit dem Fahrrad zur Schule. Die Weglänge zwischen Wohnung und Schule lässt sich messen. Fahrräder haben dafür Messgeräte (z. B. Fahrradcomputer). Steckt eine Fahrstrecke von 100 m ab und prüft eure Messgeräte.

2. Bestimmt den Umfang eines Rades. Nutzt es dann als „Kilometerzähler" und messt die Länge eures Schulhofes sowie auch andere Strecken.

3. Felix fährt mit dem Crossrad (Radumfang 220 cm) zur Schule.

a) Wie weit rollt das Rad bei einer Radumdrehung?

b) Berechne, wie oft sich ein Rad auf 100 m dreht.

c) Von der Wohnung bis zur Schule sind es 4 km. Stelle selbst eine Aufgabe und löse sie.

4. Von einem Rad ist der Durchmesser d bekannt. Wie viel m fehlen nach einer Radumdrehung bis zu einer Fahrstrecke von 10 m?

a) Hochrad mit d = 3 m

b) Trekkingrad mit d = 71 cm

c) Kinderrad mit d = 500 mm

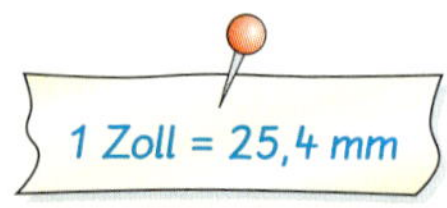

5. Saskia findet auf den Reifen ihres Fahrrades die Bezeichnung *28 × 1,75*. Demzufolge haben die Räder einen Durchmesser von 28 Zoll. Der Reifen hat eine Höhe von 1,75 Zoll. Das Längenmaß Zoll stammt aus dem Mittelalter. Es bedeutete eine Daumenbreite.

a) Rechne den Durchmesser von Saskias Rädern in mm und cm um.

b) Gib auch die Reifenhöhe in anderen Einheiten an.

6. Rennräder haben meistens einen Durchmesser von d = 28 Zoll. Gib den Durchmesser und den Umfang eines Rades in cm an.

7. Reifengrößen werden auch in DIN-Norm (in Millimeter) angegeben. So bedeutet die Angabe 37 – 622 an einem Trekkingreifen, dass der Reifen eine Höhe von 37 mm hat. Die dazugehörende Felge muss einen Durchmesser von 622 mm haben.

a) Fertige eine Skizze an. Markiere darin die gegebenen Werte.

b) Berechne den äußeren Durchmesser des Trekkingreifens in Zentimeter.

c) Wie viel Meter rollt der Reifen bei einer Umdrehung?

8. Tina hat sich von den Rädern ihrer Mitschüler einige Reifengrößen notiert.
Berechne für das Rad die Reifenhöhe, den Felgendurchmesser, den Raddurchmesser und den Reifenumfang des Rades (jeweils in cm).

a) 44 – 622	**c)** 30 – 622	**e)** 50 – 559	**g)** 28 – 622	**i)** 60 – 559
b) 35 – 622	**d)** 62 – 559	**f)** 28 – 559	**h)** 47 – 622	

9. *Geht auf Entdeckungsreise:*
Informiert euch über die Reifengrößen der Räder eurer Mitschüler. Berechnet deren Durchmesser und Umfang.

10. Die zwei Freunde Felix und Sven haben bei einer dreiwöchigen Radtour von Sachsen nach Schweden 1 370 km zurückgelegt. Das Ziel ihrer Reise war die schwedische Hauptstadt Stockholm.
Felix fuhr mit Reifengröße 37 – 559,
Sven mit Größe 47 – 559.
Stelle dir dazu Aufgaben und löse sie.

11. Eric fährt mit Rennreifen (25 – 622). Für einen Sprint auf flacher Strecke schaltet er so, dass die Kette auf dem Kettenblatt mit 52 Zähnen und auf dem Ritzel mit 12 Zähnen liegt.

a) Ermittle den Durchmesser eines Rades.

b) Berechne den Umfang des Rades.

c) Gib das Übersetzungsverhältnis an.

d) Wie weit rollt das Rad bei einer Kurbelumdrehung?

12. Jan „klettert" mit seinem Mountainbike einen steilen Waldweg hinauf. Dabei lässt er die Kette vorn über das kleinste Kettenblatt (28 Zähne) und hinten über das größte Ritzel (32 Zähne) laufen. Seine Räder haben die Reifengröße 47 – 559.

Geschwindigkeit

1. Fahrradcomputer können die Fahrstrecke (in km), die dafür benötigte Zeit (in h), die erreichte Durchschnittsgeschwindigkeit (in $\frac{km}{h}$) und die Höchstgeschwindigkeit (in $\frac{km}{h}$) anzeigen. Susann sieht nach einer Radtour an ihrem Fahrradcomputer folgende Werte:

23,1	48,9	72,4	03:08:03

Worum handelt es sich jeweils?

2. Übertrage die Tabelle ins Heft und ergänze für eine Geschwindigkeit von $6\,\frac{m}{s}$.

	a)	b)	c)	d)	e)	f)
Zeitanzeige	07:20 min	15:45 min		01:01:01 h	02:33:20 h	
Zeit (in s)			1 830 s			10 000 s
Zurückgelegter Weg (in m)						

3. Auf der 20. Etappe der 92. Tour de France 2005 war ein Zeitfahren zu bewältigen. Es gewann Lance Armstrong aus Texas. Er fuhr die 55,5 km lange Strecke in 01:11:46 h.

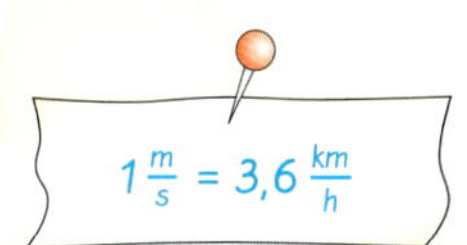

a) Gib die Fahrstrecke in m und die Fahrzeit in s an.

b) Berechne seine Geschwindigkeit in $\frac{m}{s}$.

c) Wie viel Kilometer legte Lance Armstrong pro Stunde zurück?

d) Der zweitplatzierte Jan Ullrich war nur 32 Sekunden länger unterwegs.

4. Am 10. Fahrradfest der Sächsischen Zeitung nahmen 2005 in Dresden ca. 9 700 Radfahrer teil. Der Start zur 160-km-Tour erfolgte 7.15 Uhr. Die ersten Fahrer dieser Tour wurden ab 11.49 Uhr und die letzten gegen 15.45 Uhr auf dem Theaterplatz erwartet.

a) Gib diese Fahrstrecke in Metern an.

b) Welche Fahrzeit wurde für die ersten Fahrer eingeplant?

c) Welche Durchschnittsgeschwindigkeit wurde für die letzten Fahrer eingeplant?

5. a) Mit einer Fahrzeit von 2 : 37 h schaffte Oliver die 75-km-Tour.

b) Mathelehrer Radel wollte beim Fahrradfest die 160-km-Tour mit einer Durchschnittsgeschwindigkeit von $20{,}5\,\frac{km}{h}$ fahren. Nach 7 Stunden und 40 Minuten erreichte er das Ziel und empfing seine Teilnehmermedaille.

6. Beim „Triathlon für Jedermann" um den Brettmühlenteich war auch Herr Tille mit seinem neuen Rennrad dabei. Folgende Zeiten wurden für ihn notiert:
Schwimmen (700 m) 20 : 07 min; Rad (27 km) 0 : 50 : 39 h; Lauf (8 km) 0 : 40 : 01 h.

7. Birgit fährt jeden Sonntag eine Tour mit dem Mountainbike. Ihre Fahrzeit und die Länge des zurückgelegten Weges notiert sie in einer Tabelle.

	a)	b)	c)	d)	e)	f)
Zeit	2 h	1,5 h	2,5 h	$3\frac{1}{4}$ h	20 min	45 min
Weg	32 km	27 km	35 km	52 km	9 km	18 km

4 Kreiszylinder und Hohlzylinder

Betrachte die Bilder. Im Alltag findest du Kreiszylinder und Hohlzylinder.
Suche weitere Beispiele.

Schiefer Turm in Pisa, Italien

Brandenburger Tor, Berlin

Mosaik in Delos, Griechenland

Wasserkunst, Bautzen

In diesem Kapitel lernst du ...

... wie man Kreiszylinder und Hohlzylinder zeichnet und berechnet.

NETZ UND OBERFLÄCHENINHALT DES ZYLINDERS

Einstieg

Die abgebildeten Verpackungen stellen ein Prisma und einen Kreiszylinder dar.

→ Wie viele Ecken, Kanten, Flächen haben diese Körper?

→ Welche Gemeinsamkeiten findest du?

Information

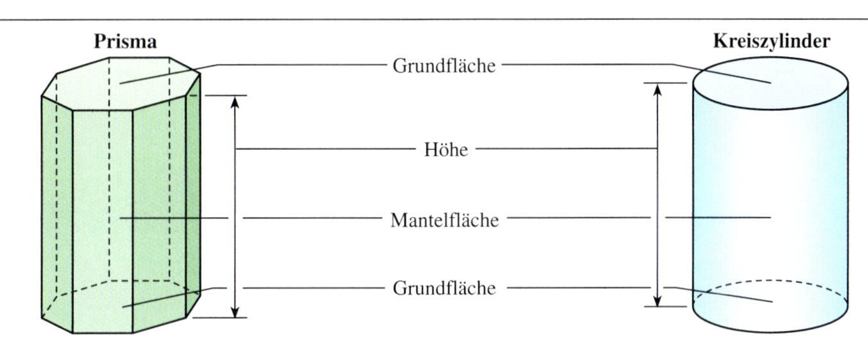

Jedes Prisma besitzt zwei zueinander parallele und kongruente (deckungsgleiche) *Vielecke* als **Grundflächen.** Die Seitenflächen sind Rechtecke und bilden zusammen die **Mantelfläche**.

Der Abstand der beiden Grundflächen ist die **Höhe**.

Jeder (gerade) Zylinder besitzt zwei zueinander parallele und kongruente (deckungsgleiche) *Kreisflächen* als **Grundflächen**. Die gekrümmte Seitenfläche heißt **Mantelfläche**.

Beachte: Prismen und Zylinder können auf einer Grundfläche „stehen" oder auf einer Seitenfläche bzw. Mantelfläche „liegen".

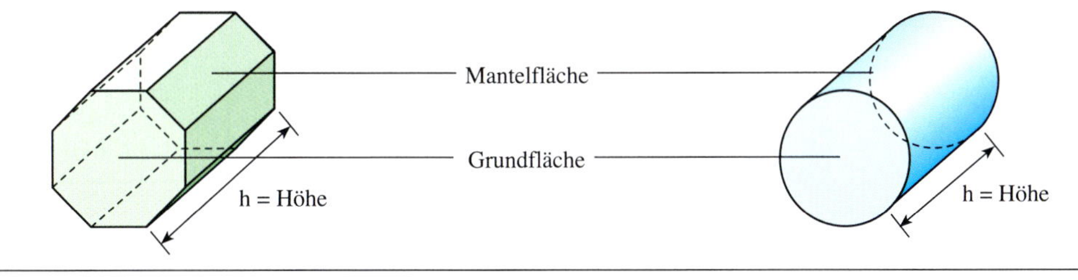

Aufgabe

1.

Poster werden zum Versand oder zum Verschenken in zylinderförmige Verpackungen gesteckt.
Stelle aus leichter Pappe ein Modell eines solchen Zylinders her. Der Radius einer Grundfläche soll 3,2 cm, die Höhe des Zylinders 28,5 cm sein.
Berechne den Bedarf an Pappe (Verschnitt nicht mitgerechnet).

Aufgabe

Lösung

(1) Zeichne ein Netz der Verpackung (des Zylinders). Wenn man die gekrümmte Mantelfläche in die Ebene abwickelt, erhält man ein Rechteck. Eine Seitenlänge des Rechtecks ist gleich der Höhe h des Zylinders; die andere Seitenlänge ist gleich dem Umfang einer Grundfläche, also $u - 2\pi r$.

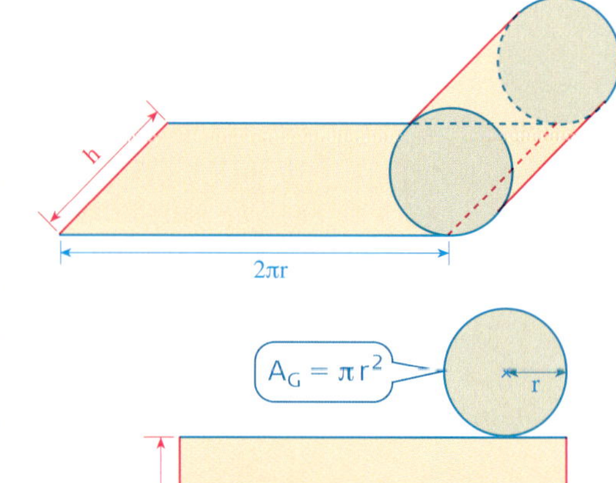

(2) Zur Berechnung des Pappbedarfs bestimmen wir den Oberflächeninhalt A_O des Zylinders.
Wir nennen den Mantelflächeninhalt A_M und den Grundflächeninhalt A_G.
Dann gilt:

$A_O = 2 \cdot A_G + A_M$
$A_O = 2 \cdot \pi r^2 + 2\pi r h$

Durch Einsetzen der gegebenen Größen erhält man:

$A_O = 2\pi \cdot (3{,}2\text{ cm})^2 + 2\pi \cdot 3{,}2\text{ cm} \cdot 28{,}5\text{ cm}$
$A_O \approx 637{,}37\text{ cm}^2$

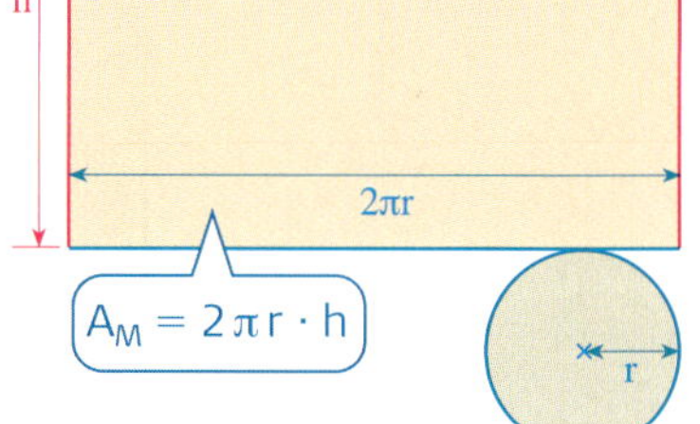

Ergebnis: Für eine Verpackung braucht man ungefähr 640 cm² Pappe.

Information

Für den **Oberflächeninhalt A_O eines Zylinders** mit dem Grundflächeninhalt A_G und dem Mantelflächeninhalt A_M gilt:

$A_O = 2 \cdot A_G + A_M$

Bezeichnet r den Radius des Grundkreises, so gilt insbesondere:

$\mathbf{A_M = 2\pi r h}$ $\qquad$ $\mathbf{A_O = 2\pi r^2 + 2\pi r h}$

Beispiel: r = 2 cm; h = 3 cm

$A_M = 2\pi \cdot 2\text{ cm} \cdot 3\text{ cm}$
$A_M \approx 37{,}70\text{ cm}^2$

$A_O = 2\pi \cdot (2\text{ cm})^2 + 2\pi \cdot 2\text{ cm} \cdot 3\text{ cm}$
$A_O \approx 62{,}83\text{ cm}^2$

Zum Festigen und Weiterarbeiten

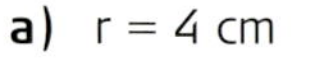

2. Berechne den Blechbedarf für zylinderförmige Blechdosen. Runde sinnvoll.

a) r = 4 cm; h = 12 cm
b) r = 9 cm; h = 25 cm
c) r = 7 cm; h = 15,5 cm
d) d = 16 cm; h = 23 cm
e) d = 120 mm; h = 17 cm

3. Zeichne das Netz des Kreiszylinders und berechne den Oberflächeninhalt.

a) r = 1,5 cm; h = 3 cm
b) r = 2,1 cm; h = 4,5 cm
c) d = 3,6 cm; h = 40 mm

4. Die Walze einer Straßenbaumaschine hat einen Durchmesser von 1,20 m und eine Breite von 2,20 m. Welche Größe hat die Fläche, die die Walze mit einer Umdrehung überfährt?

Übungen

5. *Geht auf Entdeckungsreise:* Nennt Gegenstände aus dem Alltag, die zylinderförmig sind. Ihr könnt sie auch fotografieren und ein Plakat erstellen.

6. Zeichne das Netz des Kreiszylinders und berechne den Oberflächeninhalt.

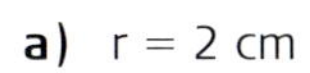

a) r = 2 cm, h = 3 cm
b) r = 2,4 cm, h = 1,5 cm
c) d = 3,8 cm, h = 38 mm

7. Berechne den Blechbedarf für zylinderförmige Behälter. Runde die Ergebnisse sinnvoll.

a) r = 12,5 cm, h = 28 cm
b) r = 2,7 cm, h = 3,5 cm
c) r = 7,5 cm, h = 35 cm
d) r = 0,74 cm, h = 27 cm
e) r = 2 cm, h = r
f) d = 15 cm, h = 14 cm
g) d = 0,25 cm, h = 7,5 cm
h) d = 12,5 cm, h = d
i) d = 5,4 cm, $h = \frac{1}{2}d$
j) d = 0,45 m, h = 10 d

8. Berechne aus den gegebenen Stücken eines Zylinders alle anderen. Runde die Ergebnisse.

	Radius	Umfang	Höhe	Mantelfläche	Grundfläche	Oberfläche
a)	3 cm		7 cm			
b)	7 dm		35 cm			
c)		75,40 m	0,5 m			
d)		94,25 m	2 dm			
e)		37,7 cm		377 cm²		
f)			8 cm	420 cm²		

9. Eine Litfaßsäule hat einen Durchmesser von 1,16 m. Sie ist 3,80 m hoch. Ein Sockel von 30 cm Höhe und der obere Rand von 15 cm Höhe sollen nicht beklebt werden.

a) Wie groß ist die Werbefläche?

b) 1 m² Werbefläche kostet für 28 Tage 19,60 € zuzüglich Mehrwertsteuer. Was kostet die Werbefläche der gesamten Litfaßsäule für diesen Zeitraum?

10. Im Jahr 2003 jährte sich zum 50. Mal die Erstbesteigung des Mount Everest durch den Neuseeländer Edmund Hillary und den Nepalesen Tenzing Norgay. Aus diesem Anlass präsentierte Yadegar Asisi das zu der Zeit weltgrößte Panoramabild in Leipzig vom 24.05.03 bis 31.01.05. Es stellt eine 360°-Vision des Everest Massivs dar. Bei der Herstellung wurde eine 105 m lange und 36 m hohe Leinwand digital bedruckt und zylinderförmig aufgehangen.

a) Wie viel Quadratmeter Leinwand wurde bedruckt?

b) Welchen Durchmesser hatte dieses Panoramabild?

DARSTELLUNG VON KREISZYLINDERN

Einstieg

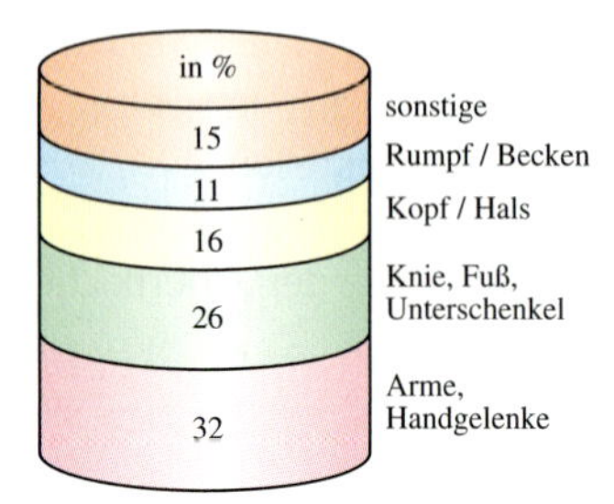

Das Zylinderdiagramm stellt typische Skater-Verletzungen dar.

➜ Versuche es zu skizzieren.

Wiederholung

Du kannst Schrägbilder von Prismen zeichnen. Dabei werden Kanten (Strecken), die rechtwinklig „nach hinten" verlaufen, in der Regel unter einem Winkel von 45° gezeichnet und auf die Hälfte verkürzt.
Solche Strecken heißen *Tiefenstrecken* (im Bild blau).
Wenn der Körper keine solchen Kanten hat, kann man *Hilfstiefenstrecken* (im Bild rot) zum Zeichnen des Schrägbildes benutzen.

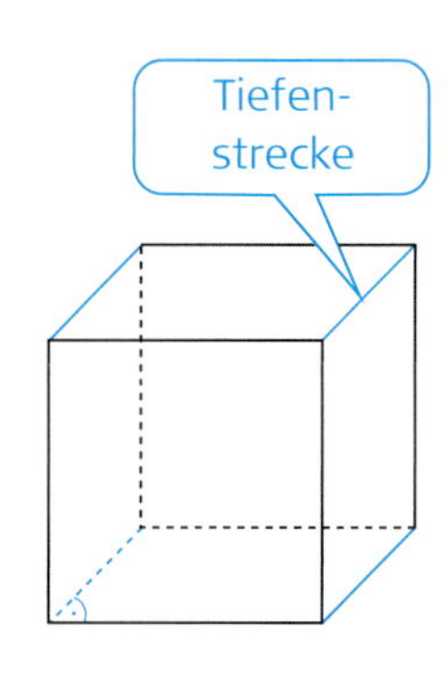

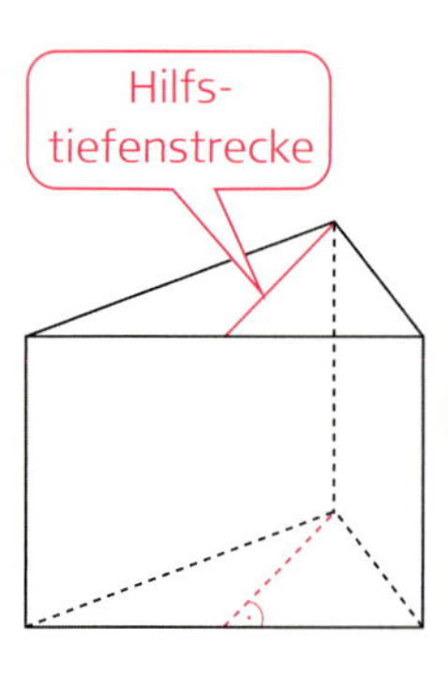

Aufgabe

1. Gegeben ist ein Zylinder mit dem Radius r = 2 cm und der Höhe h = 3 cm. Zeichne ein Schrägbild des Zylinders.

Lösung

1. Möglichkeit

(1)

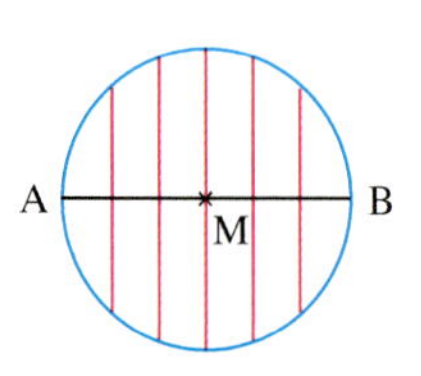

Die Kreisfläche besitzt keine Tiefenstrecken, zeichne deshalb Hilfstiefenstrecken ein.

(2)

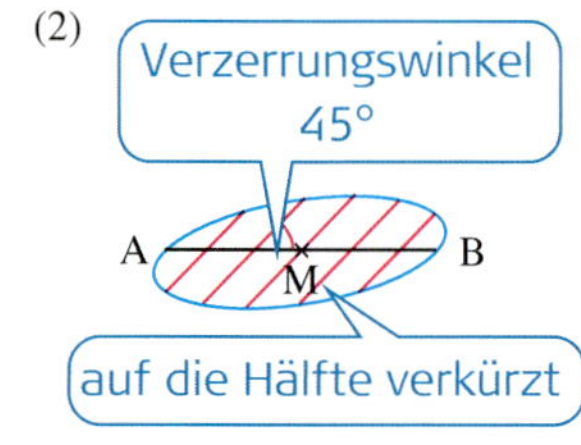

Im Schrägbild können wir die Tiefenstrecken wie üblich unter einem Winkel von 45° auf die Hälfte verkürzt zeichnen.

(3)

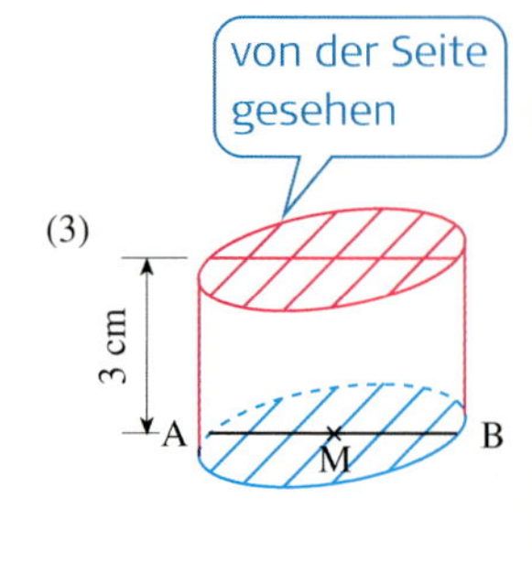

Zeichne zu $\overline{AB}$ eine Parallele im Abstand h = 3 cm und übertrage die Grundflächen wie im Bild. Verbinde die Grundflächen durch die äußeren Randlinien.

2. Möglichkeit

Einfacher ist es, die Tiefenstrecken unter einem Winkel von 90° zu zeichnen.

(1)

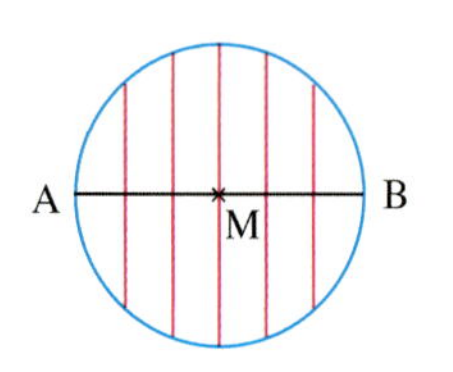

(2)

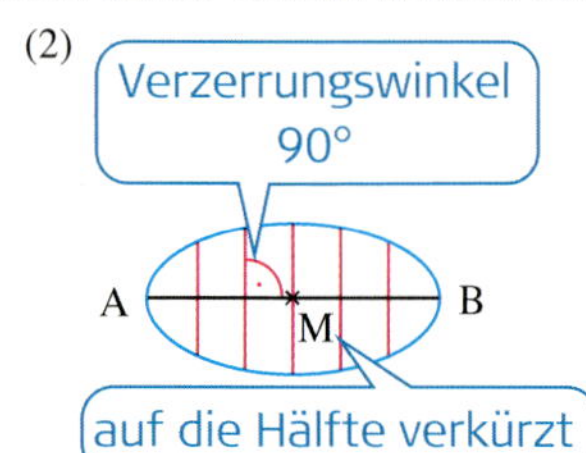

(3)

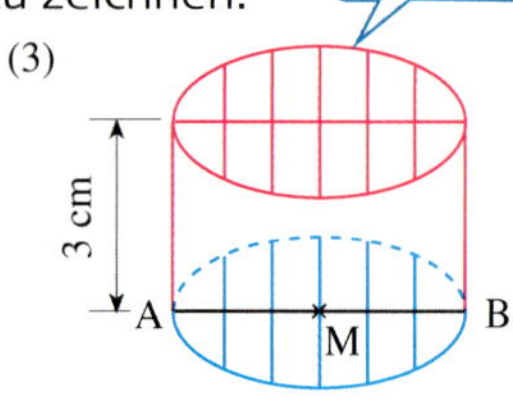

Zum Festigen und Weiterarbeiten

2. *Schrägbild eines liegenden Zylinders*

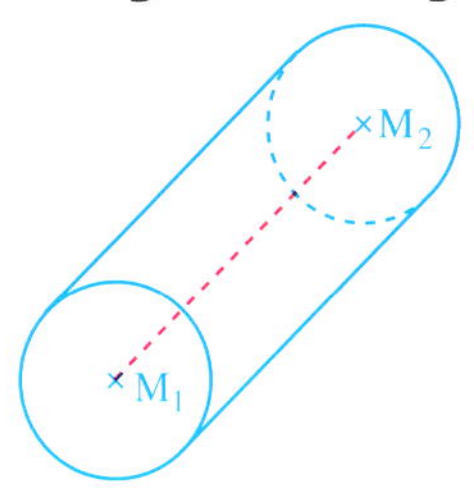

a) Wenn eine Grundfläche eines Zylinders vorn liegt, kann man das Schrägbild einfach zeichnen. Erkläre. Beachte die rote Hilfstiefenstrecke im Bild.

b) Zeichne den liegenden Zylinder für r = 2,5 cm und h = 12 cm.

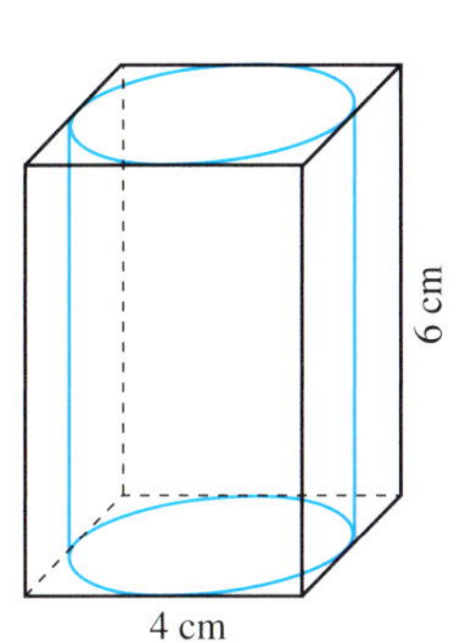

3. *Skizzieren eines Schrägbildes*
Fertige von einem Zylinder eine Skizze an.
Anleitung: Skizziere zunächst einen Quader wie in der Zeichnung links.

4. Skizziere einen Kreiszylinder mit r = 2 cm und h = 5 cm.

5.

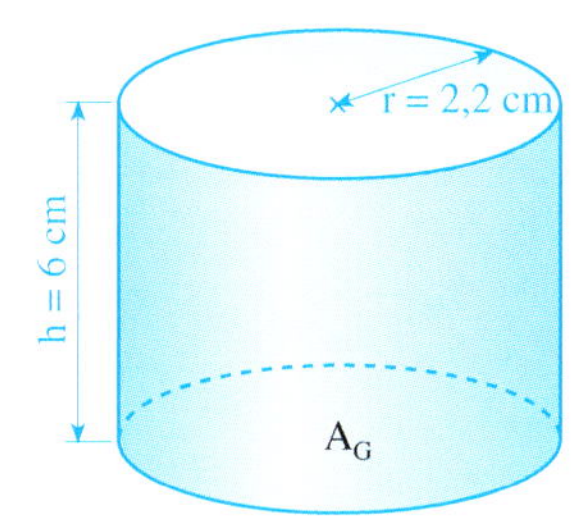

Zeichne verschiedene Ansichten des Kreiszylinders
(1) von vorn,
(2) von oben,
(3) von der Seite.

6. Im Bild rechts ist ein Hohlzylinder abgebildet.

a) *Geht auf Entdeckungsreise:*
Wo könnt ihr Hohlzylinder erkennen?

b) Zeichne die Ansicht des Hohlzylinders mit r_a = 2,5 cm, r_i = 1,8 cm und h = 1,5 cm von oben und von vorn.

c) Skizziere den Hohlzylinder aus Teilaufgabe b).

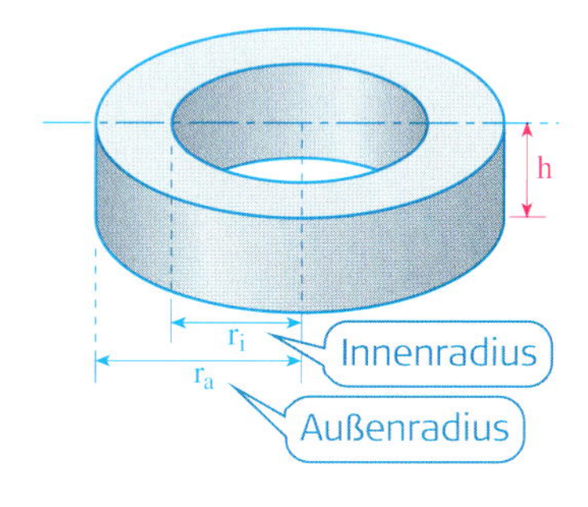

Übungen

7. Skizziere das Schrägbild eines stehenden Zylinders.

a) r = 3 cm; h = 6 cm **b)** d = 3 cm; h = 6 cm **c)** r = 5 cm; h = 2 cm

8. Zeichne zwei verschiedene Ansichten der Gewürzdose mit dem Durchmesser 42 mm und der Höhe 80 mm.

9. Zeichne die Ansicht eines Hohlzylinders mit r_a = 3 cm, r_i = 2 cm, h = 4 cm von oben und von vorn.

10. Ein Betonrohr wird aus Segmenten zusammengesetzt. Ein Segment hat einen Außendurchmesser von 2,40 m, einen Innendurchmesser von 2,00 m und eine Länge von 3,00 m.
Zeichne ein Segment des Betonrohres in zwei unterschiedlichen Ansichten (1 cm entspricht 0,10 m in der Wirklichkeit).

VOLUMEN VON ZYLINDER UND HOHLZYLINDER

Volumen eines Zylinders

Einstieg

→ Informiere dich über das Fassungsvermögen verschiedener Dosen.

Aufgabe

1. Die abgebildete Käseschachtel hat die Form eines Kreiszylinders. Die darin befindlichen Käsestücke füllen die Schachtel vollständig aus. Der Radius beträgt 5,4 cm und die Höhe 2,8 cm.
Berechne das Volumen vom Käse.

Lösung

Wir zerlegen den Zylinder wie im Bild und setzen die Teile zu einem neuen Körper zusammen.
Wir stellen uns vor, der Zylinder wird immer feiner zerlegt (d. h. in immer mehr Teilstücke).
Dann nähert sich der neue Körper der Form eines Prismas an.

Grundfläche des Zylinders = Grundfläche des Prismas

h

Zylinder

Grundfläche des Zylinders = Grundfläche des Prismas

Für das Volumen eines Prismas gilt: Volumen = Grundfläche · Höhe

Daher gilt auch für den Kreiszylinder: $V = A_G \cdot h$

$V = \pi \cdot r^2 \cdot h$

$V = \pi \cdot (5{,}4\text{ cm})^2 \cdot 2{,}8\text{ cm}$

$V \approx 256{,}50\text{ cm}^3$

Ergebnis: Der Käse hat ein Volumen von etwa 257 cm^3.

Information

Für das **Volumen eines Zylinders** mit dem Grundflächeninhalt A_G und der Höhe h gilt:

$$\mathbf{V = A_G \cdot h}$$

Bezeichnet r den Radius des Grundkreises, so gilt insbesondere:

$$\mathbf{V = \pi r^2 \cdot h}$$

Beispiel: r = 2 cm; h = 3 cm

$V = \pi \cdot (2\text{ cm})^2 \cdot 3\text{ cm}$

$V \approx 37{,}70\text{ cm}^3$

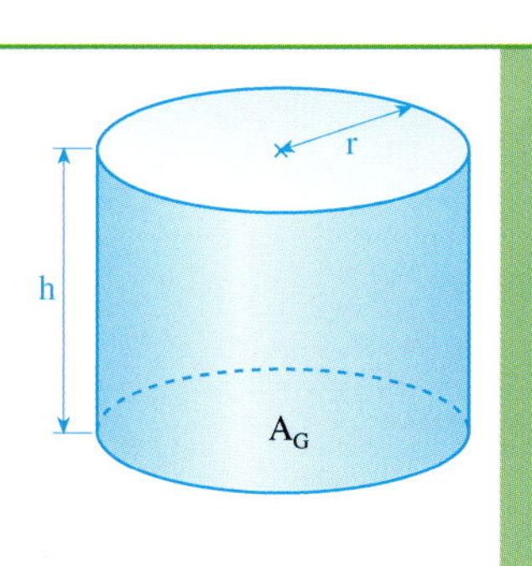

Zum Festigen und Weiterarbeiten

2. Berechne das Volumen des Zylinders.

a) $r = 7$ cm, $h = 8$ cm **b)** $r = 7{,}5$ cm, $h = 13{,}4$ cm **c)** $r = 12{,}4$ cm, $h = 13{,}5$ cm **d)** $d = 8{,}8$ cm, $h = 27{,}0$ cm **e)** $d = 12{,}8$ cm, $h = 3{,}0$ dm

3. a) Wie verändert sich das Volumen eines Zylinders, wenn man bei gleichem Radius die Höhe verdoppelt? Probiere mit (1) $h = 5$ cm; $r = 4$ cm (2) $h = 10$ cm; $r = 4$ cm

b) Wie verändert sich das Volumen eines Zylinders, wenn man bei gleichem Radius die Höhe verdreifacht [vervierfacht; ...]?

4. a) Wie verändert sich das Volumen eines Zylinders, wenn man bei gleicher Höhe den Radius verdoppelt? Probiere mit (1) $h = 10$ cm; $r = 3$ cm (2) $h = 10$ cm; $r = 6$ cm

b) Wie verändert sich das Volumen eines Zylinders, wenn man bei gleicher Höhe den Radius verdreifacht [vervierfacht; ...]?

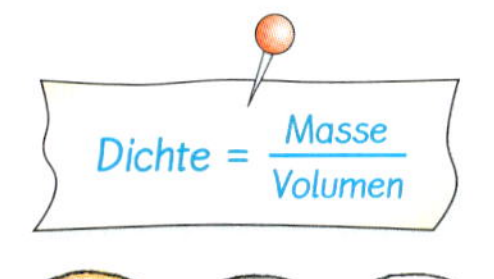

(1) (2) (3)

5. In der Physiksammlung befinden sich drei gleich große Zylinder mit einem Radius von 10 mm und einer Höhe von 3,5 mm.

a) Körper (1) besteht aus Messing mit einer Dichte von 1,74 g pro cm^3. Wie schwer ist Körper (1)?

b) Körper (2) besteht aus Eisen. Suche die Dichte von Eisen im Tafelwerk und berechne seine Masse.

c) Körper (3) ist 2,97 g schwer. Aus welchem Material besteht er?

Übungen

6. Rechne in die in Klammern stehende Einheit um.

a)	b)	c)	d)
3,5 dm^3 (cm^3)	2,5 *l* (ml)	1,5 *l* (dm^3)	7 000 g (kg)
0,43 cm^3 (mm^3)	750 ml (*l*)	50 ml (cm^3)	42,6 kg (g)
8 700 mm^3 (cm^3)	13,8 *l* (ml)	0,7 dm^3 (*l*)	42 g (kg)
11 400 cm^3 (dm^3)	85 ml (*l*)	8 000 cm^3 (*l*)	0,5 t (kg)
35 mm^3 (cm^3)	0,6 *l* (ml)	0,25 *l* (cm^3)	14 700 kg (t)

7. Berechne das Volumen des Zylinders. Runde das Ergebnis.

a) $r = 12$ cm, $h = 7$ cm **b)** $r = 12{,}3$ cm, $h = 7{,}8$ cm **c)** $r = 28{,}4$ cm, $h = 3{,}75$ m **d)** $d = 27$ mm, $h = 3{,}6$ cm

8. Ein Zylinder hat einen Radius von 2 cm und eine Höhe von 10 cm.

a) Berechne sein Volumen.

b) Wie ändert sich das Volumen, wenn die Höhe halbiert wird?

c) Wie ändert sich das Volumen, wenn der Radius halbiert wird?

9. Ein Zylinder aus Kupfer hat einen Durchmesser von 1,8 cm und eine Höhe von 4,5 cm. Wie schwer ist der Körper?

10. Ein großer runder Käse hat annähernd die Form eines Kreiszylinders. Sein Durchmesser beträgt 38 cm und die Höhe 12 cm.

a) Berechne das Volumen des Käses.

b) Solche Käse werden in Schachteln mit quadratischer Grundfläche geliefert. Wie groß ist das Volumen der Schachteln?

c) Wie viel Prozent der Schachtel sind nicht mit Käse ausgefüllt?

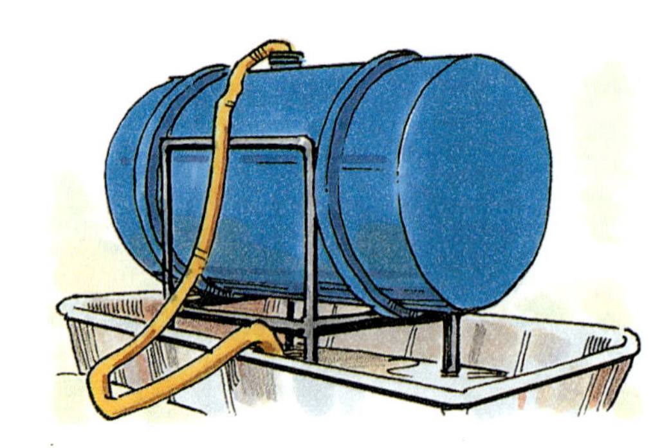

11. Der Durchmesser eines 80 cm langen Fasses für Altöl beträgt 60 cm (Innenmaße).

a) Berechne das Fassungsvermögen in Liter ($1\ dm^3 = 1\ l$).

b) Das leere Fass wiegt 28 kg.
1 *l* Altöl wiegt 0,9 kg.
Wie schwer ist das Altölfass, wenn es gefüllt ist?

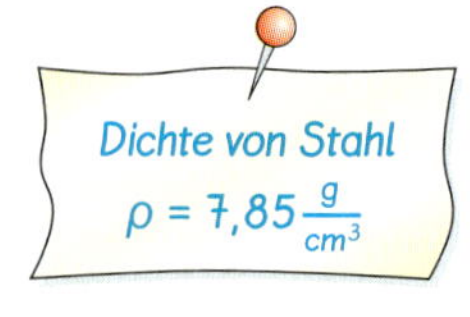

12. Wie viel wiegt ein 1 m langer Rundstahl von

a) 20 mm Durchmesser,

b) 12 mm Durchmesser.

13. Ein Rundstahl einer bestimmten Sorte ist 6,40 m lang und hat einen Durchmesser von 12 mm. $1\ cm^3$ des Stahls wiegt 7,85 g.
Wie schwer ist ein Bund mit 50 Stück?

Volumen eines Hohlzylinders

Aufgabe

1. Karl soll das Volumen des Hohlzylinders berechnen. Er misst die benötigten Größen:
Höhe: $h = 10\ cm$
Außendurchmesser: $d_a = 5\ cm$
Innendurchmesser: $d_i = 3\ cm$

Lösung

Er überlegt sich: „Wenn ich den schmalen Zylinder aus dem großen Zylinder herausziehe, bleibt der Hohlzylinder übrig."

Rechnung:

äußerer (großer) Zylinder
$d_a = 5\ cm$, also $r_a = 2{,}5\ cm$
$V_a = \pi \cdot r_a^2 \cdot h$
$V_a = \pi \cdot (2{,}5\ cm)^2 \cdot 10\ cm$
$V_a \approx 196\ cm^3$

innerer (kleiner) Zylinder
$d_i = 3\ cm$, also $r_i = 1{,}5\ cm$
$V_i = \pi \cdot r_i^2 \cdot h$
$V_i = \pi \cdot (1{,}5\ cm)^2 \cdot 10\ cm$
$V_i \approx 71\ cm^3$

Hohlzylinder
$V = V_a - V_i$
$V = 196\ cm^3 - 71\ cm^3$
$V = 125\ cm^3$

Ergebnis: Der Hohlzylinder hat ein Volumen von $125\ cm^3$.

Zum Festigen und Weiterarbeiten

2. Berechne das Volumen des Hohlzylinders.

a) $h = 6{,}8$ cm, $r_a = 4{,}6$ cm, $r_i = 2{,}6$ cm
b) $h = 120$ mm, $r_a = 60$ mm, $r_i = 40$ mm
c) $h = 0{,}80$ m, $d_a = 1{,}60$ m, $d_i = 0{,}70$ m
d) $h = 2{,}10$ m, $d_a = 50$ cm, $d_i = 40$ cm

3. Ein Stahlring (vgl. Bild) hat die Maße
$r_a = 29$ cm, $r_i = 26$ cm, $h = 24$ cm.

a) Berechne das Volumen des Ringes.
b) Gib auch die Masse des Stahlrings an.

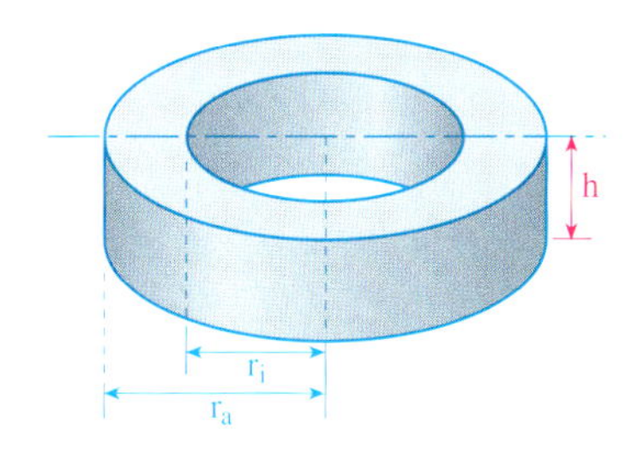

Übungen

4. Berechne die fehlenden Größen eines Hohlzylinders.

	h	r_a	r_i	V_a	V_i	V
a)	12 cm	6 cm	5 cm			
b)	9,5 cm	4,3 cm	2,8 cm			
c)	3 m	90 cm	75 cm			
d)	1 cm	2,5 cm	2 mm			

5. Rohre haben die Form eines Hohlzylinders.
Der Außendurchmesser eines Rohres beträgt 18 cm, der Innendurchmesser 17 cm.
Berechne das Volumen eines 15 m langen Rohres.

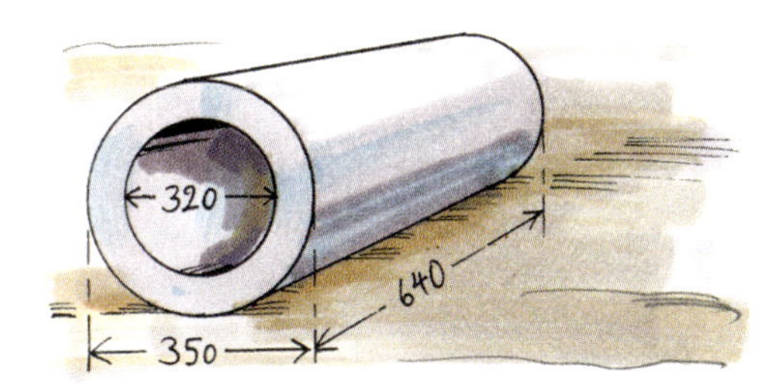

6. Wie schwer ist der im Bild dargestellte Hohlzylinder aus Gusseisen (Maße in mm)?
1 cm^3 Gusseisen wiegt 7,3 g.

7. In einem Stahlzylinder von 10 cm Höhe und einem Durchmesser von 4,8 cm wird ein Loch mit einem Durchmesser von 8 mm so gebohrt, dass ein Hohlzylinder entsteht.
Wie schwer ist der entstandene Körper?
1 cm^3 Stahl wiegt 7,85 g.

8. Die Kette besteht aus einem Lederband mit Verschluss und fünf Schmuckzylindern aus Silber.
Jeder Schmuckzylinder hat eine Länge von 8 mm, einen Außendurchmesser von 5 mm und einen Innendurchmesser von 3 mm.
Wie schwer sind die Anhänger zusammen, wenn 1 cm^3 Silber 10,5 g wiegt?

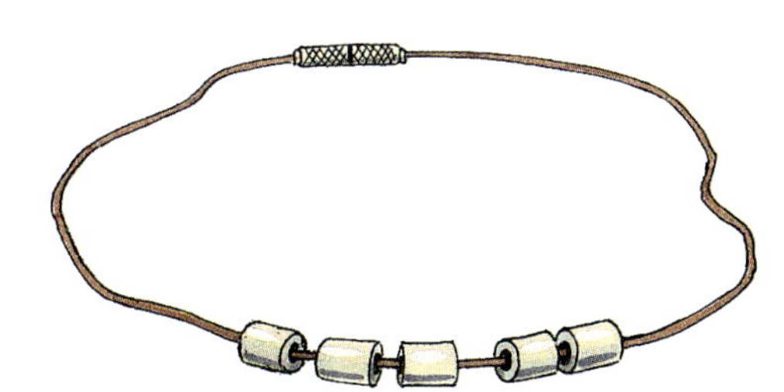

VERMISCHTE ÜBUNGEN

1. Berechne die fehlenden Größen des Zylinders. Runde die Ergebnisse sinnvoll.

	Radius r	Höhe h	Grundflächeninhalt A_G	Mantelflächeninhalt A_M	Oberflächeninhalt A_O	Volumen V
a)	3,4 cm	7,1 cm				
b)	28 cm	4,80 cm				
c)	36 cm	39 cm				
d)	16 cm	1,4 dm				
e)	3,1 dm	16 cm				

2. Zeichne die Ansichten der Zylinder von oben und berechne A_G, A_M, A_O und V bei einer Körperhöhe von 3,0 cm und einem Radius von 1,5 cm.

(1)

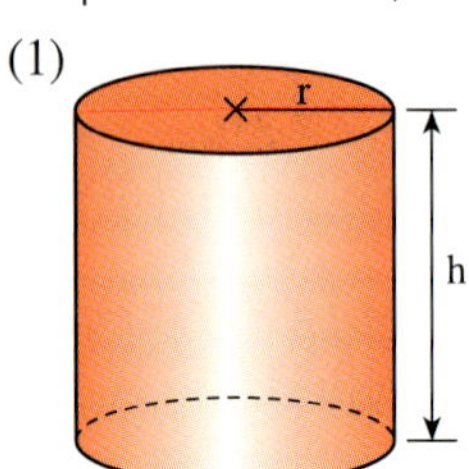

(2)

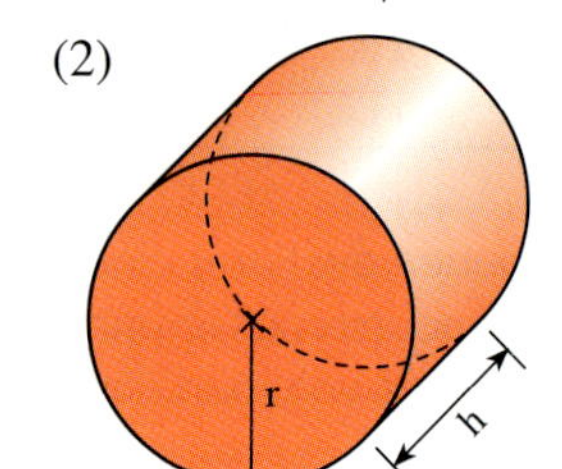

(3)

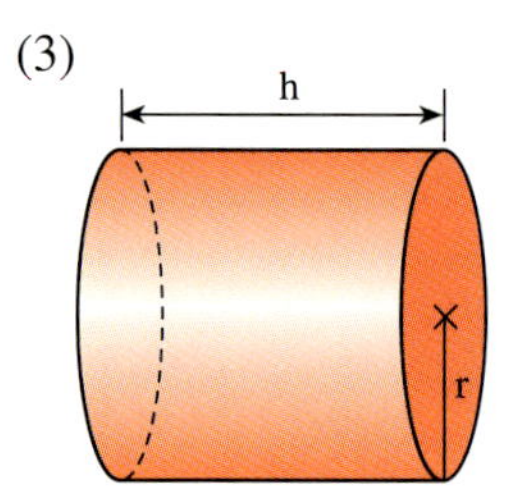

3. Skizziere den Zylinder im Schrägbild.

Ansicht von oben

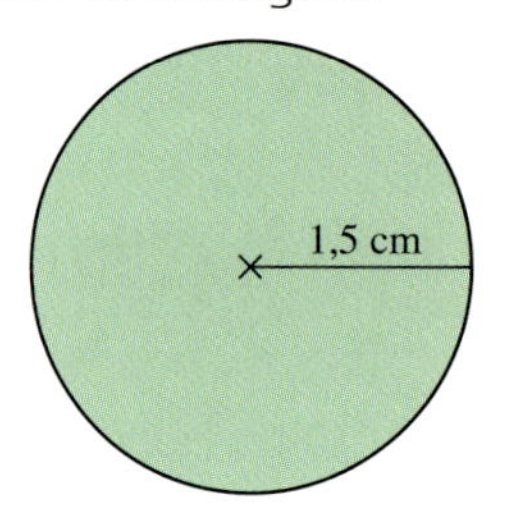

Ansicht von vorn

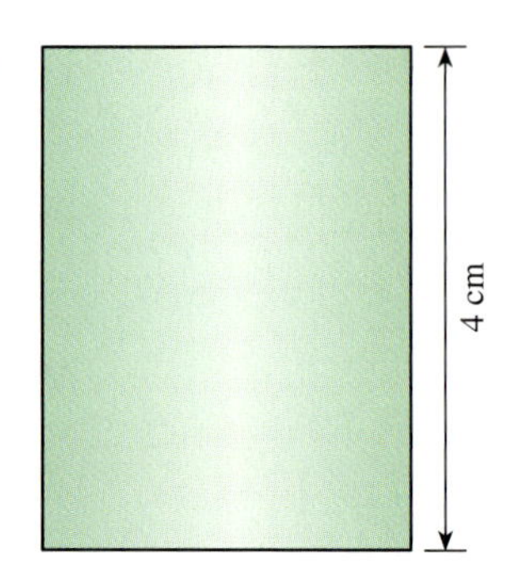

4. Berechne das Volumen des Zylinders. Runde die Ergebnisse.

a) r = 18 cm; h = 17 cm
b) r = 25 dm; h = 16 dm
c) r = 10,3 cm; h = 9,8 cm
d) r = 7,25 m; h = 6,49 m
e) r = 8,4 cm; h = 3,75 m
f) d = 46,30 m; h = 3,75 m
g) d = 27 mm; h = 30 mm
h) d = 73 cm; h = 2 dm
i) $d = \frac{1}{2}$ m; $h = \frac{1}{2}$ dm
j) d = 0,9 cm; h = d

5. Eine Firma bietet Waschmittel in zylinderförmigen Behältern mit einem Durchmesser von 20 cm und einer Höhe von 25 cm an. Berechne das Fassungsvermögen.

6. In einer Baustofffirma werden 23 m^3 Baustoffgranulat in zylinderförmige Fässer gefüllt. Die Tonnen sind 1,20 m hoch und ihr Durchmesser beträgt 60 cm.

a) Welches Fassungsvermögen hat ein Fass?

b) Wie viele Fässer werden benötigt?

7. Es soll ein zylindrischer Brunnen mit einem Durchmesser von 1,20 m gegraben werden.

a) Wie viel Kubikmeter Erdreich sind auszuschachten, wenn der Brunnen eine Tiefe von 9 m erreichen muss?

b) Für den Abtransport werden Container bestellt. Es stehen Container der Größe 2 m^3, 5 m^3 und 9 m^3 zur Verfügung. Welche würdest du bestellen?

8. Berechne den Oberflächeninhalt und das Volumen des Kreiszylinders.

a) r = 15 mm; h = 25 mm

b) r = 7,5 cm; h = 13,4 cm

c) r = 25,8 dm; h = 12,7 cm

d) r = 48,25 cm; h = 7,75 m

e) d = 27 cm; h = 2,5 dm

f) d = 0,75 m; h = 87 cm

9. Berechne das Volumen des Ringes.

a) $r_a = 27$ cm $r_i = 16$ cm h = 12 cm

b) $r_a = 485$ mm $r_i = 390$ mm h = 185 mm

c) $r_a = 1{,}74$ m $r_i = 12{,}50$ dm h = 85,00 cm

d) $d_a = 0{,}87$ m $d_i = 4{,}90$ dm h = 14,00 cm

10. Berechne das Volumen des Werkstücks.

a)

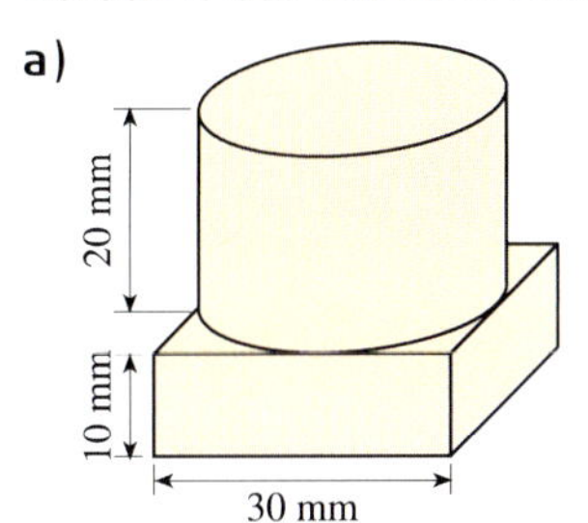

b)

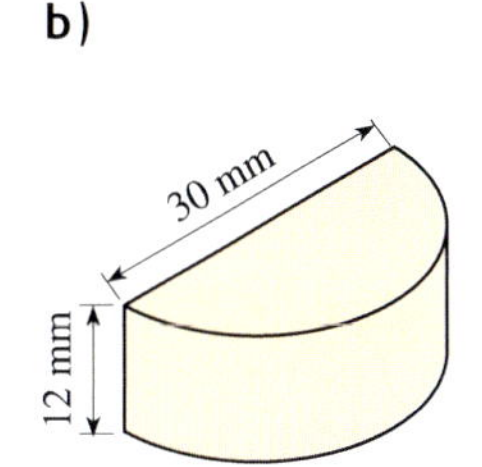

c)

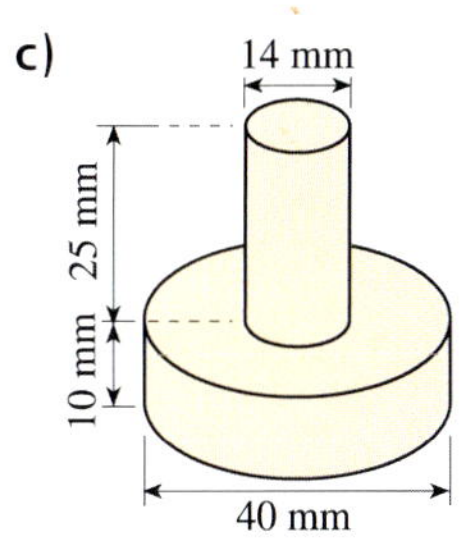

11. Im Bild siehst du die Grundfläche eines Metallteils (Maße in mm). Seine Höhe beträgt 45 mm. 1 cm^3 des Metalls wiegt 8,6 g. Wie viel wiegt das Metallteil?

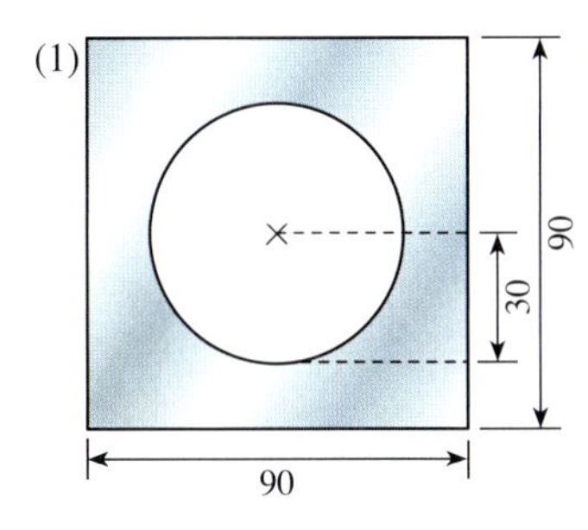

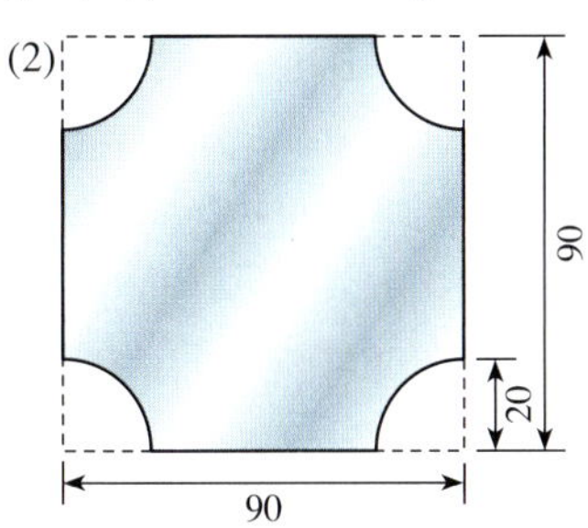

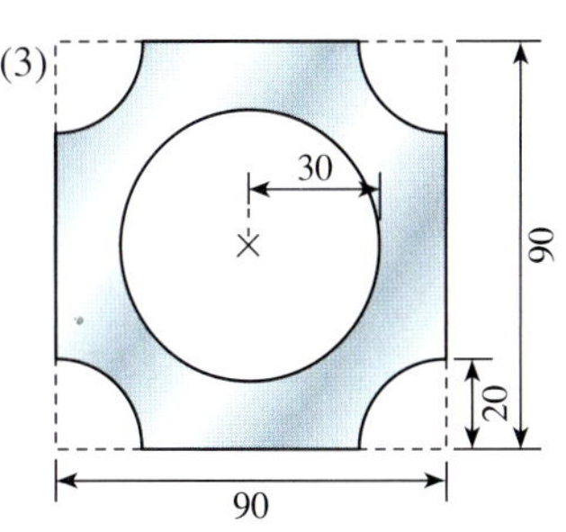

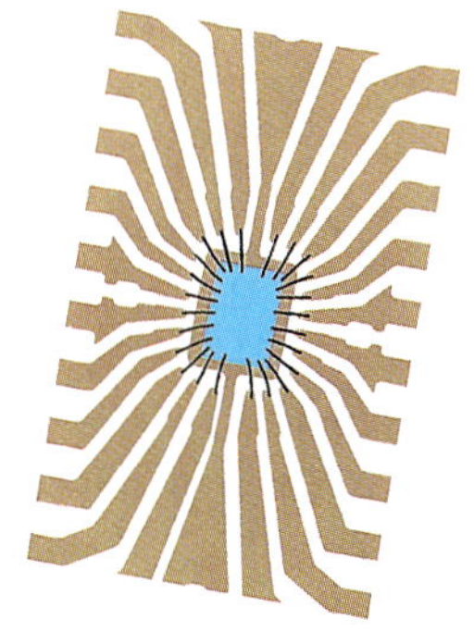

12. Für integrierte Schaltungen in Computern werden extrem dünne Drähte verwendet.
Ein solcher Draht hat einen Durchmesser von 0,01 mm.

a) Wie viel m Draht haben ein Volumen von 1 cm^3?

b) Der Draht besteht aus fast reinem Gold $\left(\varrho_{Gold} = 19{,}1 \frac{g}{cm^3}\right)$.
Wie viel wiegt 1 m Draht?

13. Berechne zuerst das Volumen und dann die Masse der Drähte.

a) Kupferdraht: Länge 100 m; d = 1 cm; 1 cm^3 wiegt 8,96 g

b) Eisendraht: Länge 50 m; d = 2 cm; 1 cm^3 wiegt 7,85 g

14. Der Kerzenhalter im Bild rechts ist aus Messing.
1 cm^3 Messing wiegt 8,6 g.
Wie schwer ist der Kerzenhalter, wenn der Durchmesser der zylindrischen Aussparung 100 mm beträgt?

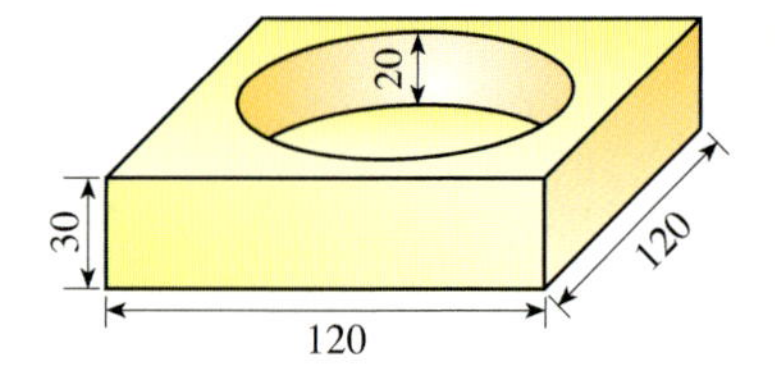

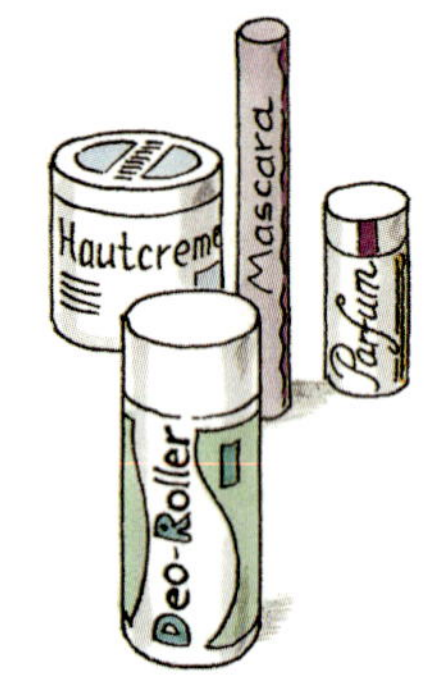

15. Kosmetikartikel werden oft aufwändig verpackt. Berechne den prozentualen Anteil des Inhalts am Gesamtvolumen.

	Artikel	Durchmesser der Verpackung (d)	Höhe der Verpackung (h)	Volumen (V) des Inhaltes
a)	Creme	5,5 cm	5,0 cm	50 ml
b)	Deo-Stick	4,5 cm	9,5 cm	75 ml
c)	Deo-Roller	3,5 cm	10,0 cm	50 ml
d)	Mascara	1,4 cm	12,0 cm	10 ml
e)	Parfüm	2,6 cm	5,4 cm	5 ml

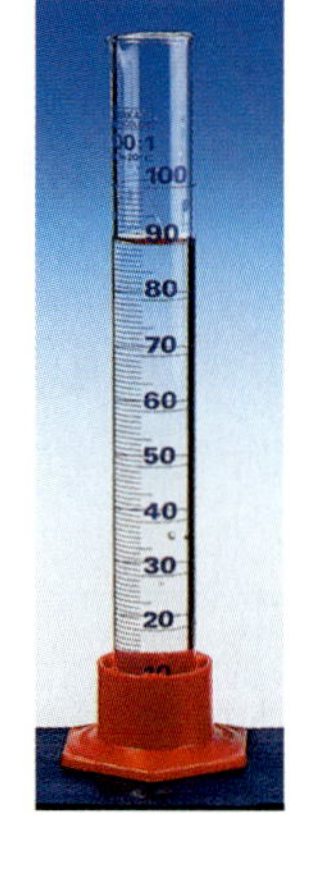

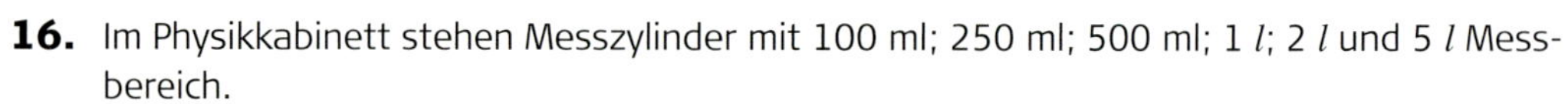

16. Im Physikkabinett stehen Messzylinder mit 100 ml; 250 ml; 500 ml; 1 *l*; 2 *l* und 5 *l* Messbereich.
Jonathan wählt den Messzylinder mit einem inneren Durchmesser von 8,0 cm und einer Höhe von 40,0 cm aus.

a) Welchen Messbereich hat der ausgewählte Zylinder?

b) In welcher Höhe müssen die Markierungen für 100 ml, 200 ml, ... angebracht sein?

17. Aus einem Kantholz mit quadratischem Querschnitt (a = 6,2 cm; h = 10 cm) soll ein Rundstab hergestellt werden, der so groß wie möglich ist.

a) Berechne das Volumen des Kantholzes.

b) Wie groß ist der Durchmesser des Rundstabes?

c) Berechne das Volumen des Rundstabes.

d) Berechne den dabei anfallenden Abfall in Prozent.

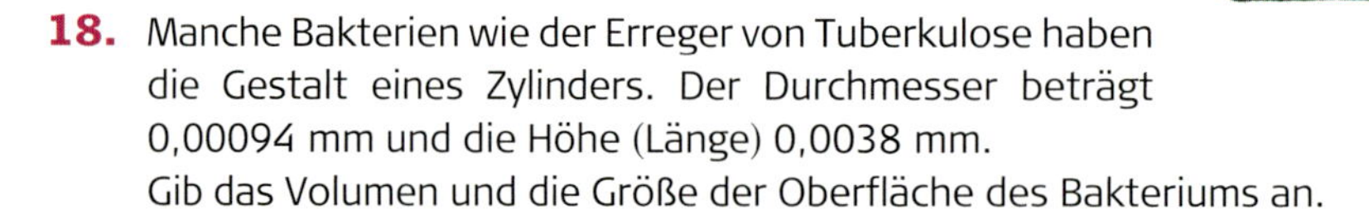

18. Manche Bakterien wie der Erreger von Tuberkulose haben die Gestalt eines Zylinders. Der Durchmesser beträgt 0,00094 mm und die Höhe (Länge) 0,0038 mm.
Gib das Volumen und die Größe der Oberfläche des Bakteriums an.

19.

Eine Firma soll für verschiedene Zwecke zylinderförmige Blechdosen liefern. Alle Dosen sollen das Volumen $\frac{3}{4}$ *l* haben.
Wie hoch muss eine Dose sein, wenn der Radius 5 cm; 4 cm; 3,5 cm; 3 cm; 4,5 cm sein soll?

BIST DU FIT?

1. Skizziere ein Schrägbild des Zylinders mit $r = 2$ cm und $h = 6$ cm. Berechne auch den Oberflächeninhalt und das Volumen.

2. Berechne den Oberflächeninhalt und das Volumen des Zylinders.

a) $r = 15$ mm; $h = 25$ mm **c)** $d = 27$ cm; $h = 2{,}5$ dm

b) $r = 7{,}5$ cm; $h = 13{,}4$ cm **d)** $d = 12$ mm; $h = 12$ cm

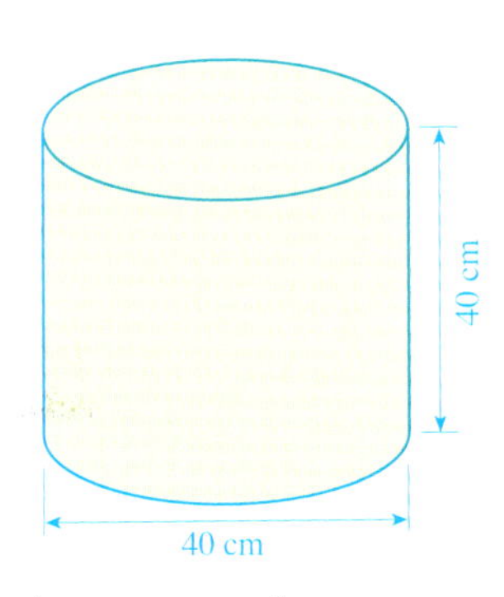

3. In einen zylinderförmigen Blechbehälter (Durchmesser 40 cm; Höhe 40 cm) werden 20 *l* Wasser eingefüllt.

a) Wie viel *l* Flüssigkeit passen nun noch in den Behälter?

b) Wie viel cm^2 Blech braucht man für die Herstellung des Behälters (ohne Deckel, ohne Verschnitt)?

4. Berechne die fehlenden Werte.

	a)	b)	c)	d)
Grundflächeninhalt des Zylinders	$32\ cm^2$	$48{,}4\ dm^2$		$70\ mm^2$
Körperhöhe des Zylinders	12 cm		18 m	
Volumen des Zylinders		$1\,240\ dm^3$	$4\,320\ m^3$	$4{,}1\ cm^3$

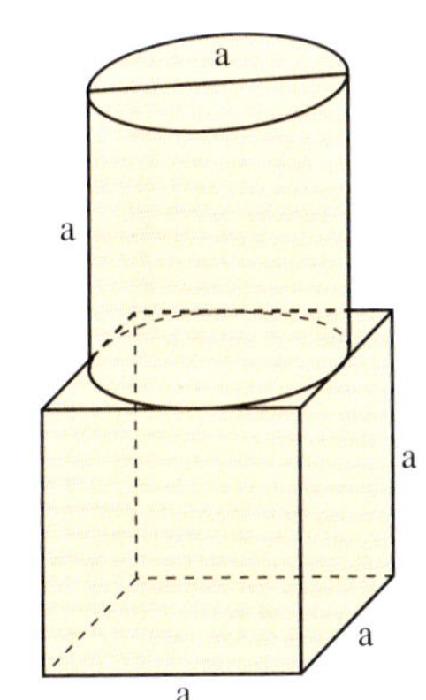

5. a) Zeichne die Ansichten des zusammengesetzten Körpers (Bild links) von vorn und von oben ($a = 4$ cm).

b) Berechne das Volumen des zusammengesetzten Körpers.

c) Der Körper besteht aus Kupfer. Wie schwer ist der Körper, wenn $1\ cm^3$ Kupfer 8,96 g wiegt?

6. Berechne das Volumen des Hohlzylinders.

a) $r_i = 4{,}5$ cm, $r_a = 5{,}8$ cm, $h = 6{,}4$ cm

b) $r_i = 4{,}27$ m, $r_a = 6{,}75$ m, $h = 0{,}3$ m

c) $r_i = 65$ mm, $r_a = 98$ mm, $h = 120$ mm

d) $d_i = 1{,}2$ m, $d_a = 1{,}4$ m, $h = 0{,}8$ m

7. Ein Stahlring hat einen Außendurchmesser von 7 cm, einen Innendurchmesser von 6 cm und eine Höhe von 2 cm. Wie schwer ist der Ring?

8. Die kanadische Goldmünze „Maple Leaf" hat einen Durchmesser von 30 mm und eine Dicke von 2,3 mm. Da sie Gold der feinsten Reinheit enthält, wiegt $1\ cm^3$ 19,3 g. Wie schwer ist die kanadische Goldmünze?

9. a) Vergleiche die Größe der rundherum aufgeklebten Etiketten.

b) Vergleiche den Materialverbrauch für beide Konservendosen.

c) Was kannst du über das Fassungsvermögen aussagen?

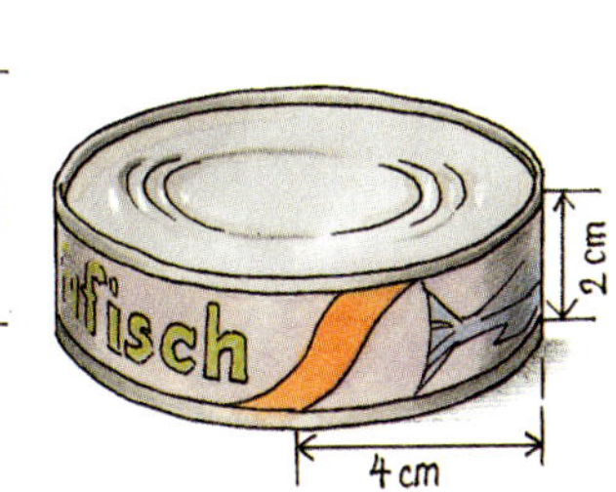

5 Mathematik im Alltag

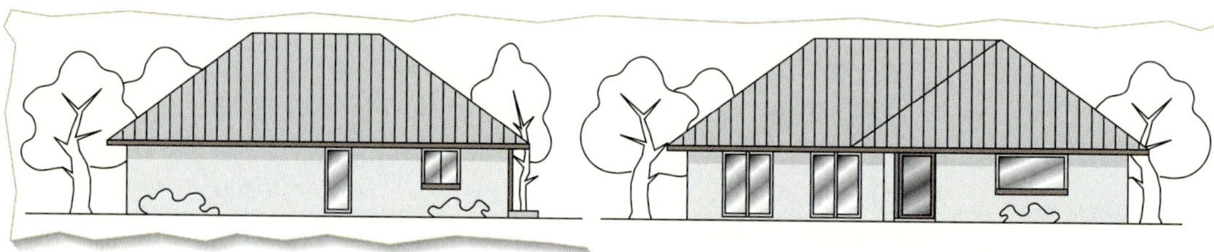

Familie Hertel plant den Bau eines Hauses, denn sie erwartet Zwillinge und die alte Wohnung wird zu eng. Um Kosten zu sparen, wollen sie auf einen Keller verzichten.

➜ Überlege, was vor einem Hausbau alles gründlich geplant werden muss, um kostengünstig und auch möglichst schnell zu bauen.

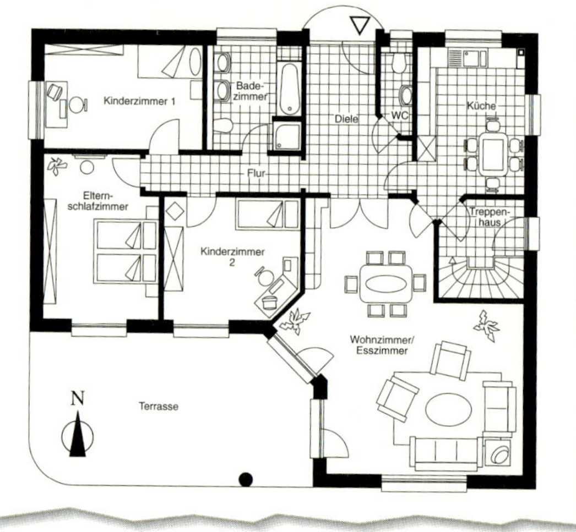

Miete, Betriebskosten, Wasserrechnung, Energierechnung, Abschläge, Versicherungen, ...! Laura und ihren Eltern wird es schwindelig vor lauter Kosten und jedes Jahr werden sie höher.

➜ Informiert euch über die laufenden Kosten eurer Familie.

➜ Diskutiert darüber, wo und wie man Kosten sparen kann.

In diesem Kapitel lernst du ...

... ein Haushaltsbuch zu führen sowie Lebenshaltungs- und Baukosten zu bewerten und unterschiedliche Angebote zu vergleichen.

FÜHREN EINES HAUSHALTSBUCHES

1. Tina holt am Wochenende frische Brötchen vom Bäcker. Sie kauft drei doppelte Brötchen zu je 42 Cent, fünf kleine Brötchen zu je 18 Cent, ein Rosinenbrötchen zu 29 Cent und zwei Käsebrötchen zu je 33 Cent. Beim Bezahlen gibt sie der Verkäuferin einen 5-Euro-Schein. Berechne das Rückgeld.

2. Eine Schülerfirma verkauft in der Frühstückspause Kakaomilch zu 25 Cent und Erdbeermilch zu 20 Cent. Die Milch wird in Flaschen verkauft (Pfand 0,15 €).

a) Die Schüler bezahlen ihre Milch meistens mit 2-Euro-Stücken. Um das Rückgeld schnell zu ermitteln, legt Sarah eine Tabelle an. Übertrage sie in dein Heft und ergänze.

Kakaomilch	0	0	1	1	1	2	2	2
Erdbeermilch	1	2	0	1	2	0	1	2
Pfand								
Rückgeld								

b) Kevin möchte 3 Flaschen Kakaomilch und 1 Flasche Erdbeermilch. Er hat drei 50-Cent-Münzen und vier 20-Cent-Münzen bei sich. Reicht sein Geld aus?

3. Frank kauft ein: Pfirsiche zu 0,89 €, 3 Gläser Gewürzgurken zu je 0,49 €, Wurstwaren zu 6,83 € und Brot zu 1,56 €. Zum Bezahlen hat er einen 10-Euro-Schein und einen 5-Euro-Schein bei sich.

4. Jeden Sonntag erhält Claudia 7 € Taschengeld. Ein Viertel davon verwendet sie für Trinkmilch und Schulmaterial. Für Fahrgeld gibt sie wöchentlich 2,50 € aus. Außerdem spart Claudia für einen Globus, indem sie jeden Mittwoch sechs 20-Cent-Münzen in ihre Sparbüchse legt. Wie viel Euro hat Claudia noch für andere Ausgaben?

5. Herr Bahner hat ein monatliches Einkommen von 965 €, seine Frau erhält 320 €. Außerdem bekommen sie 308 € Kindergeld. Für die Miete bezahlen sie 245 €.

a) Berechne die monatlichen Einnahmen der Familie Bahner.

b) Wie viel Geld steht ihnen für weitere Ausgaben zur Verfügung?

6. Lisa hat sich ein Haushaltsbuch angelegt. Darin notiert sie einen Monat lang alle Ausgaben ihrer Familie für Wohnen, Telefon und TV:

Tag	Ausgabe	Betrag
7.	Telefon	32,00 €
15.	Strom	61,00 €
20.	Wasser	34,00 €
25.	Miete	380,00 €
25.	Zeitung	19,00 €
30.	TV/Rundfunk	43,00 €

a) Wie viel Geld wurde für Wohnen, Telefon und TV ausgegeben?

b) Gib die Ausgaben für Miete in Prozent an.

c) Lisa überlegt sich, wo Einsparungen möglich sind.

7. Achte einen Monat lang darauf, wofür du Geld ausgibst. Trage das Datum, die Ausgabe und den Geldbetrag in eine geeignete Tabelle ein.

a) Berechne die Summe der Ausgaben.

b) Welche Ausgaben waren unbedingt erforderlich? Gib deren Anteil an der Summe der Ausgaben in Prozent an.

c) Wie viel Geld stand dir in diesem Monat als Einnahme zur Verfügung? Berechne den entstandenen Überschuss (+) bzw. Fehlbetrag (–).

8. Das monatliche Einkommen der Familie Münzing beträgt 1 615 €. Im Februar hatten sie folgende Ausgaben: Wohnen 417 €, Versicherung 107 €, Auto 113 €, Sparvertrag 75 €, Telefon/Zeitung/TV 94 € und Freizeit 50 €.

a) Wie viel Geld war in der Haushaltskasse verblieben?

b) Vergleicht man die Einnahmen mit den Ausgaben, so zeigt diese Gegenüberstellung an, ob sich in der Haushaltskasse ein Überschuss oder ein Fehlbetrag ergibt. Führe diesen Vergleich durch.

TAB

c) Fertige für die Gegenüberstellung von Einnahmen und Ausgaben eine Tabellenkalkulation an.

d) Stelle die unterschiedlichen Ausgaben in einem geeigneten Diagramm dar. Dafür kannst du auch den Computer verwenden.

9. Eine Familie hat sich ein Haushaltsbuch eingerichtet, um darin alle Einnahmen und Ausgaben im Monat Juli einzutragen:

Einnahmen			Ausgaben	
Gehalt/Lohn Vater	987 €		Wohnen	495 €
Gehalt/Lohn Mutter	320 €		Telefon, TV, Zeitung	115 €
Kindergeld	308 €		Versicherung	65 €
Steuererstattung	353 €		Taschengeld für Kinder	18 €
Lottogewinn	94 €		Klassenfahrt	90 €
			Geburtstag	50 €
			Ernährung	370 €
			Bekleidung	165 €
			Freizeit	45 €

a) Wie hoch waren die Einnahmen bzw. Ausgaben der Familie im Juli?

b) Den Kauf neuer Möbel will die Familie mit einer monatlichen Rate von 250 € finanzieren. Was meinst du dazu?

10. Tony bekommt jede Woche 12,50 € Taschengeld. Für die Buswochenkarte bezahlt er 6,50 €. Weitere Ausgaben hat Tony in der Schule für Trinkmilch (täglich 27 Cent) sowie für Tierfutter (1,55 € pro Woche). Durch Zustellertätigkeiten verdient sich Tony wöchentlich 8 € hinzu.

a) Lege dir für Tonys Einnahmen und Ausgaben ein Haushaltsbuch an.

b) Wie viel Geld hat Tony nach einer Woche übrig?

c) Fertige für Tonys Einnahmen und Ausgaben eine Tabellenkalkulation an.

11. Achte einen Monat lang auf deine persönlichen Einnahmen und Ausgaben. Lege dir ein Haushaltsbuch in Form einer Tabellenkalkulation an, mit der du die Summen deiner monatlichen Einnahmen und Ausgaben sowie den verbleibenden Überschuss bzw. Fehlbetrag berechnen kannst.

12. Familie Petzold hat von Januar bis Juni alle Einnahmen und Ausgaben in ein Haushaltsbuch eingetragen:

	Januar	Februar	März	April	Mai	Juni
Miete	455	509	455	509	455	509
Sparrate, Versicherung	732	95	195	195	195	195
Telefon, TV, Zeitung	62	51	95	52	65	44
Auto, Fahrrad	89	112	104	70	100	141
Lebensmittel	374	298	344	325	337	315
Bekleidung, Körperpflege	247	93	312	422	195	92
Freizeit	45	63	57	35	30	46
Ausgaben						
Einnahmen	1 264	1 363	1 559	1 471	1 662	1 763
Restbetrag						

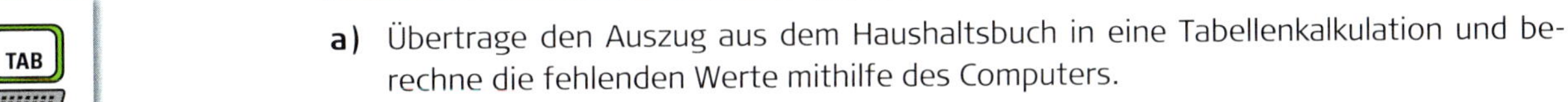

a) Übertrage den Auszug aus dem Haushaltsbuch in eine Tabellenkalkulation und berechne die fehlenden Werte mithilfe des Computers.

b) Wie viel Euro sind demzufolge in der Haushaltskasse?

13. Einen Monat lang hat Katharina für ihre Familie alle Ausgaben in ein Haushaltsbuch eingetragen:

Wohnen		
Tag	Ausgabe	€
15	Strom	61
20	Wasser	34
25	Miete	400
	Summe	495

Medien		
Tag	Ausgabe	€
7	Telefon	32
25	Zeitung	19
30	TV, Rundfunk	43
	Summe	94

Bekleidung		
Tag	Ausgabe	€
15	Schuhe	65
21	T-Shirts	20
	Summe	85

Essen/Trinken		
Tag	Ausgabe	€
1	Lebensmittel	35
6	Obst/Gemüse	7
9	Getränke	15
10	Einkauf	81
11	Lebensmittel	27
15	Fleischer	17
24	Getränke	10
25	Bäcker	8
25	Einkauf	79
26	Obst/Gemüse	11
	Summe	290

Versicherungen		
Tag	Ausgabe	€
5	Haftpflicht	32
20	Hausrat	42
	Summe	74

Kinder		
Tag	Ausgabe	€
1	Taschengeld	18
12	Klassenfahrt	80
28	Geburtstag	70
	Summe	168

Gesundheit		
Tag	Ausgabe	€
9	Drogerie	14
21	Apotheke	7
30	Fußpflege	15
	Summe	36

Fertige dafür eine Tabellenkalkulation an. Stelle dabei die Ausgaben den familiären Einnahmen von 1 733 € gegenüber.

VERGLEICHEN VON ANGEBOTEN

Einstieg

Susanne fährt dieses Jahr mit ihren Eltern nach Dänemark für zwei Wochen in den Sommerurlaub. Die Familie benötigt eine Auslandskrankenversicherung.

→ Informiere dich über verschiedene Angebote.

Aufgabe

1.

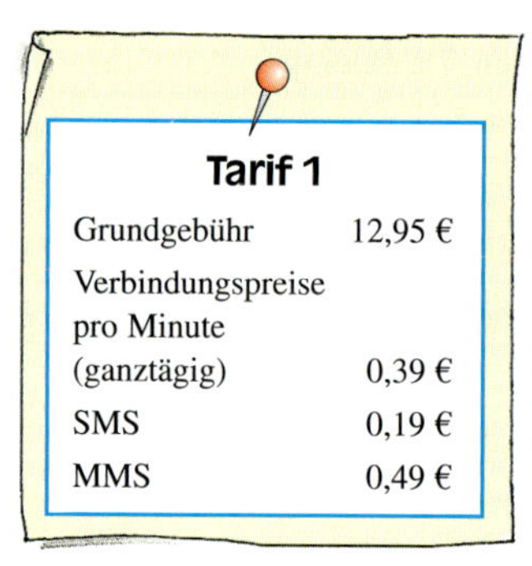

Tarif 1

Grundgebühr	12,95 €
Verbindungspreise pro Minute (ganztägig)	0,39 €
SMS	0,19 €
MMS	0,49 €

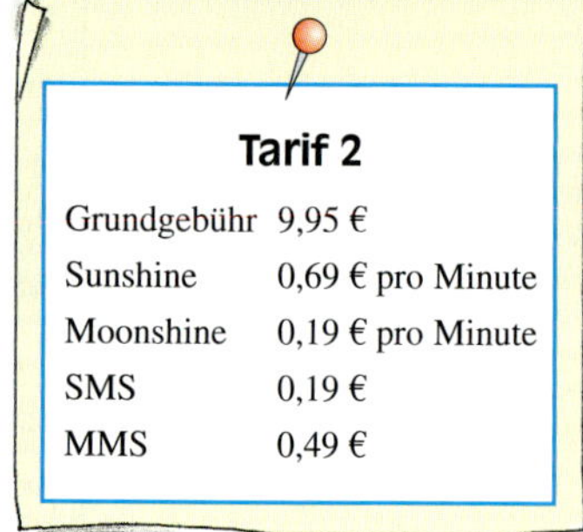

Tarif 2

Grundgebühr	9,95 €
Sunshine	0,69 € pro Minute
Moonshine	0,19 € pro Minute
SMS	0,19 €
MMS	0,49 €

Johannes vergleicht die Tarife für ein neues Handy. Mit seinem alten Handy hat er im vergangenen Monat 35 min im Sunshinebereich und 64 min im Moonshinebereich telefoniert. Bei beiden Angeboten erhält man das gleiche Handy. Vergleiche die Tarife.

Lösung

Da die Gebühren für SMS und MMS gleich sind, müssen sie im Vergleich nicht beachtet werden.

Tarif 1:
35 min + 64 min = 99 min
$99 \cdot 0{,}39\,€ + 12{,}95\,€ = 51{,}56\,€$

Tarif 2:
$35 \cdot 0{,}69\,€ + 64 \cdot 0{,}19\,€ + 9{,}95\,€ = 46{,}26\,€$

Ergebnis: Der Tarif 2 wäre für Johannes günstiger.

Übungen

2. Zum Vergleich von Handytarifen geht ein Meinungsforschungsinstitut von folgenden Vorgaben aus.
Für Normaltelefonierer (pro Monat):

Zeit	ins Festnetz	ins Mobilnetz
8.00 – 18.00 Uhr	10 min	5 min
18.00 – 24.00 Uhr 0.00 – 8.00 Uhr	24 min	10 min
Wochenende	15 min	6 min
50 SMS und 10 MMS		

a) Berechne die entstehenden Kosten für verschiedene aktuelle Handytarife.

b) Vergleiche.

3. Familie Jordan prüft, ob sie den Stromanbieter wechseln sollte. Ihr letzter Jahresverbrauch lag bei 4 848 kWh.

bisheriger Anbieter
Grundpreis: 7,18 € monatlich
15,86 Cent pro kWh

neuer Anbieter
Grundpreis: 8,30 € monatlich
14,70 Cent pro kWh

a) Sollte Familie Jordan wechseln?

b) Maik hat eine 1-Raum-Wohnung und verbraucht jährlich nur 1 025 kWh. Welchen Anbieter sollte Maik wählen?

c) Vergleiche die Anbieter bei einem Verbrauch von 1 000 kWh, 2 500 kWh und 5 000 kWh.

4.

Herr Blume möchte sich eine Polsterecke für 499 € kaufen. Ein großes Versandhaus macht ihm folgendes Ratenkaufangebot.
Bei 36 Monatsbeträgen erfolgt ein Aufschlag von 0,56% des Kaufpreises pro Monat.

a) (1) Berechne den Aufschlag für 36 Monate.
(2) Gib an, wie viel er insgesamt bezahlen muss.
(3) Berechne die Monatsraten.

b) Bei 12 Monatsraten beträgt der Aufschlag auf den Kaufpreis 0,57% pro Monat. Führe die Berechnungen von Teilaufgabe a) auch für dieses Angebot durch.

5. Familie Metzler möchte ihre Grundstückseinfahrt erneuern. Sie holen sich drei Angebote ein. Handwerker Schulze legt nebenstehendes Angebot vor:

Materialkosten	2 389,00 €
Lohnkosten	38 € pro Stunde
voraussichtlicher Zeitumfang	40 Stunden

(Hinzu kommt noch die Mehrwertsteuer)

Handwerker Müller hat ein Pauschalangebot abgegeben. Er würde die Einfahrt für 4 500 € inklusive Mehrwertsteuer erneuern. Bei Zahlung innerhalb von 5 Tagen gewährt er 2% Skonto.

Handwerker Meier würde die Einfahrt für 3 750 € zuzüglich Mehrwertsteuer bauen.
Für welches Angebot würdest du dich entscheiden? Begründe.

6.

Sandy vergleicht die Preise der gleichen Digitalkamera in zwei Geschäften.

a) Sie wählt das günstigere Angebot. Wie viel bezahlt sie?

b) Wie viel Euro spart sie gegenüber dem anderen Angebot?

IM BLICKPUNKT: MATHEMATIK AUS DER ZEITUNG

(1) **Brillance Intensiv Color Creme, Dunkle Kirsche Nr. 888 langanhaltende Farbe**
~~EUR 6,49~~
Sonderpreis: EUR 3,99

(2) **Angebote der Woche:**
23.01. – 28.01.2006
geiping's
Kürbiskernbrot
750 g statt ~~2,60 €~~ nur **2,25 €**

(3) **Der Trend geht zum Alpin Ski**

München. Nach Angaben der Wintersport-Branche hat der Snowboard-Boom seinen Höhepunkt offenbar überschritten, der Trend geht in Richtung Alpin-Ski. Der weltgrößte Wintersportartikelhersteller will im laufenden Jahr den Absatz von Skiern um vier Prozent auf 1,25 Millionen Paar steigern. Der Snowboard-Absatz werde dagegen nur bei etwa 200 000 liegen. Vor zwei Jahren wurden noch 230 000 Bretter verkauft.
Insgesamt rechnet der weltgrößte Wintersportartikelhersteller für das laufende Jahr (2003/2004) mit einem Umsatzanstieg von fünf Prozent auf 510 Millionen Euro.

(4)

(5) **Mero-Wash auf Erfolgskurs**

Frankfurt. Im Jahr 2005 hat der Waschmittelhersteller Mero-Wash seinen bisher höchsten Gewinn erzielt. Der Jahresüberschuss stieg um rund ein Fünftel auf 519 Millionen Euro, teilte das Unternehmen mit. Zu dem Rekordgewinn trugen alle Geschäftsbereiche des Konzerns sowie das umfassende Sparprogramm bei.
Durch den starken Euro ging der Konzernumsatz erwartungsgemäß um 2,3 Prozent auf gut 9,4 Milliarden Euro zurück. Für das kommende Geschäftsjahr plant der weltweittätige Konzern eine Steigerung des Konzernumsatzes von 3 bis 4 Prozent.

- → Schau dir die Anzeigen bzw. Zeitungsmeldungen an und kläre unbekannte Begriffe. Welche Informationen kann man den jeweiligen Meldungen entnehmen?
- → Stelle einige Sachfragen zu den Meldungen, die sich rechnerisch beantworten lassen.
- → Ergänze die Informationen durch einige sinnvolle Rechnungen.
- → Finde ähnliche Angaben in Zeitungen oder anderen Medien. Ergänze sie durch einige Rechnungen, die den Informationswert erhöhen.

BERECHNEN VON WOHN- UND BAUKOSTEN

1. Der Preis für einen Liter Heizöl ist abhängig von der gekauften Menge:

Liefermenge (in Liter)	500–999	1 000–1 499	1 500–1 999	2 000–2 499	2 500–2 999	3 000–3 999
Preis (in € je 100 Liter)	75,28	68,10	65,71	64,51	63,80	62,72

a) Formuliere für den Zusammenhang zwischen der Liefermenge und dem Preis einen Satz in der Form: „Je …, desto …“

b) Berechne den Kaufpreis für 850 Liter, 1 700 Liter bzw. 2 950 Liter Heizöl.

2. Ein Haushalt bezahlt eine Gasrechnung über 1 150 € (inklusive Umsatzsteuer). Das Geld wird in fünf Raten zu je 180 € und einer Schlussrate überwiesen.
Wie viel Euro sind mit der Schlussrate noch zu bezahlen?

3. In der Jahresabrechnung hat die Gasversorgung GmbH bei Frau Kühn Zählerstände von 3 864 m^3 (alt) bzw. 6 102 m^3 (neu) angegeben. Je m^3 Heizgas sind 38,3 Cent zu bezahlen. Der jährliche Grundpreis für die Gaslieferung beträgt 184,08 €.
Die angegebenen Preise enthalten bereits die Umsatzsteuer.
Wurde die Jahresabrechnung für Frau Kühn mit 1 041,23 € korrekt berechnet?

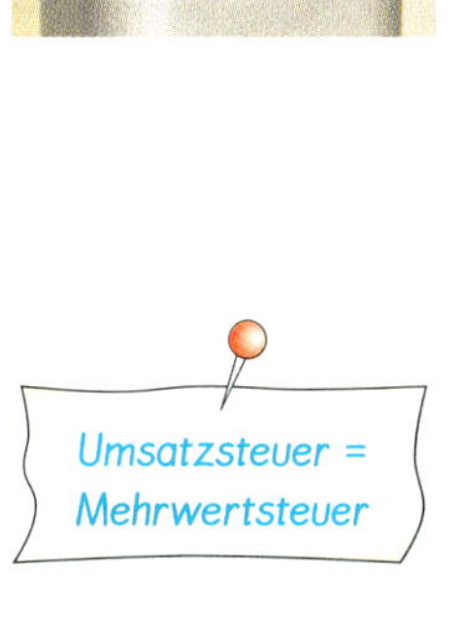

4. Herr Funke bezahlt eine Stromrechnung über 847,55 € zuzüglich der Umsatzsteuer.

a) Informiere dich über die Höhe der Umsatzsteuer bei Strom.

b) Berechne den endgültigen Rechnungsbetrag.

c) Herr Funke überweist das Geld in vier gleich großen Raten zu je 175 € und einer Schlussrate. Wie hoch ist die Schlussrate?

5. Eine Kilowattstunde (kWh) Strom kostet bei einem Energieversorger 12,5 Cent. Familie Lichtan bezahlte mit der letzten Stromjahresabrechnung für 2 406,7 kWh.

a) Welchen Zählerstand hatten sie im Vorjahr, wenn jetzt 3 797,5 kWh abgelesen wurden?

b) Die Abrechnungssumme (ohne Umsatzsteuer) addiert sich aus der Gebühr von 17,00 € für den Stromzähler, einem Festpreis von 43,20 € und dem Preis für den Stromverbrauch.

c) Zur Abrechnungssumme kommt noch die Umsatzsteuer hinzu.

d) In elf monatlichen Raten bezahlte Familie Lichtan jeweils 37 €. Wie viel Euro sind mit der Schlussrate noch offen?

6. Familie Denkmit vergleicht die Stromkosten bei zwei verschiedenen Anbietern A und B. Der Anbieter A verlangt eine monatliche Grundgebühr von 6,00 €. Für jede verbrauchte Kilowattstunde sind 12 Cent zu bezahlen. Bei Anbieter B kostet eine Kilowattstunde 10,5 Cent. Als Grundgebühr kassiert Anbieter B vierteljährlich 22,50 €. Familie Denkmit erwartet einen Verbrauch von 2 900 kWh.

a) Wie hoch sind die angegebenen Preise zuzüglich Umsatzsteuer?

b) Wie viel Euro bezahlt Familie Denkmit bei Anbieter A?

c) Für welchen Anbieter sollten sie sich entscheiden?

d) Im darauffolgenden Jahr wollen sie mit 2 400 kWh auskommen. Sollen sie den Stromanbieter aus Kostengründen wechseln?

7. In den ersten drei Monaten der Jahresabrechnung des Stromversorgers wurden für einen Haushalt 1 462,30 kWh zu 10,3 Cent je kWh berechnet. Nach einer Preiserhöhung waren in den restlichen neun Monaten 3 079,30 kWh mit je 11,2 Cent zu bezahlen.

a) Berechne den durchschnittlichen Tagesbedarf an Kilowattstunden.

b) Ermittle die Kosten für den verbrauchten Strom.

c) Gib die Preiserhöhung in Prozent an.

8. Frau Wilhelm findet in ihrer Stromrechnung diese Aufstellung zum Verbrauchspreis:

Zeitraum	Menge (in kWh)	Einzelpreis (je kWh)
01. 01. – 21. 03.	885,30	9,4844 Cent
22. 03. – 23. 04.	420,10	10,1082 Cent
24. 04. – 31. 12.	2813,80	9,8500 Cent

a) Es wurde ein Verbrauchspreis von 403,59 € errechnet. Ist der Betrag korrekt?

b) Bestimme Frau Wilhelms Stromverbrauch in kWh.

c) Zusätzlich zum Verbrauchspreis ist auch eine Stromsteuer zu bezahlen. Sie betrug vom 1. Januar bis zum 23. April 1,5338 Cent je kWh. Vom 24. April bis 31. 12. war je kWh eine um 0,2562 Cent erhöhte Stromsteuer zu bezahlen. Berechne die Stromsteuer.

9. In der Trinkwasserrechnung der Familie Gründlich sind die Zählerstände (alt 127 m^3, neu 203 m^3), der Preis von 1,64 € je m^3 und eine monatliche Grundgebühr von 8,18 € ausgewiesen.

a) Gib den Trinkwasserverbrauch in m^3 an.

b) Berechne den zu zahlenden Jahresbetrag.

c) Zusätzlich ist eine Umsatzsteuer (7%) zu bezahlen.

10. In der Jahresabrechnung der Wasserversorgung GmbH werden für einen Haushalt 107 m^3 Trink- bzw. Abwasser berechnet. Die Trinkwassergebühren ergeben sich aus 1,64 € je m^3 und einer Grundgebühr von 8,18 € je Monat. Auf die Trinkwassergebühren wird noch eine Umsatzsteuer erhoben. Für das Abwasser sind 2,69 € pro m^3 zu bezahlen.

a) Berechne die Kosten für das verbrauchte Trinkwasser.

b) Wie viel Euro beträgt die jährliche Grundgebühr?

c) Ermittle die Umsatzsteuer für die Trinkwassergebühren.

d) Berechne die Kosten für das Abwasser.

e) Welchen Geldbetrag hat der Haushalt an die Wasserversorgung GmbH zu zahlen?

11. Herr Planschke hat für seine Kinder auf der Wiese hinterm Haus ein kreisrundes Badebassin aufgestellt. Es ist 0,94 m hoch und hat einen Durchmesser von 3,75 m. Er befüllt das Badebassin bis 15 cm unterhalb der Oberkante.

a) Berechne die Stellfläche des Bassins.

b) Ermittle den Wasserbedarf.

c) Wie lange dauert das Befüllen, wenn am Wasserhahn ca. 15 Liter pro Minute ausströmen?

d) Für 1 m^3 Wasser bezahlt Herr Planschke 1,85 €.

12. Benutzen Kleingärtner für die Bewässerung ihres Gartens Leitungswasser, dann müssen sie neben den Trinkwasserkosten auch noch die entsprechenden Abwasserkosten bezahlen. Familie Grünlich will deshalb für die Gartenbewässerung Regenwasser verwenden. Es wird in einem zylinderförmigen Tank mit der Form eines Kreiszylinders gesammelt (Durchmesser 1,45 m; Höhe 2,15 m).

a) Überschlage, wie viel Liter Regenwasser der Tank aufnehmen kann.

b) Familie Grünlich wird für die Gartenbewässerung pro Jahr schätzungsweise fünf Tankfüllungen verbrauchen. Gib das dabei gesammelte Regenwasser in m^3 an.

c) Wie viel Euro sparen sie jährlich, wenn für 1 m^3 Leitungswasser Kosten für Trinkwasser (1,84 €) und für Abwasser (2,72 €) anfallen?

13. Das Fassungsvermögen einer Mülltonne beträgt 80 Liter. Sie wird 14-tägig geleert. Wie viel m^3 Müll können somit pro Jahr entsorgt werden?

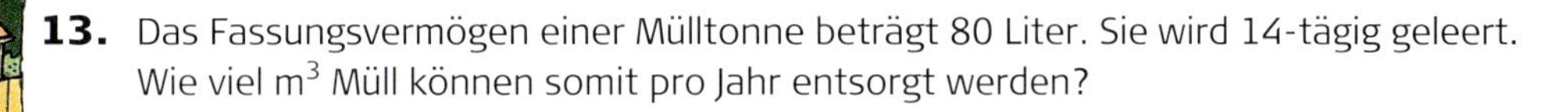

14. Entsprechend der Abfallgebührensatzung einer Gemeinde sind je Person pro Jahr 16,20 € als Abfallgebühren zu bezahlen. Für das Entleeren der Mülltonne wird jeweils eine Kippgebühr von 3,12 € veranschlagt. Mit dem Auszug der großen Tochter ergibt sich für einen Haushalt am Jahresende folgende Berechnungsgrundlage:

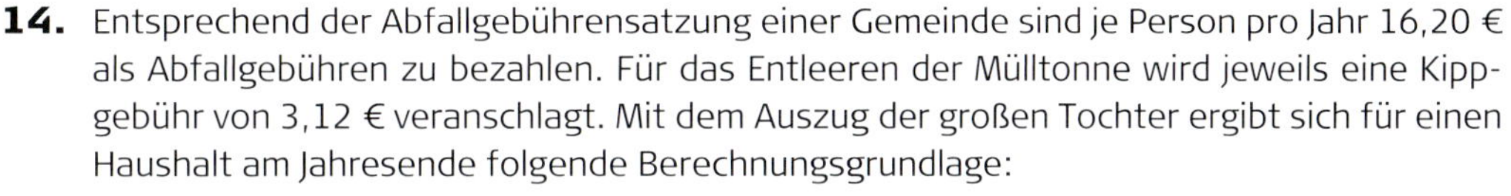

Zeitraum	Jan. – Mai	Juni – Dez.
Anzahl Personen	4	3

a) Berechne die Abfallgebühren für Januar bzw. Juni.

b) Ermittle den Jahresbetrag der Abfallgebühren.

c) Gib die fällige Jahreskippgebühr bei 18 Entleerungen an.

d) Welcher Jahresbetrag ist von diesem Haushalt zu entrichten?

15. Ein Haushalt erhält am Jahresende von der Abfallwirtschaft einen Gebührenbescheid:

Gebührenbescheid der Abfallwirtschaft

Wir erheben entsprechend der geltenden Abfallgebührensatzung folgende Gebühren:

Grundgebühr

Zeitraum	Anzahl Monate	Anzahl Personen	Jahresgebühr (je Person)
01. 01. – 31. 12.	12	4	20,76 €

Kippgebühr

Zeitraum	Anzahl Entleerungen	Gebühr (je Entleerung)
01. 01.–30. 06.	6	2,48 €
01. 07.–31. 12.	6	3,52 €

Im Februar, Mai, August und September wurden Abschläge zu je 28,20 € abgebucht.

Abschlag = Rate für Gebühren

a) Welche Grundgebühr und welche Kippgebühr wird dem Haushalt berechnet?

b) Ermittle den von diesem Haushalt zu zahlenden Gesamtbetrag.

c) Es wurden bereits vier Abschläge gezahlt. Wie viel Euro hat der Haushalt noch an die Abfallwirtschaft nachzuzahlen?

16. Für eine $2\frac{1}{2}$-Zimmerwohnung mit 66 m^2 Wohnfläche verlangt ein Vermieter monatlich 295,00 € Miete. Berechne den Quadratmeterpreis.

17. In einem Mietshaus sind noch einige sanierte Wohnungen frei. Der Vermieter gibt deren Größe sowie die monatliche Miete an:

(1) $1\frac{1}{2}$ Zimmer; 26 m^2; 180 €
(2) 2 Zimmer; 53 m^2; 309 €
(3) 3 Zimmer; 95 m^2; 416 €
(4) $2\frac{1}{2}$ Zimmer; 56 m^2; 320 €

a) Ermittle die Höhe der Jahresmiete.

b) Vergleiche die Mietpreise. Berechne dazu den Mietpreis je m^2.

18. In einem schön sanierten Altbau ist für eine Dreiraumwohnung mit 78,08 m^2 Wohnfläche eine monatliche Miete von 5,04 € je m^2 zu bezahlen. Daneben sind für Gebäudeversicherung, Wartung und Schneeräumung u. a. noch weitere Kosten zu bezahlen. Diese Nebenkosten betragen monatlich 156,16 €.

a) Wie viel Euro sind monatlich für Miete und Nebenkosten fällig?

b) Eine junge Familie hat ein monatliches Einkommen von 1 450 €. Wie viel Geld verbleibt nach Abzug der Wohnkosten für andere Ausgaben?

19. Herr Liebscher zieht für zwei Jahre nach Leipzig und mietet sich deshalb eine $1\frac{1}{2}$-Zimmer-Wohnung. Er bezahlt monatlich 264 € zuzüglich Nebenkosten von 106 €.

a) Wie viel Euro hat er in diesen zwei Jahren für die Wohnung ausgegeben?

b) Herr Liebscher verdient monatlich 1 295 €. Wie viel Euro hat er neben den Wohnkosten für andere Ausgaben noch zur Verfügung?

20. Für ihre Mietwohnung mit 55 m^2 Wohnfläche bezahlt Frau Seifert 270 € Miete pro Monat. Die Nebenkosten betragen pro Jahr voraussichtlich 1 320 €.

a) Wie viel Euro Miete hat Frau Seifert je m^2 ohne Nebenkosten zu bezahlen?

b) Welche jährlichen Kosten entstehen ihr durch Miete und Nebenkosten?

21. Am Rande der Stadt wird ein Einfamilienhaus für einen Zeitraum von zwei Jahren zur Miete angeboten. Dafür sind vierteljährlich 2 850 € Miete zu bezahlen. Übernimmt der Mieter auch die Gartenpflege, so erhält er einen Mietrabatt von 9%.

22. Familie Teichler möchte in der Anlage *Am Husarenviertel* eine Eigentumswohnung mit 75,25 m^2 Wohnfläche kaufen. Sie erhält folgendes Angebot:
1 550 € je m^2 Wohnfläche und 3 775 € für einen Pkw-Stellplatz im Carport.
Der Immobilienhändler erhält 1,25% des Kaufpreises als Provision.

23. Bei der Sanierung ihres Wohnhauses hat sich Familie Schönemann auch den Fußboden des Badezimmers fliesen lassen. Sie haben sich Fliesen der Größe 10 cm × 10 cm ausgesucht.

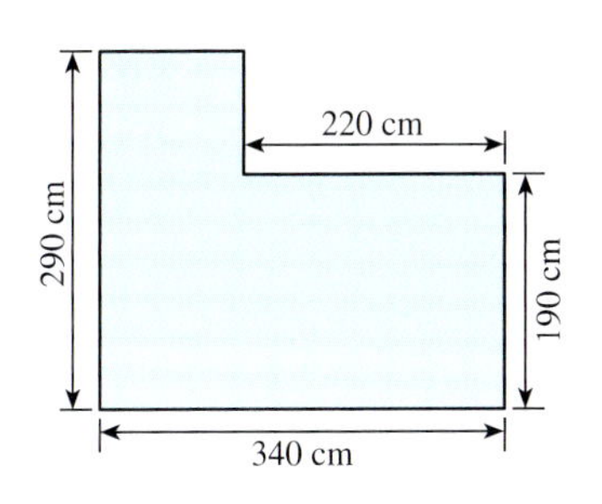

a) Berechne die Größe der Fußbodenfläche.

b) Wie viele Fliesen werden benötigt?

c) Die Fliesen werden in Kartons mit 20 Stück verkauft. Ein Karton kostet 50 €.

24. Eine Firma bietet den Bau eines Einfamilienhauses an. Die zur Verfügung stehende Grundfläche verteilt sich folgendermaßen:

Raum	Wohnzimmer	Schlafzimmer	Kinderzimmer	Küche	Toilette	Diele
Größe	22,86 m^2	17,43 m^2	14,55 m^2	11,22 m^2	4,56 m^2	5,18 m^2

Da alle Innenwände des Einfamilienhauses verputzt werden, verringert sich die zur Verfügung stehende Grundfläche jeweils um 3%.

a) Berechne die verbleibende Wohnfläche im Wohnzimmer und im Kinderzimmer.

b) Berechne die im Haus insgesamt zur Verfügung stehende Wohnfläche.

Umbauter Raum ist der Rauminhalt eines Gebäudes einschließlich der Außenwände und der Dachkonstruktion

25. Ein Bauherr lässt sich eine Fertiggarage anliefern. Sie hat die Form eines Quaders mit den Außenmaßen: Länge 6,60 m, Breite 3,40 m und Höhe 3,20 m.

a) Zeichne ein Schrägbild der Fertiggarage in einem geeigneten Maßstab.

b) Wie groß muss die Fläche zum Aufstellen der Garage sein?

c) Berechne für diese Fertiggarage den umbauten Raum.

d) Der Hersteller bietet auch eine Doppelgarage an. Hierbei ist die Breite gegenüber der Einzelgarage um 3 m vergrößert.

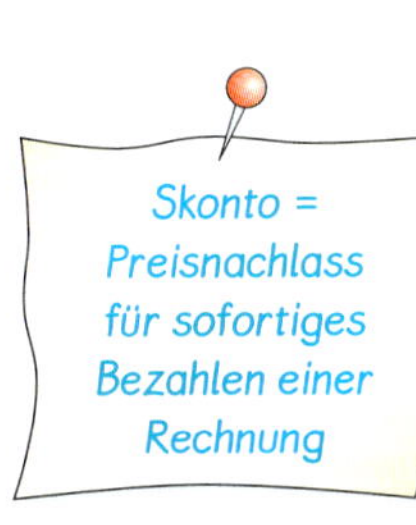

26. Tinas Zimmer wird renoviert. Es ist 4,06 m lang, 3,45 m breit und 2,47 m hoch.

a) Der Fußboden in Tinas Zimmer wird mit Laminat ausgelegt. Der Fußbodenleger berechnet einschließlich des Materials 35,85 € je m^2.

b) Bei sofortiger Barzahlung erhalten Tinas Eltern 3% Skonto.

27. Für den Einbau von Paneele berechnet eine Tischlerei einschließlich Lieferung, Lohnkosten und Material 41,50 € je m^2. Hinzu kommt noch die Mehrwertsteuer. Bei Barzahlung gleich nach der Fertigstellung gewährt die Tischlerei ein Skonto von 2,5%.

a) Wohnzimmerdecke **b)** Trennwand im Dachgeschoss **c)** Treppenaufgang

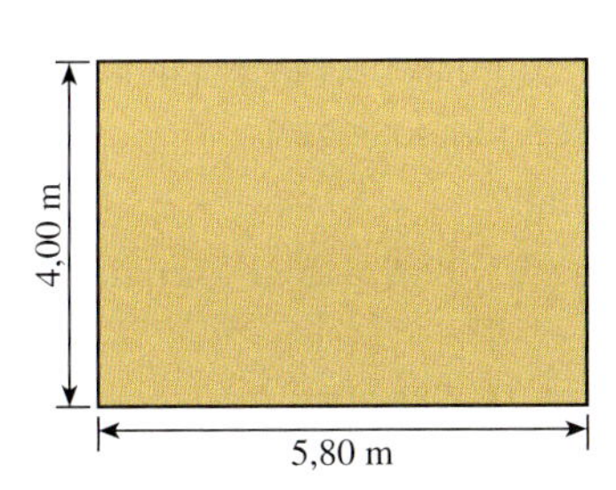

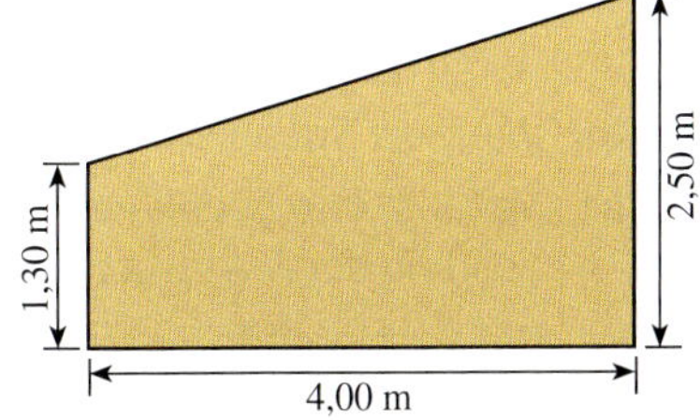

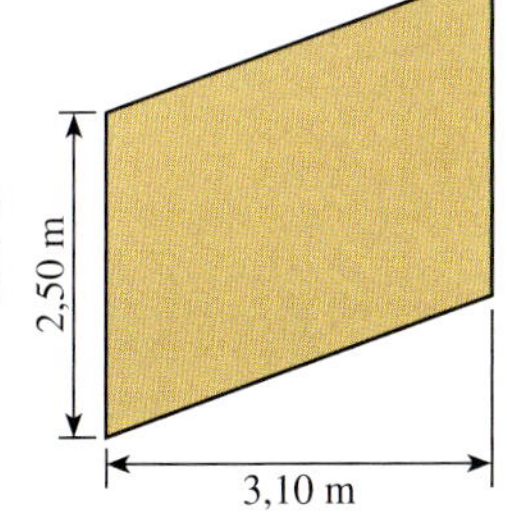

28. Eine Ofenbaufirma erstellt das Kostenangebot (Abbildung rechts) für den Bau eines Kamins.
Bestimme die für den Bau des Kamins entstehenden Kosten

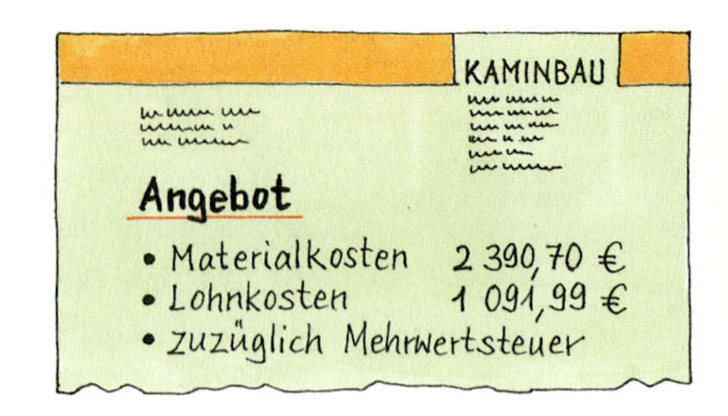

29. Eine Kellertreppenstützwand erhält eine Granitabdeckung und einen Zementputz. Lieferung und Einbau der Granitabdeckung kosten 256,40 €. Das Verputzen der 6 m^2 großen Stützwand erfolgt zu einem Quadratmeterpreis von 14,72 €. Hinzu kommt die Mehrwertsteuer.

a) Berechne die für das Putzen entstehenden Kosten.

b) Ermittle den Gesamtpreis.

c) Der Handwerker gewährt 3% Skonto.

30. Der Auszubildende Steinchen verrührt am Mischer Sand und Zement zu Mörtel. Damit der Mörtel die richtige Qualität erhält, muss er Sand und Zement im Verhältnis 4 : 1 mischen. Der Auszubildende verwendet zum Abmessen einen 10-Liter-Eimer.

a) Es soll vier Eimer Zement zu Mörtel verarbeiten. Wie viel Sand ist nötig?

b) Für ein Fundament liegen 1,2 m^3 Sand zum Mörtelmischen bereit. Wie viele Eimer kann er damit füllen? Wie viele Eimer Zement sind zum Mischen nötig?

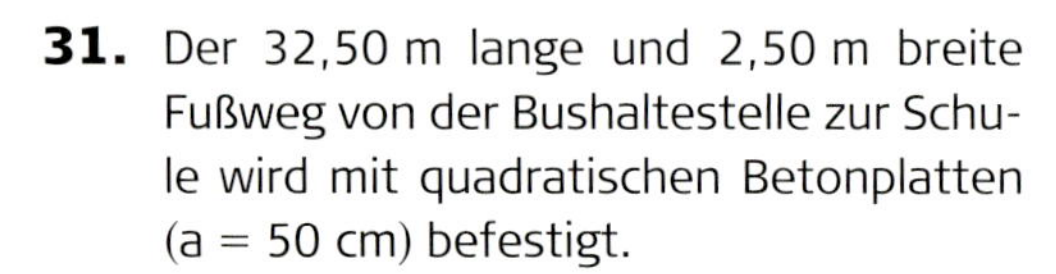

c) Mischt er 6 Eimer Sand mit $1\frac{1}{2}$ Eimer Zement, dann hat er 5 Eimer Mörtel. Der Polier will 1 m^3 Mörtel.

31. Der 32,50 m lange und 2,50 m breite Fußweg von der Bushaltestelle zur Schule wird mit quadratischen Betonplatten (a = 50 cm) befestigt.

a) Ermittle den Bedarf an Betonplatten.

b) Die Anlieferung erfolgt auf Paletten mit je 40 Platten.

32. Den Bereich der 15 m^2 großen Garageneinfahrt lässt Familie Schumann mit 20 cm langen und 10 cm breiten Betonpflastersteinen auslegen.

a) Wie viele Steine sind dafür nötig?

b) Material und Verlegung kosten 97,95 € pro m^2. Ermittle den Gesamtpreis unter Beachtung der Mehrwertsteuer.

c) Die ausführende Firma gewährt 2% Skonto.

33. Für eine Gartenmauer liefert die Firma Naturstein-Bau 1 470 Steine und 780 Liter Mörtel. Die Firma berechnet für einen Stein 0,65 € und für einen Liter Mörtel 0,18 €. Der Mietpreis der Mörtelmischmaschine beträgt 78 €. Gib die Materialkosten an.

34. Beim Anlegen einer Terrasse mit einem Flächeninhalt von 39 m² verlegte ein Baubetrieb Natursteinplatten auf eine vorbereitete Betonplatte. Der Bauherr erhielt dafür folgende Rechnung (ohne Mehrwertsteuer):

Posten	Tätigkeit	Anzahl	Einzelpreis
01	Reinigen des Untergrundes	39 m²	0,90 € je m²
02	Aufbringen einer Grundierung	39 m²	0,77 € je m²
03	Bodenbelag verlegen	39 m²	16,45 € je m²
04	Mauerwerk setzen	1	27,83 €
05	Betonkante herstellen und profilieren	25,80 m	3,35 € je m

a) Berechne die Kosten für das Reinigen des Untergrundes.

b) Welcher der fünf Posten war der preisintensivste?

c) Berechne die Gesamtkosten zuzüglich der Mehrwertsteuer.

d) Der Bauherr konnte die Rechnung mit 3% Skonto bezahlen.

35. Der Schulhof einer Mittelschule (Bild rechts) wird gepflastert. Dabei werden quadratische Betonpflastersteine mit 10 cm Seitenlänge verwendet. Für 1 m² Betonpflastersteine sind 37 € zu bezahlen.

a) Berechne die Größe der zu pflasternden Fläche.

b) Wie viele Pflastersteine sind zu verlegen?

c) Ermittle die Materialkosten.

36. In den Sommerferien erhielten alle 35 Innentüren (Höhe 2,08 m, Breite 1,16 m) einer Mittelschule beidseitig einen neuen Farbanstrich. Dabei wurde für 8 m² ein halber Liter Farbe verarbeitet.

37. In einem Gewerbegebiet wird eine zur Zeit leer stehende Halle, die die Form eines Quaders hat, zur Vermietung angeboten. Sie ist als Lagerhalle gut zu gebrauchen, denn sie ist außen 35 m lang, 14 m breit und 7 m hoch.

a) Beschrifte in einem maßstabsgerechten Schrägbild die Kanten der vorderen und der rechten Seitenansicht mit deren Längen.

b) Welche Jahresmiete ist bei einem monatlichen Mietpreis von 1,09 € je m² Stellfläche fällig?

c) Im Mietvertrag ist auch die Größe des umbauten Raumes anzugeben.

d) Wie teuer wird ein neuer Außenanstrich der Seitenwände, wenn je m² ca. 9 € veranschlagt werden?

38. Für eine Woche ist Josi in ein Trainingslager gefahren. Josis Eltern renovieren ihr in dieser Zeit das Kinderzimmer. Der Fußboden erhält Laminat, es werden neue Lampen gekauft und es wird tapeziert.
Das Geld für die 11 Rollen Tapete zu je 4,50 € entspricht 25% und das Geld für die Lampen ein Zehntel der Renovierungskosten.

LESEN UND PRÜFEN VON RECHNUNGEN

1. *Rechnung für Müllabfuhr*

LANDESHAUPTSTADT DRESDEN
Amt für Abfallwirtschaft und Stadtreinigung

Gebührenbescheid über **Abfallentsorgung**

Landeshauptstadt Dresden, PF 12 00 20, 01001 Dresden
Zugestellt durch PostModern 15.04.2005
Herr
Sparsam

Kunden - Nr.
Datum 13.04.2005
fällig am 30.04.2005
Gebührenbescheid-Nr.
Abrechnungszeitraum I. Quartal 2005

Bitte Rückseite beachten!

Seite: 1

Pos	Gebührenart	Behälterart	Anzahl		Gebühr EUR
	Für Anschlußobjekt: Behälterstandplatz:				
10	Entleerung	RA-80L	2	3,66	7,32
20	Grundbetrag 01.01. - 31.03.	RA-80L	3	3,60	10,80
30	Bioabfallgebühr 01.01. - 31.03	Bio-80L	3	7,00	21,00

Anzahl der Behälter auf Ihrem Standplatz:

Behälterarten:	Restabfall		Bioabfall		DSD-Wertstoffe	
Volumen Liter:	80		80		240	
Anzahl 01.01.2005	1		1		1	
Anzahl 31.03.2005	1		1		1	

Entleerungen Restabfall im Abrechnungszeitraum:
Datum...../Anzahl/Grund bei Nichtberäumung(s.Rückseite)/Nebenablagerungen
11.01.2005/001/ 08.02.2005/000/L 08.03.2005/000/L
25.01.2005/000/L 22.02.2005/001/ 22.03.2005/000/L

Netto MwSt 0% 39,12 MwSt 0% 0,00 Gesamtbetrag: (EUR) 39,12

Legende zu Seite 1:

A Behälter ist zu schwer, Bauschutt im Behälter oder gefrorener Inhalt
F Entleerung nicht möglich wegen Feuer, heißer Asche oder Löschwasser im Behälter bzw. Glätte
L keine Entleerung, da Behälter weniger als 75% gefüllt oder nicht wie vereinbart bereitgestellt
N beräumte Nebenablagerungen (in 120-l-Einheiten)
Z Entleerung nicht möglich, da Zugang zum Standplatz verschlossen oder behindert (z.B. durch parkende Fahrzeuge, Baustelle ...)

Gebührenbescheid wurde maschinell erstellt und bedarf keiner Unterschrift.

Mit der Erstellung und Einziehung der Forderung gemäß § 8 Abs. 6 der Abfallwirtschaftsgebührensatzung beauftragt: **Stadtreinigung Dresden GmbH, Pfotenhauerstraße 46, 01307 Dresden**

Bankverbindung: Ostsächsische Sparkasse Dresden, Kto.-Nr. 315 028 0000, BLZ 850 503 00
Gebührenstelle (03 51) 44 55-232/233/239
Fax (03 51) 44 55-2953
Hausmüllentsorgung (03 51) 44 55-116
Sperrmüllentsorgung (03 51) 44 55-123
Internet: www.SRDresden.de
E-Mail: Service@SRDresden.de

SR Stadtreinigung Dresden GmbH

Gebührenbescheid 21 / SR-11

a) Wie hoch ist der monatliche Grundbetrag für eine 80-Liter-Restabfalltonne?

b) Wie viel Euro kostet eine Entleerung der Restabfalltonne?

c) In welchem Turnus kommt die Restmüllabfuhr?

d) Wie oft wurde die Restabfalltonne in dem angegebenen Quartal geleert?

e) Berechne den Gesamtbetrag, wenn die Restabfalltonne jedes Mal geleert worden wäre.

f) Familie Sparsam kompostiert ihren Bio-Abfall ab nächstem Quartal selbst. Die gemietete Bio-Abfalltonne kann somit zurückgegeben werden.
Wie viel Euro sparen sie dadurch jährlich?

g) Welche Kosten hat Familie Sparsam für die DSD-Wertstofftonne (grüner Punkt)?

2. *Rechnung für Autowartung*

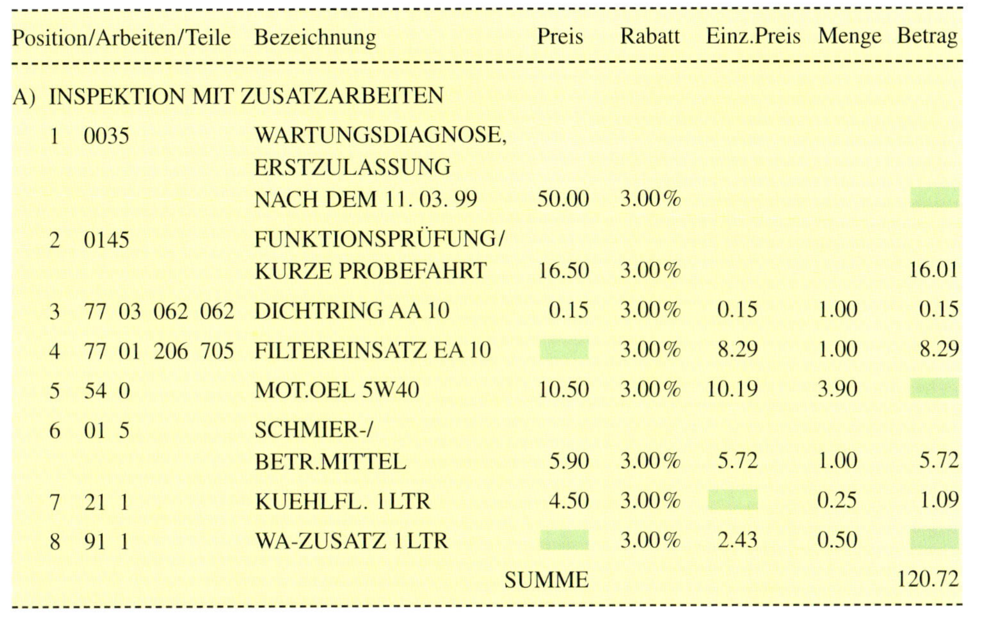

Position/Arbeiten/Teile	Bezeichnung	Preis	Rabatt	Einz.Preis	Menge	Betrag
A) INSPEKTION MIT ZUSATZARBEITEN						
1 0035	WARTUNGSDIAGNOSE, ERSTZULASSUNG NACH DEM 11. 03. 99	50.00	3.00 %			
2 0145	FUNKTIONSPRÜFUNG/ KURZE PROBEFAHRT	16.50	3.00 %			16.01
3 77 03 062 062	DICHTRING AA 10	0.15	3.00 %	0.15	1.00	0.15
4 77 01 206 705	FILTEREINSATZ EA 10		3.00 %	8.29	1.00	8.29
5 54 0	MOT.OEL 5W40	10.50	3.00 %	10.19	3.90	
6 01 5	SCHMIER-/ BETR.MITTEL	5.90	3.00 %	5.72	1.00	5.72
7 21 1	KUEHLFL. 1 LTR	4.50	3.00 %		0.25	1.09
8 91 1	WA-ZUSATZ 1 LTR		3.00 %	2.43	0.50	
	SUMME					120.72

a) Berechne die fehlenden Beträge.

b) Überprüfe die Gesamtsumme.

c) Berechne den Gesamtpreis einschließlich der Mehrwertsteuer.

3. *Wasserabrechnung*

Turnusablesung 01.11.04 Zählerstand 00364
Turnusablesung 11.11.05 Zählerstand 00557 berechn. Menge: ____ m^3 Wasser

Ihr Verbrauch wurde zum 01.01.05 wegen Schaltjahr aufgeteilt.

Zeitraum vom 02.11.04 bis 31.12.04: 60 Tage	Arbeitspreis 2,00 EUR × 31 m^3	62,00 EUR
	Grundpreis	15,05 EUR
		77,05 EUR
	Umsatzsteuer ____ %	5,39 EUR
Grundlagen der Berechnung:		
Verbrauch: 31 m^3	Summe	82,44 EUR
Grundpreis: 91,80 EUR / Jahr		
Zeitraum vom 01.01.05 bis 11.11.05: 315 Tage	Arbeitspreis 2,00 EUR × 162 m^3 ...	____ EUR
	Grundpreis	____ EUR
Grundlagen der Berechnung:		
Verbrauch: 162 m^3		____ EUR
Grundpreis: 91,80 EUR / Jahr	Umsatzsteuer ____ %	28,21 EUR
	Summe	____ EUR
Gesamtverbrauch: 193 m^3	Betrag	____ EUR

a) Rechne für den Zeitraum vom 2.11.04 bis 31.12.04 alle Preise nach und berechne den Prozentsatz der Umsatzsteuer.

b) Berechne alle anderen fehlenden Werte.

4. *Stromabrechnung*

Du siehst die Energieabrechnung der Familie Schlau.

a) Berechne die fehlenden Beträge (grüne Felder).

b) Entscheide, ob es einen Restbetrag oder ein Guthaben gibt.

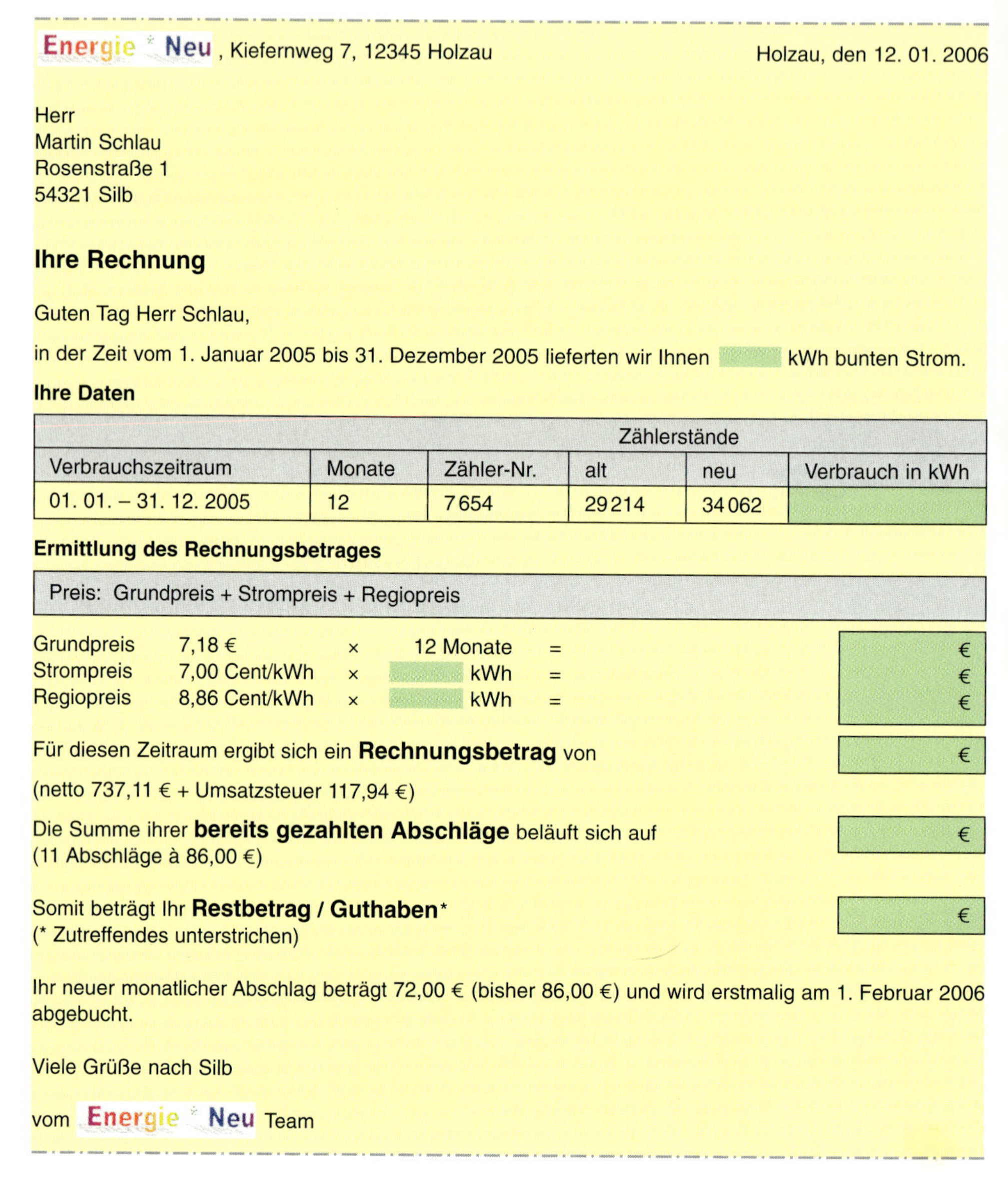

Energie Neu, Kiefernweg 7, 12345 Holzau — Holzau, den 12. 01. 2006

Herr
Martin Schlau
Rosenstraße 1
54321 Silb

Ihre Rechnung

Guten Tag Herr Schlau,

in der Zeit vom 1. Januar 2005 bis 31. Dezember 2005 lieferten wir Ihnen ______ kWh bunten Strom.

Ihre Daten

			Zählerstände		
Verbrauchszeitraum	Monate	Zähler-Nr.	alt	neu	Verbrauch in kWh
01. 01. – 31. 12. 2005	12	7654	29214	34062	

Ermittlung des Rechnungsbetrages

Preis: Grundpreis + Strompreis + Regiopreis

Grundpreis	7,18 €	×	12 Monate	=	€
Strompreis	7,00 Cent/kWh	×	____ kWh	=	€
Regiopreis	8,86 Cent/kWh	×	____ kWh	=	€

Für diesen Zeitraum ergibt sich ein **Rechnungsbetrag** von ______ €
(netto 737,11 € + Umsatzsteuer 117,94 €)

Die Summe ihrer **bereits gezahlten Abschläge** beläuft sich auf ______ €
(11 Abschläge à 86,00 €)

Somit beträgt Ihr **Restbetrag / Guthaben*** ______ €
(* Zutreffendes unterstrichen)

Ihr neuer monatlicher Abschlag beträgt 72,00 € (bisher 86,00 €) und wird erstmalig am 1. Februar 2006 abgebucht.

Viele Grüße nach Silb

vom Energie Neu Team

5. In Aufgabe 4 belief sich der Nettobetrag auf 737,11 € und die Umsatzsteuer auf 117,94 €. Wie viel Prozent entspricht die Umsatzsteuer?

6. Familie Meyer hatte in ihrer Wasserabrechnung einen Nettobetrag von 512,84 €. Der Rechnungsbetrag wurde mit 548,74 € angegeben.
Wie viel Prozent Umsatzsteuer musste Familie Meyer zahlen?

7. Informiere dich, wieso die Umsatzsteuersätze bei Strom- und Wasserabrechnungen unterschiedlich sind.

IM BLICKPUNKT: KREDITBERECHNUNG MIT TABELLENKALKULATION

Eine Übersicht über einen Kreditverlauf kannst du dir mithilfe einer Kalkulationstabelle verschaffen.

1. Frau Reichelt möchte sich für 6 500 € einen Gebrauchtwagen kaufen. Sie vereinbart mit dem Autohändler eine monatliche Ratenzahlung von 280 € und einen Jahreszinssatz von 2,15%.

a) Erstelle mit deinem Kalkulationsprogramm die abgebildete Tabelle für den Ratenkredit. Beachte die Formatierungen.

	A	B	C	D
1	Gebrauchtwagenkauf			
2				
3		Darlehnsbetrag	6.500,00 €	
4		Zinssatz	2,15%	
5		Monatliche Rate	280,00 €	
6				
7	Monat	Darlehnsbetrag Monatsanfang	Zinsen für den Monat	Darlehnsbetrag Monatsende
8	1	6.500,00 €	11,65 €	6.231,65 €
9	2	6.231,65 €	11,17 €	5.962,81 €
10	3	5.962,81 €	10,68 €	5.693,49 €
11	4	5.693,49 €	10,20 €	5.423,70 €

	A	B	C	D
1	Gebrauchtwagenkauf			
2				
3		Darlehnsbetrag	6.500,00 €	
4		Zinssatz	2,15%	
5		Monatliche Rate	280,00 €	
6				
7	Monat	Darlehnsbetrag Monatsanfang	Zinsen für den Monat	Darlehnsbetrag Monatsende
8	1	=C3	=B8*$C$4/12	=B8+C8-$C$5
9	2	=D8	=B9*$C$4/12	=B9+C9-$C$5

Beachte die Formeln. In die Zelle B8 wird zu Beginn der Darlehnsbetrag aus C3 kopiert. Für die Zelle B9 wird der Darlehnsbetrag aus D8 übernommen.
Für die Berechnung der Zinsen und des Darlehnsbetrags am Monatsende müssen immer der Zinssatz aus der Zelle C4 und die Höhe der Monatsrate aus der Zelle C5 benutzt werden. Daher sind diese Bezüge mit einem $-Zeichen markiert. Beim Kopieren ändern sich solche Bezüge nicht.
Du kannst daher die Formeln aus den Zellen B9 bis D9 einfach nach unten kopieren. Die Bezüge werden dabei automatisch angepasst.

b) Erweitere das Tabellenblatt auf 24 Monate. Dann ist der Kredit getilgt. Bestimme die Höhe der letzten Monatsrate.

c) Berechne, wie viel Euro Zinsen Frau Reichelt insgesamt für den Kredit bezahlen musste.

2. Der Kredit soll nach 18 Monaten getilgt sein. Wie hoch ist die monatliche Rate zu wählen? Runde geeignet. Wie hoch ist die letzte Monatsrate? Wie viele Zinsen wurden insgesamt gezahlt?

3. Untersuche die Auswirkungen folgender Änderungen auf den Kreditverlauf. Lies jeweils aus der Tabelle ab, wie viel Euro Zinsen gezahlt wurden und nach wie vielen Monaten der Kredit abgezahlt ist.

a) Der Autohändler senkt für die Stammkundin den Zinssatz auf 1,95%.

b) Frau Reichelt zahlt monatlich 300 € bei einem Zinssatz von 2,15%.

MASSSTÄBLICHES DARSTELLEN EBENER FIGUREN UND KÖRPER

Einstieg

Die Tische in deinem Klassenraum sollen umgestellt werden.

→ Entwirf dazu eine möglichst genaue Zeichnung mit den Umrissen des Raumes und der Tische.

→ Was musst du beachten?

Aufgabe

1. Nicky erzählt, dass sie auf ihrem Weg in den Sommerurlaub mit dem Flugzeug in Dresden gestartet und in Leipzig zwischengelandet ist. Mithilfe der Karte möchte sie die Entfernung (Luftlinie) zwischen Dresden und Leipzig bestimmen.

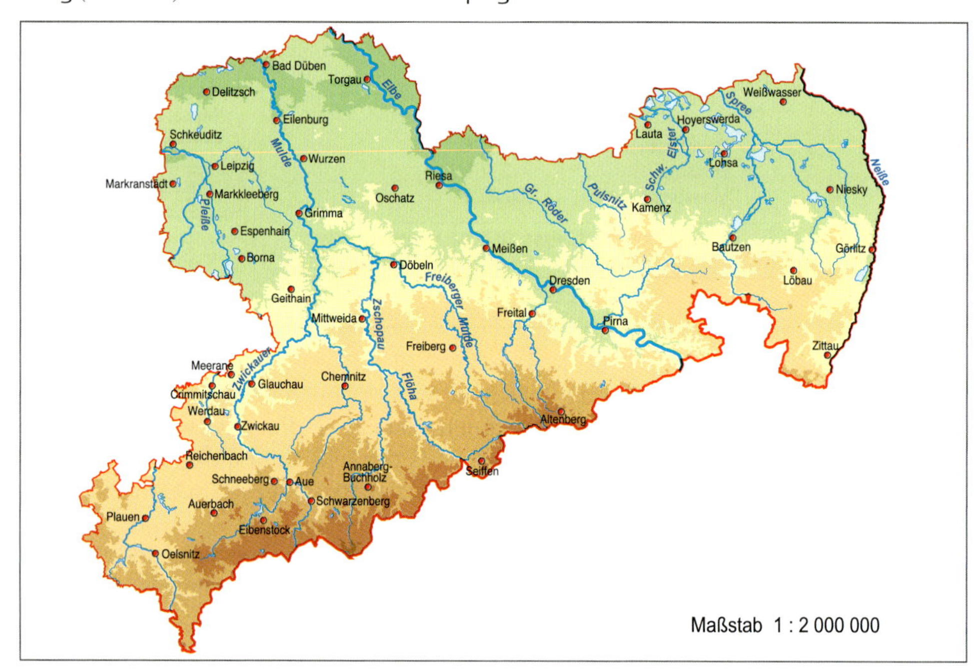

Lösung

Wir messen zunächst auf der Karte die Entfernung von Dresden nach Leipzig, das sind 5 cm.

Die Karte ist im Maßstab 1 : 2 000 000 (gelesen: eins zu zwei Millionen) gezeichnet.

Das bedeutet: 1 cm auf der Karte entspricht 2 000 000 cm, also 20 000 m oder 20 km in der Wirklichkeit. 5 cm auf der Karte sind dann also in Wirklichkeit 5 · 20 km, also 100 km.

Ergebnis: Die Flugplätze von Dresden und Leipzig sind 100 km voneinander entfernt.

Zum Festigen und Weiterarbeiten

2. Julias Zimmer ist 3,20 m lang und 2,70 m breit. Das Fenster hat eine Breite von 1,40 m und die Tür eine Breite von 1 m. Die Tür ist 20 cm und das Fenster 80 cm von der hinteren Wand entfernt.
Zeichne das Zimmer im Maßstab von 1 : 50.

3. **a)** Julias Zimmer (aus Aufgabe 2) soll eingerichtet werden. Ihr Bett ist 2 m lang und 90 cm breit, ihr Schreibtisch ist 1,20 m lang und 80 cm breit. Zeichne Bett und Schreibtisch im gleichen Maßstab 1 : 50 ein. Suche hierfür geeignete Plätze aus.

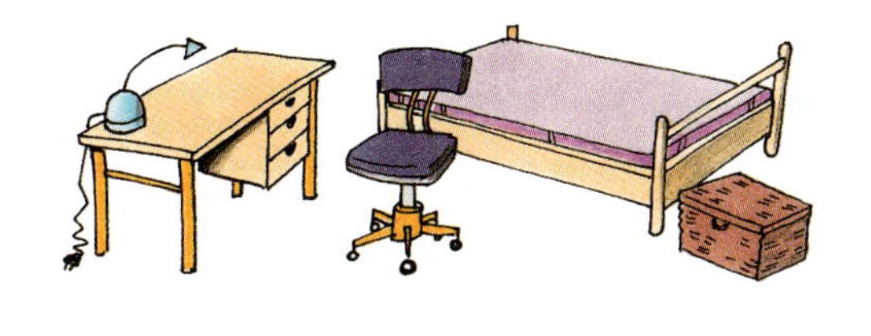

b) Welche weiteren Einrichtungsgegenstände würden noch in das Zimmer passen? Mache einen Vorschlag und zeichne ein.

4. Zeichne ein Rechteck mit der Länge 2 m und der Breite 1,6 m im Maßstab 1 : 20.

5. Tim misst die Länge seines Modellautos und erhält 24 cm. Er weiß, dass dieses Fahrzeug in Wirklichkeit 4,32 m lang ist. In welchem Maßstab ist das Modellauto hergestellt?

Modell	Wirklichkeit
: 24 ↷ 24 cm → 1 cm	4,32 m = 432 cm → ■ : 24

6. Man kann einen Maßstab auch benutzen, um Gegenstände vergrößert darzustellen. Im Bild unten siehst du die Zahnräder einer Armbanduhr im Maßstab 3 : 1 (dreifach vergrößert). Die Abmessung auf dem Bild beträgt 42 mm.
Wie groß ist sie in der Wirklichkeit?

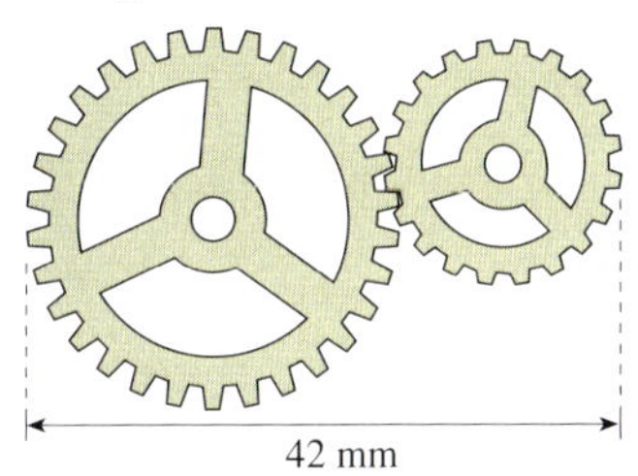

Bild	Wirklichkeit
■ ↷ 3 mm → 42 mm	1 mm → ■ ■

Information

Gegenstände werden oft verkleinert (oder vergrößert) dargestellt. Damit man weiß, wie groß sie in der Wirklichkeit sind, werden sie in einem bestimmten **Maßstab** gezeichnet.

Beispiele:

Maßstab 1 : 50 (gelesen: eins zu fünfzig) bedeutet: 1 cm in der Zeichnung entspricht 50 cm in der Wirklichkeit.
Jede Strecke ist in der Wirklichkeit 50-mal länger als in der Zeichnung.

Maßstab 10 : 1 bedeutet: 10 cm in der Zeichnung entsprechen 1 cm in der Wirklichkeit.
Jede Strecke ist in Wirklichkeit nur ein Zehntel so lang wie in der Zeichnung.

Übungen

7. Das Rechteck unten ist auf einem Bauplan im Maßstab 1 : 100 dargestellt. Ergänze die Tabelle im Heft und bestimme damit die Länge und die Breite des wirklichen Rechtecks.

Zeichnung	Wirklichkeit
■ ■ ↷ 1 cm → ■ → ■	100 cm → ■ → ■ ■ ■

8. Bestimme (1) die Länge, (2) die Breite des wirklichen Rechtecks.

a) Maßstab 1 : 50

Zeichnung	Wirklichkeit
1 cm	50 cm

b) Maßstab 1 : 200

Zeichnung	Wirklichkeit
1 cm	200 cm

9. a) Ein Rechteck ist 8 m lang und 5 m breit. Zeichne es im Maßstab:
(1) 1 : 50 (2) 1 : 100 (3) 1 : 200

b) Ein Rechteck ist 4 cm lang und 1,5 cm breit. Zeichne es im Maßstab:
(1) 2 : 1 (2) 3 : 1 (3) 4 : 1

10. Das Modell eines Pkw (Maßstab 1 : 55) hat eine Länge von 7,4 cm.
Wie lang ist der Pkw in der Wirklichkeit?

11. In einem Biologiebuch ist der Wasserfloh in zwanzigfacher Vergrößerung (Maßstab 20 : 1) dargestellt.
Wie lang ist die eingezeichnete Strecke in der Wirklichkeit?

Bild	Wirklichkeit
20 mm	1 mm

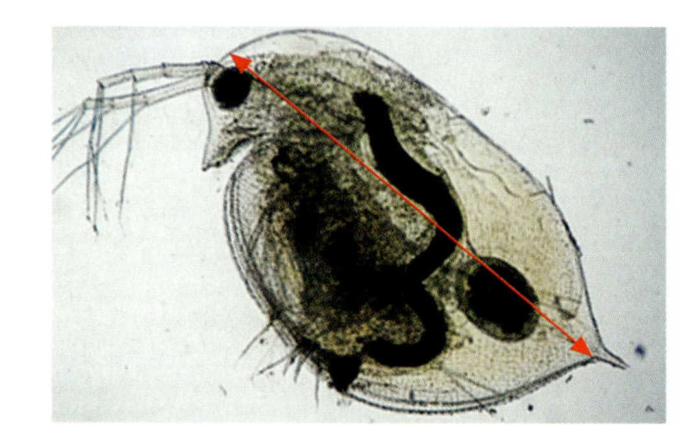

12. Für den Tag der offenen Tür wird ein Flugblatt entworfen. Daraus soll für die Besucher ersichtlich sein, in welchen Räumen die verschiedenen Aktivitäten stattfinden. Eure Klasse bekommt den Auftrag, einen Lageplan der Etage zu erstellen, in der sich euer Klassenraum befindet.

a) Fertigt zunächst eine Freihandskizze an, zeichnet dann einen maßstabgerechten Plan.

b) Diskutiert und bewertet die Pläne der Gruppen.

13. a) Besorgt euch eine Karte eures Schulortes. Welchen Maßstab hat sie?

b) Wählt markante „Punkte" (z. B. Rathaus, Schwimmbad) eures Ortes.
Bestimmt jeweils die Entfernung von eurer Schule.

14. In einem Atlas findet man Karten mit unterschiedlichen Maßstäben.
Du misst 1 cm auf der Karte. Wie lang ist die Strecke in der Wirklichkeit?

a) 1 : 25 000 (Wanderkarte)

b) 1 : 200 000 (Autokarte)

c) 1 : 20 000 (Stadtplan)

d) 1 : 750 000 (Länderkarte)

e) 1 : 50 000 (Radwanderkarte)

f) 1 : 80 000 000 (Weltkarte)

Geht auf Entdeckungsreise: Welche Maßstäbe haben eure Karten?

15. Welcher Maßstab passt zu den entsprechenden Angaben? Ordne richtig zu und notiere wie im Beispiel rechts.

1 : 25 000 Wanderkarte

3 : 1 | 1 : 10 000 | 1 : 5 | 1 : 55 | 1 : 100 | 750 : 1

Setzkasten-Bastelplan | Hausgrundriss | Lupe | Mikroskop | Innenstadtplan | Modellauto

16. Familie Kramer will umziehen. Ihre Tochter hat das Jugendzimmer ausgemessen. Sie überlegt, wie sie ihre Möbel stellen könnte (alle Maße in der Draufsicht in cm):

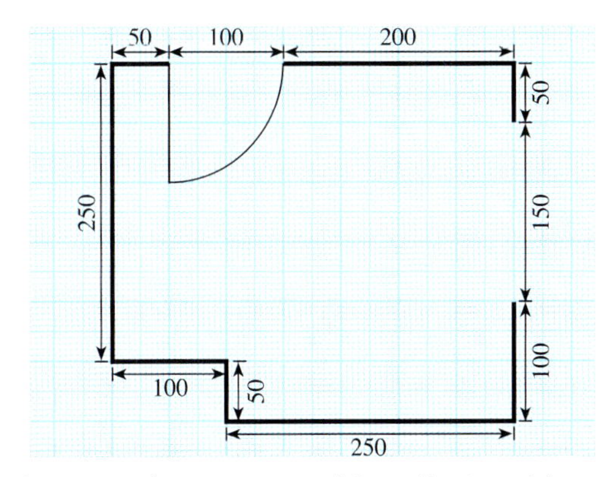

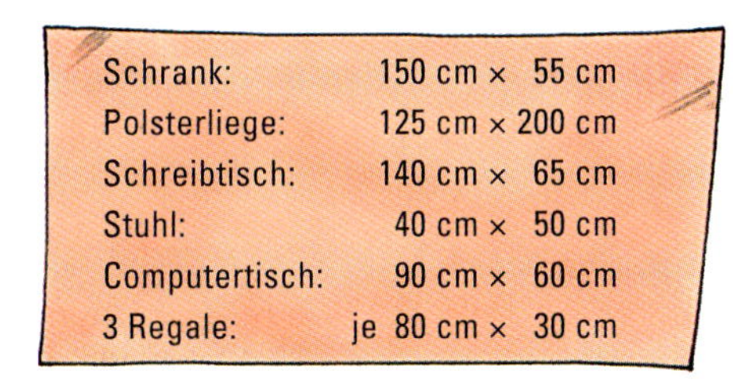

Schrank:	150 cm × 55 cm
Polsterliege:	125 cm × 200 cm
Schreibtisch:	140 cm × 65 cm
Stuhl:	40 cm × 50 cm
Computertisch:	90 cm × 60 cm
3 Regale:	je 80 cm × 30 cm

Fertige eine Zeichnung des Jugendzimmers im Maßstab 1 : 50 an. Zeichne die Grundrisse der Möbel im selben Maßstab. Schneide sie aus und stelle sie zweckmäßig.

17. Stelle die Bauwerke in einem geeigneten Maßstab im Schrägbild dar.

a) Neubaublock mit Höhe 22 m

b) Cheops-Pyramide mit Höhe 146 m

18. Auf den Bildern sind berühmte europäische Bauwerke zu sehen.

a) Erkundige dich z. B. im Internet, wie hoch die Sehenswürdigkeiten sind.

b) Fertige eine Skizze im Maßstab 1 : 2 000 an, in der du alle Bauwerke nebeneinander zeichnest.

c) In einem Malbuch für Kinder ist Big Ben vereinfacht als Quader mit aufgesetztem Würfel und Pyramide als Spitze im Maßstab 1 : 2 000 dargestellt.
Fertige eine Skizze an.

19.

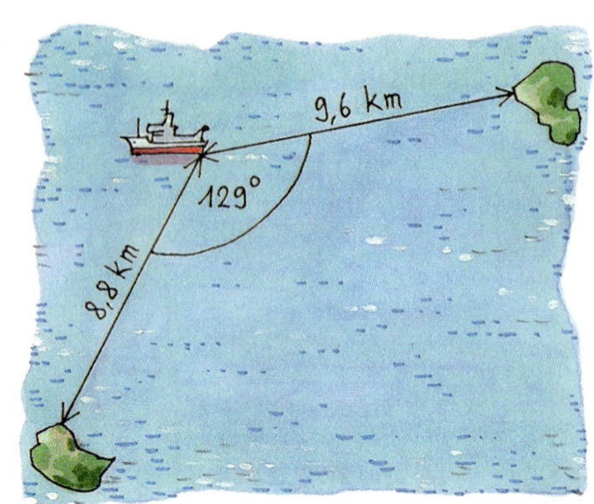

Um die Entfernung zwischen zwei Inseln zu bestimmen, werden beide von einem Forschungsschiff angepeilt.
Bestimme die Entfernung zwischen den Inseln durch Konstruktion

(1) im Maßstab 1 : 100 000;
(2) im Maßstab 1 : 200 000;
(3) im Maßstab 1 : 400 000.

Was fällt dir auf?

20. Die Abbildung zeigt einen Ausschnitt des Stadtplanes von Dresden im Maßstab 1 : 50 000. Miss die Länge der folgenden Wege auf dem Stadtplan und berechne deren wirkliche Länge:

a) Hauptbahnhof – Semperoper
b) Rudolf-Harbig-Stadion – Eissporthalle
c) Bahnhof Neustadt – Frauenkirche
d) Hauptbahnhof – Kreuzkirche – Zwinger – Landtag – Bahnhof Neustadt

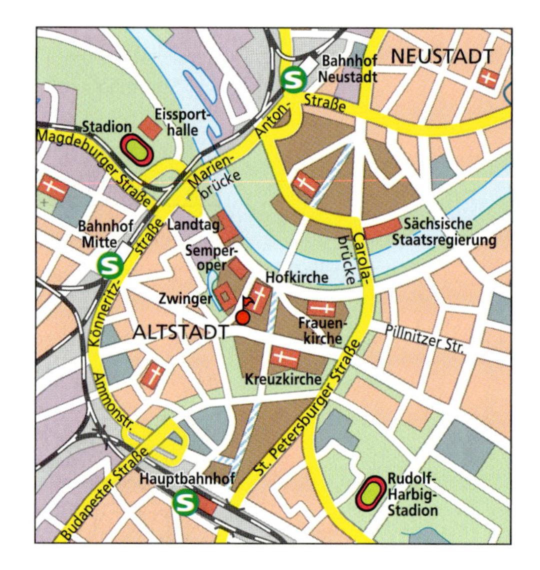

21. Im Bild siehst du den Alten Glockenturm, das Wahrzeichen der Stadt Lugau/Erzgebirge. Er besteht aus einem 8 m hohen und einem 2,50 m hohen Quader mit einer aufgesetzten 3 m hohen quadratischen Pyramide als Dach. Der Turm stammt aus dem 15. Jahrhundert, diente vermutlich als Wehrturm und ist 6 m breit.

a) Skizziere ein Schrägbild des Turms.
b) Zeichne ein Schrägbild des Glockenturms im Maßstab 1 : 100.
c) Zeichne die vordere Turmansicht und den Grundriss des Turms im Maßstab 1 : 200.
d) Stelle ein Modell des Glockenturms im Maßstab 1 : 100 her.
e) Auf einem Stadtplan im Maßstab 1 : 15 000 beträgt die Entfernung entlang der Straße zwischen Bahnhof und Glockenturm 8 cm.
Berechne, wie lange man zu Fuß vom Bahnhof bis zum Turm unterwegs ist.

22. Noah, Line, Angelina und Veronique planen gemeinsam mit ihren Eltern einen Fahrradurlaub in Sachsen.

Sie wollen so viel wie möglich sehen und 10 bis 14 Tage unterwegs sein. Die Orte, in denen sie übernachten, sollen nicht mehr als 30 km Luftlinie voneinander entfernt sein. Ihre Tour soll in Zwickau beginnen und auch wieder enden.

a) Entwickelt zwei Vorschläge für mögliche Touren. Nutzt dazu jeweils eine Tabelle.

Tag	von	nach	Entfernung in km (Luftlinie)
1	Zwickau		
2			
⋮			

b) Schaut in eine Straßenkarte und bestimmt die tatsächliche Länge der „Sachsen-Tour".

23. In der Tabelle findest du den jeweils höchsten Berg einiger sächsischer Mittelgebirge.
Die höchsten Berge vom Erzgebirge und Elbsandsteingebirge bilden zusammen mit dem 1 018 m hohen Auersberg ein stumpfwinkliges Dreieck.

Großer Zschirnstein	**560 m**
Hoher Brand	**805 m**
Fichtelberg	**1 214 m**
Lausche	**792 m**

a) Zeichne dieses Dreieck in einem geeigneten Maßstab in dein Heft. Gib den Maßstab an.

b) Zeichne die Höhen der fünf genannten Berge maßstabsgerecht nebeneinander.

WAHLPFLICHT: MODELLBAU

Maßstäbliches Vergrößern und Verkleinern von Körpern

1. Im Bild siehst du dir bekannte geometrische Körper.

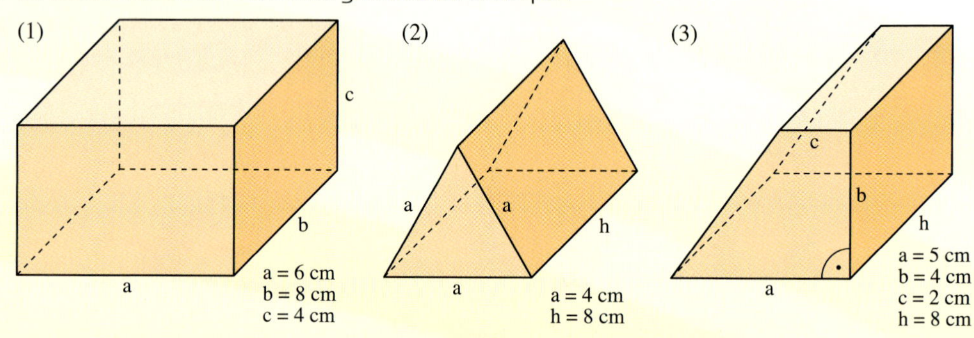

a) Stellt die abgebildeten Körper aus Pappe her. Färbt jeweils die Grundfläche.

b) Stellt die Körper im Schrägbild dar und bestimmt deren Volumen.

c) Verdoppelt nun die Kantenlängen der Körper. Zeichnet die Körper erneut und bestimmt das Volumen der größeren Körper.

d) Halbiert jetzt die Kantenlängen der oben abgebildeten Körper. Zeichnet mit diesen Maßen ein drittes Mal und bestimmt wieder das Volumen.

e) Vergleicht nun
(1) das Volumen des großen Quaders mit dem Volumen des Ausgangsquaders,
(2) das Volumen des Ausgangsquaders mit dem Volumen des kleinen Quaders.
Wie oft passen die kleineren jeweils in die nächstgrößeren Quader? (Ihr könnt das auch ausprobieren.)
Gilt das auch für die anderen Körper?
Gelingt es euch, die kleinen Körper in die nächstgrößeren hinein zu zeichnen?

2. *Max:* „Wenn ich die Kantenlängen verdreifache, dann verdreifacht sich auch das Volumen des Körpers."
Lena: „Das stimmt nicht! Das Volumen wird neunmal so groß."
Nadja: „Ihr habt beide nicht Recht. Das Volumen wird noch viel größer."

3. Im Bild siehst du einen Entwurf für eine Werbefläche.

a) Zeichne die Werbefläche auf ein Extrablatt
(1) im Maßstab 1 : 100;
(2) im Maßstab 1 : 50.

b) Wie oft passt die kleinere Zeichnung in die größere? Lege aus.

c) Welche Aussage für die Flächeninhalte könnte man treffen, wenn man in den Maßstäben 1 : 100 und 1 : 25 gezeichnet hätte?

d) Jannis behauptet: „Die im Maßstab 1 : 100 gezeichnete Werbefläche passt 100-mal in das Originalplakat."

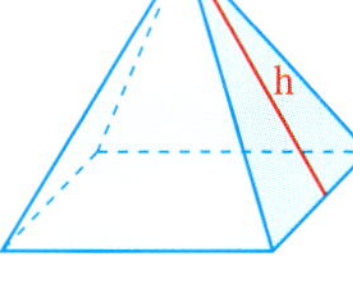
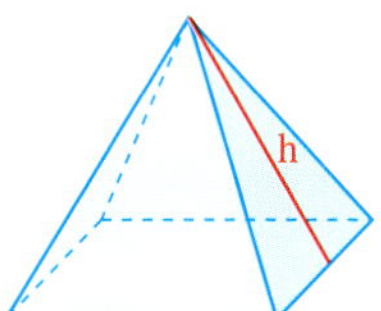

4. **a)** Zeichne das Netz einer quadratischen Pyramide
(1) mit Kantenlänge 3 cm und Höhe der Seitenfläche 3 cm;
(2) mit Kantenlänge 6 cm und Höhe der Seitenfläche 6 cm.

b) Bestimme die Oberflächeninhalte der Pyramiden von Teilaufgabe a) und vergleiche sie.

c) Wähle eine Pyramide aus und stelle sie her.

5. Eine Firma hat den Absatz eines Waschmittels in einem Jahr verdoppelt. Sie stellt dieses Wachstum in einem Werbeprospekt wie im Bild dar.

a) Wird der Absatzzuwachs durch die Größenverhältnisse im Bild richtig wiedergegeben?
Zeichnet die beiden Quader gegebenenfalls im richtigen Verhältnis.

b) Sucht nach grafischen Darstellungen in Zeitungen oder Prospekten, in denen Größenverhältnisse durch ähnliche Körper dargestellt werden. Überprüft, ob die Größenverhältnisse „richtig" sind.

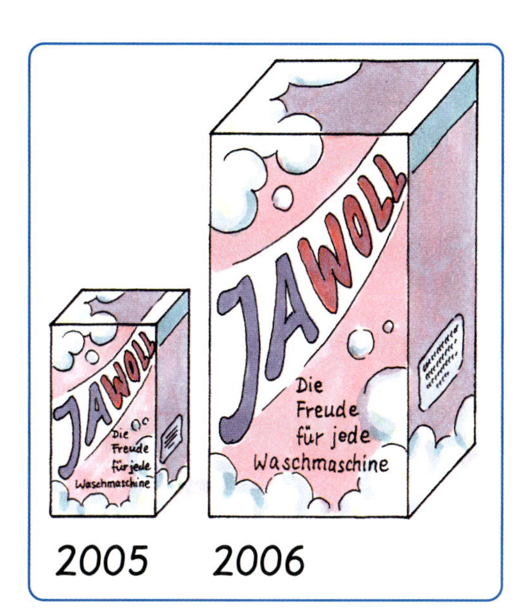

6. Ein Tetrapack der Firma *Glückskuh* fasst 1 Liter Milch. Das Unternehmen möchte eine Kleinpackung auf den Markt bringen. Die Kleinpackung soll 0,5 Liter Milch fassen und auch ein Quader sein.
Wie könnten die Abmessungen von Literpack und Kleinpackung gewählt werden?
Diskutiert in der Gruppe über sinnvolle Maße.

7. Das Wahrzeichen von Paris, der Eiffelturm, ist mit Aufbauten 324 m hoch und ca. 10 000 t schwer. Der Turm besteht aus Stahl. Nicky und Nina wollen ein maßstabsgetreues Modell (Maßstab 1 : 1 000) aus Stahl basteln.
Welche Masse hätte dieses Modell?

Die Bahn kommt

Spur	Maßstab
H0	1 : 87
TT	1 : 120
N	1 : 160

Die gebräuchlichsten Spurweiten für Modelleisenbahnen sind H0, TT und N (siehe die Tabelle rechts).
In diesen Größen kann man fast alles kaufen, was entlang einer Eisenbahnlinie zu finden ist, Züge, Waggons, Häuser, Autos, ...

1. Die Spurweite (Normalspurweite) der Deutschen Bahn beträgt exakt 1 435 mm.
Berechne die Spurweiten der Modellbahnen und zeichne nebeneinander jeweils 5 cm lange Schienenstränge.

2. Herrn Lützners Grundstück liegt unmittelbar an der Eisenbahntrasse. Es ist 28 m lang und 22 m breit.

a) Berechne die Größe von Herrn Lützners Grundstück.

b) Wie groß wäre Herrn Lützners Grundstück auf einer Modelleisenbahnplatte der Spuren H0, TT und N?

3. Noah hat zu Hause eine TT-Modelleisenbahn. Im Fachgeschäft sucht er nach passendem Zubehör und findet folgende Produkte:

(1) Modell eines Menschen mit einer Höhe von 15 mm;
(2) Modell eines Autos mit einer Länge von 125 mm;
(3) Modell eines Hauses mit einer Höhe von 80 mm.

a) Überprüfe durch Berechnung der Originalmaße, ob es sich um realistische Modelle handelt.

b) Berechne, wie groß die entsprechenden Modelle für die Spurweiten H0 und N sein müssten.

4. *Geht auf Entdeckungsreise* zu einem Bahnhof in eurer Nähe.

a) Fertigt eine Grundriss-Skizze vom Bahnhof an.

b) Bestimmt nun (durch Befragung, Messung, Internet ...) alle erforderlichen Maße und zeichnet den Grundriss in einen selbst gewählten Maßstab.

c) Fertigt nun ein originalgetreues Modell des Bahnhofs an.
Überlegt euch hierfür einen geeigneten Maßstab und gebt diesen an.

Stellt euer Modell in der Schule aus. Euer Lehrer hilft euch dabei.

Wohnen nach Wunsch

Viele Jugendliche sind mit ihrer Wohnumgebung nicht zufrieden. Sie bemängeln, dass es nur wenige Stellen gibt, an denen man sich nachmittags treffen und etwas unternehmen kann. Geht es euch auch so?

1. Stellt euch vor, ihr könntet ein Wohngebiet nach euren Wünschen entwerfen.
- → Wie sähen dann eure Wohnhäuser aus?
- → Welche Sportanlagen könnte man in eurem Wohngebiet finden?
- → Welche anderen Einrichtungen (Kino, Freibad, ...) würden in jedem Fall dazugehören?

2. Plant nun euer Wohngebiet konkreter.
- → Verständigt euch darüber, was in ihm alles enthalten sein soll.
- → Überlegt euch zunächst die Originalmaße aller Einrichtungen in eurem Wohngebiet.
- → Einigt euch auf einen geeigneten Maßstab und fertigt ein Modell an.

3. Gitte und Ronny haben ein Wohngebiet entworfen, in dem es u.a. ein Restaurant gibt, in dem man auch draußen sitzen kann.
Der Biergarten des Restaurants ist mit rustikalen rechteckigen Tischen (130 cm × 80 cm) ausgestattet. Diese werden im Winter in einem ebenfalls rechteckigen Abstellraum (5,80 m × 3,00 m) aufbewahrt. Man kann jeweils zwei Tische übereinander stapeln.

a) Zeichnet den Abstellraum und mehrere Tische im Maßstab 1 : 20 auf ein Blatt.

b) Schneidet die Tische aus und findet durch geschicktes Auslegen heraus, wie viele Tische man im günstigsten Fall im Abstellraum lagern kann.

c) Der Besitzer des Restaurants überlegt, ob er auf runde Tische (Durchmesser 120 cm) umrüsten soll.
Wie viele runde Tische könnte er im Abstellraum lagern?

Bist du topfit?

Vermischte Aufgaben

1. a) Welcher Term führt zum größten, welcher zum kleinsten Ergebnis?

(1) $20 + 2 \cdot 10 + 5$ (3) $(20 + 2) \cdot 10 + 5$ (5) $(20 + 2 \cdot 10) + 5$
(2) $20 + 2 \cdot (10 + 5)$ (4) $20 + (2 \cdot 10 + 5)$ (6) $(20 + 2) \cdot (10 + 5)$

b) Wie viel Prozent der rechteckigen Fläche ist gefärbt?

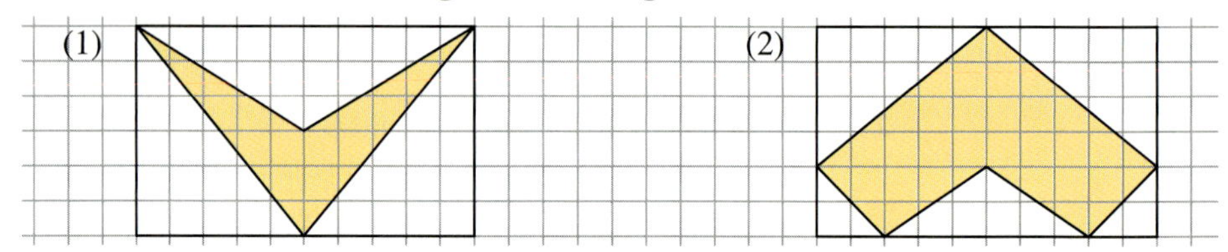

c) Jede der folgenden Aufgaben gehört zu einem Diagramm unten. Ordne richtig zu.

(1) Heike bezahlt für einen Maxibrief in die französische Partnerstadt ihres Heimatortes 1,60 €. Helen zahlt 2,50 € und Birgit sogar 4,00 €.

(2) Nach einer kurzen Rast auf dem Parkplatz fährt Herr Bahr wieder auf die Autobahn und setzt mit $120 \frac{km}{h}$ seine Reise fort.

(3) Familie Bahl zahlt für ihren Stromverbrauch monatlich eine Grundgebühr. Hinzu kommen je Kilowattstunde 20 Cent.

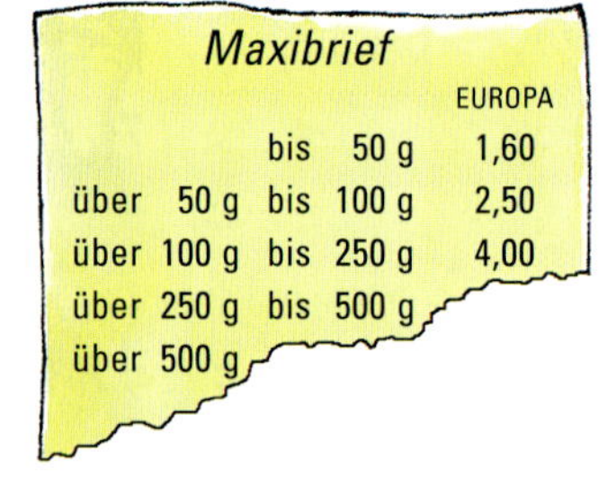

Maxibrief

		EUROPA
	bis 50 g	1,60
über 50 g	bis 100 g	2,50
über 100 g	bis 250 g	4,00
über 250 g	bis 500 g	
über 500 g		

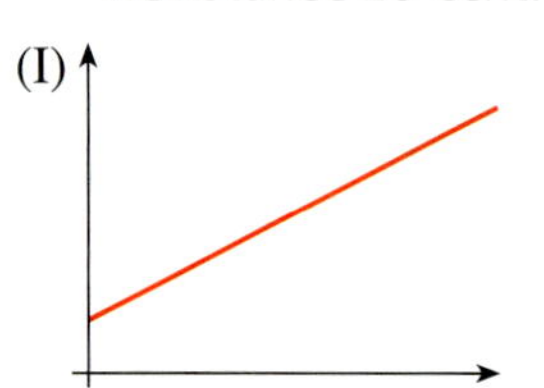

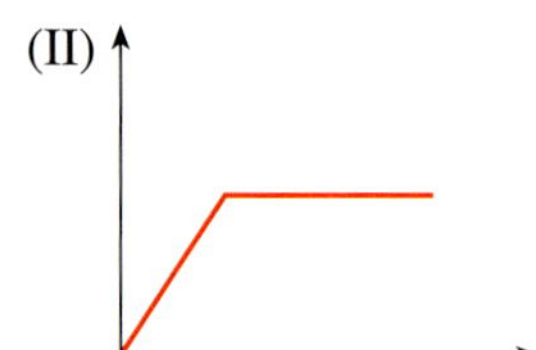

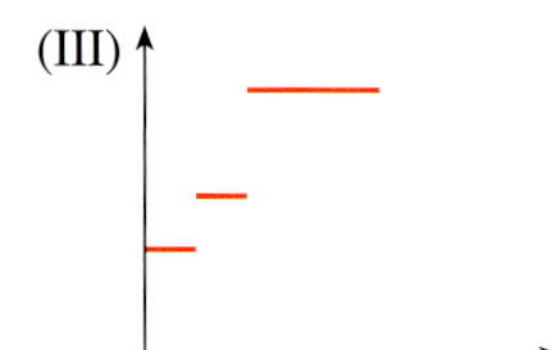

d) Der Kaiserpalast in Peking, auch *Verbotene Stadt* genannt, bildet etwa ein Rechteck mit 1 km Länge und 790 m Breite. Ein Fußballfeld (105 m lang, 70 m breit) ist ein ideales Vergleichsmaß für die Größenvorstellung dieser Palastanlage.
Formuliere einen Größenvergleich.

e) Welche abgebildete Figur passt logischerweise nicht in die Reihe?

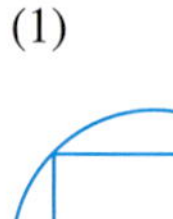

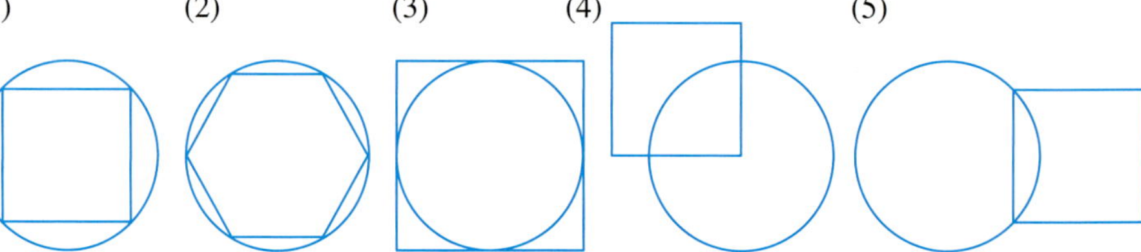

2. a) (1) Übertrage die Tabelle in dein Heft. Notiere nacheinander die gefundenen Zahlen der Rechenschlange.

A	B	C	D	E

(2) Bilde das arithmetische Mittel der gefundenen Zahlen.

b) Spiele mit der „4"!
Schreibe viermal die Ziffer 4. Setze Rechenzeichen (auch Klammern) so, dass als Ergebnis die einstelligen Zahlen 0; 1; 2; ...; 9 entstehen.
Beispiel: 44 : 4 − 4 = 7

c)

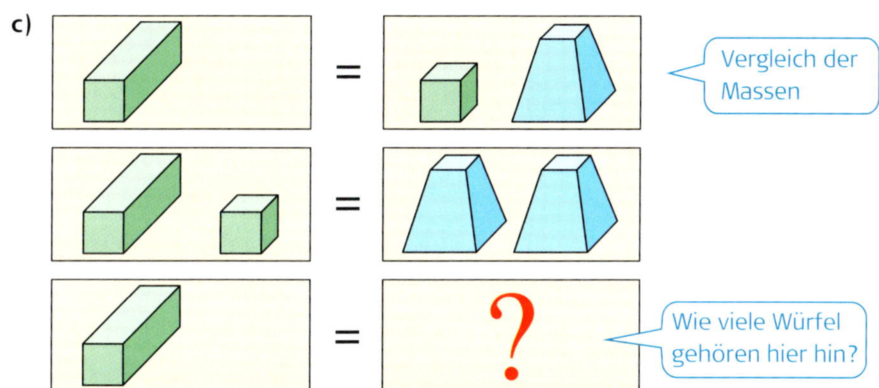

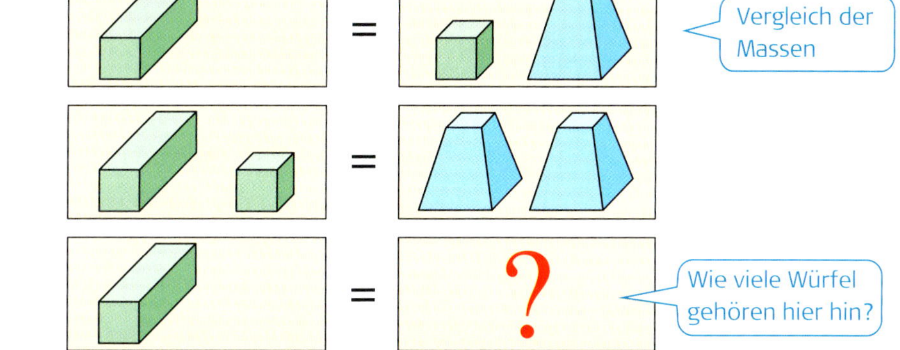

d) Der Amerikaner Charles Lindbergh war der erste Pilot, der den Atlantik überflog. Für seinen legendären Flug über 5 810 km von New York nach Paris benötigte er 1927 eine Zeit von 33 Stunden und 39 Minuten.
Gib einen Überschlagswert für seine Durchschnittsgeschwindigkeit an.

F ... Fahrenheit
C ... Celcius

e) In den USA werden Temperaturen nicht in Grad Celcius, sondern in Grad Fahrenheit angegeben. Beide Temperaturanzeigen entdeckt Lutz auch im Pkw seiner Eltern. Zur Umrechnung benutzt er die Formel $F = \frac{9}{5}C + 32$. Ergänze die Tabelle!

Grad Celcius	0 °C	5 °C	10 °C	12 °C
Überschlagswert Grad Fahrenheit				
Exakter Wert Grad Fahrenheit				

3. a) Welche Zahl ist Lösung der Gleichung?
(1) $5x - 7 = 48$ (2) $13 + 3a = 34$ (3) $\frac{y}{3} = -4$ (4) $2(x + 9) = 42$

b) Die fehlenden „Hausnummern" findest du mit der gleichen Rechenoperation.

(1)
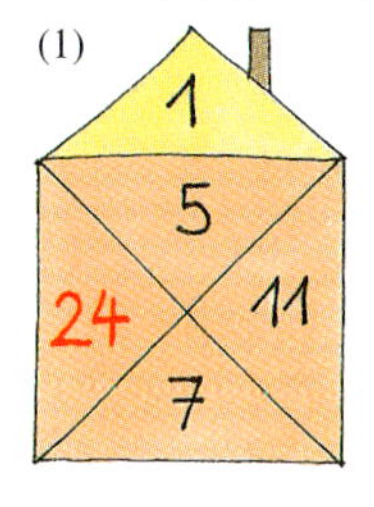

(2)

(3)
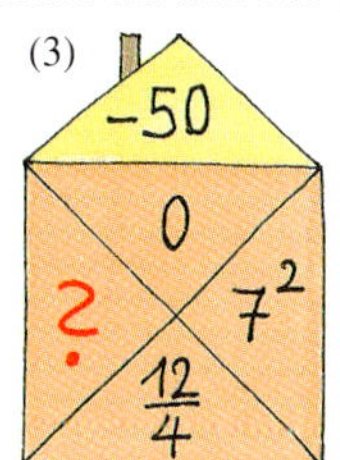

(4)
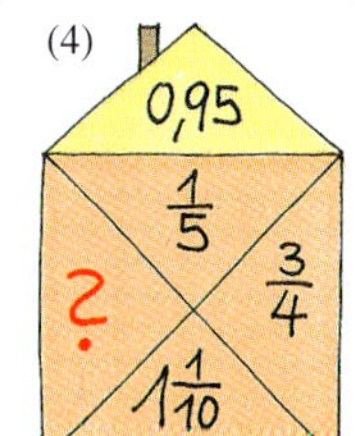

(5)
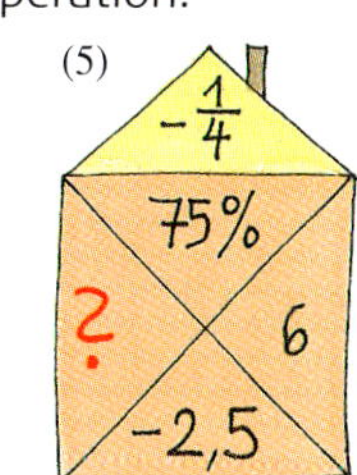

Auf der nächsten Seite geht es weiter.

c) Der Umfang eines Drachens beträgt 1,84 m. Eine Seite des Drachens ist 38 cm lang. Wie lang sind die anderen Seiten?

d) 

(1) Welches Netz für das Hausmodell ist richtig?

(2) Zeichne ein Schrägbild des Modells.

(3) Berechne den umbauten Raum des zugehörigen Hauses im Original.

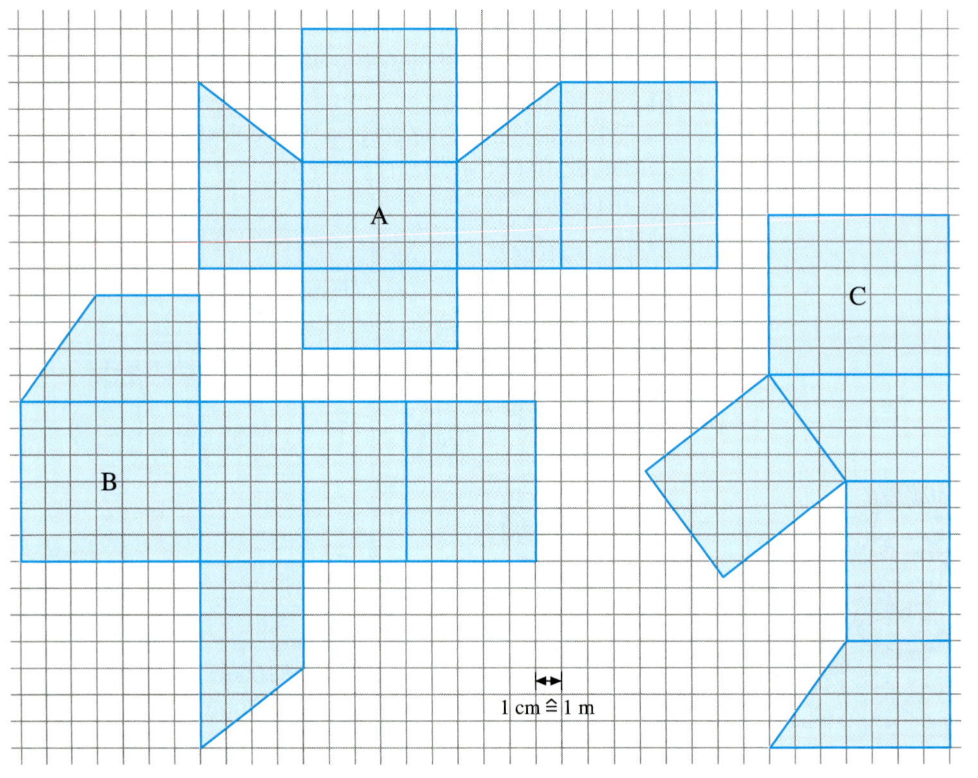

e) Die Kraftfahrer Gerhard, Manfred und Wolfgang treffen mit ihren Lkws gleichzeitig um 14.25 Uhr im Hafen ein. Sie werden nacheinander von einem Kran entladen. Der Größe der Lkw entsprechend dauert es 20 min, eine $\frac{3}{4}$ h bzw. 1 h.

(1) Finde alle Möglichkeiten für die Reihenfolge der Abfertigung.

(2) Wann verlässt der letzte der drei Kraftfahrer mit seinem Lkw den Hafen?

4. a) Zwei Familien fuhren zu verschiedenen Zeiten von Tiefenau zur Insel Rügen. Ermittle aus dem Diagramm, mit welcher Durchschnittsgeschwindigkeit beide Familien bis zur ersten Pause unterwegs waren.

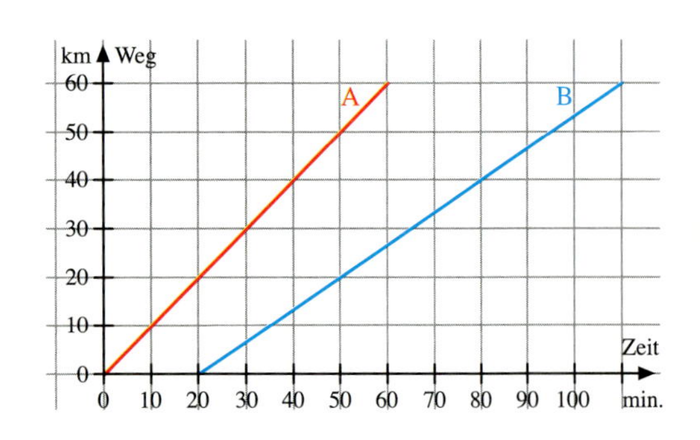

Auf der nächsten Seite geht es weiter.

b) Schreibe aus den acht bzw. neun Hölzchen ein „Auto“!

π = 3,14159...

c) Markus hat sich für die Kreiszahl π fünf Stellen nach dem Komma notiert.
Dürer gab als Näherungswert die gemischte Schreibweise $3\frac{1}{8}$ und Archimedes $3\frac{1}{7}$ an.
Ab welcher Stelle nach dem Komma weicht der Wert von Dürer bzw. Archimedes von den Ziffern ab, die sich Markus notierte?

d) (1) Wie lang ist die kürzeste Verbindung von A nach B?

(2) Der Teich soll zum Park hin vergrößert werden. Deshalb wird der Weg zwischen Park und Teich unterbrochen.
Um wie viel Prozent wird sich der kürzeste Weg von A nach B nun vergrößern?

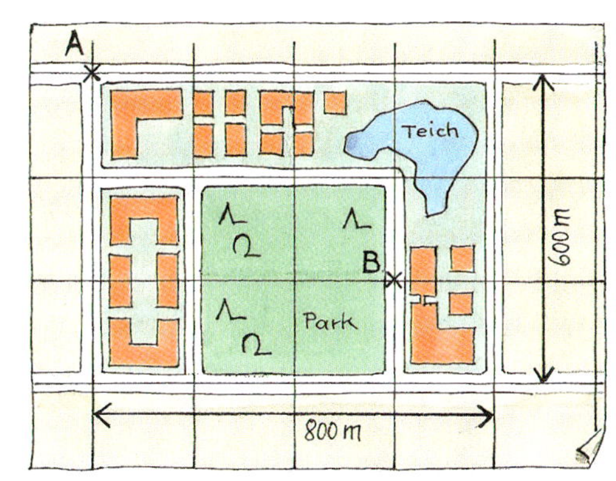

e) „Kurvenüberschlag“
Ermittle mit einem Überschlag die Länge der Kurven.

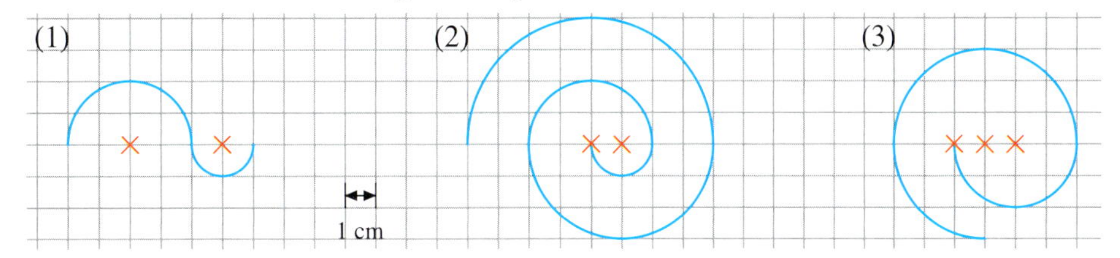

5. a) Zwei Geschäftsinhaber einigten sich, Preise nur so zu verändern, dass sie höchstens um 5% nach oben bzw. um 20% nach unten vom bisherigen Preis abweichen.
In welcher Preisspanne dürfte dann eine Jeanshose (aktueller Preis 50 €) angeboten werden?

b) Ermittle mit einem Überschlag den Flächeninhalt der gefärbten Fläche im Quadrat.

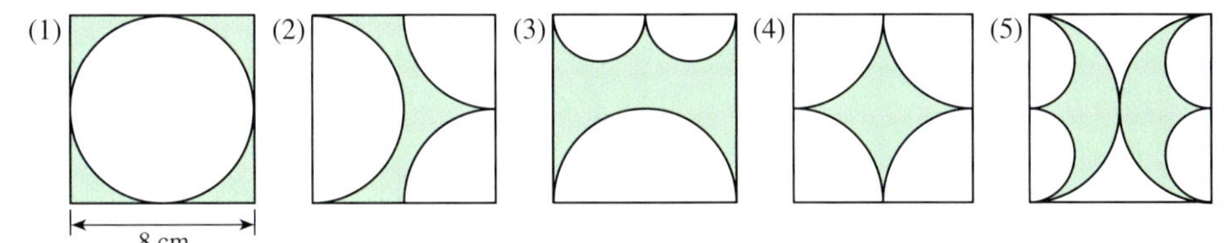

c) (1) Bilde mit den Ziffer 1, 2 und 5 alle möglichen dreistelligen Zahlen. Schreibe sie untereinander.
(2) Bilde die Summe der dreistelligen Zahlen.
(3) Dividiere diese Summe durch die Summe aus den Zahlen 1, 2 und 5.
(4) Verfahre in gleicher Schrittfolge mit den Ziffern 2, 3 und 4.
(5) Was fällt dir auf?

d) Bestimme mit einem Überschlag Grundfläche, Mantelfläche, Oberfläche und Volumen des Zylinders.

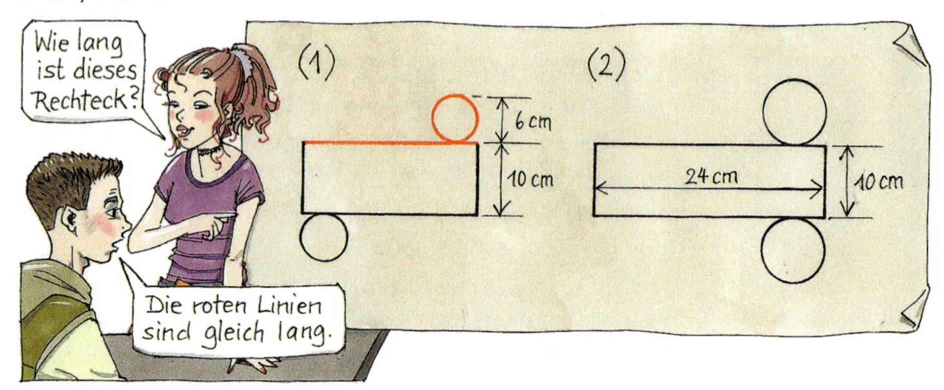

e) „Kannst du mir bitte sagen, wie ich zum Kreiskrankenhaus komme?"
„Du meinst sicher das Fußballstadion. Unser Krankenhaus ist viereckig!"

6. a) Zwölf quaderförmige Pakete mit den Seitenlängen 20 cm, 15 cm und 12 cm sollen in einen einzigen Versandkarton lückenlos gepackt werden.
Skizziere im Schrägbild drei unterschiedliche Anordnungsmöglichkeiten.
Gib jeweils die Länge, Breite und Höhe des Versandkartons an.

b) Herr „Einhalb" sucht eine um 10% kleinere Frau. Wie heißt sie?

c) Eberhard will sich von seinem ersparten Geld den Computer PC/LX kaufen. Er vergleicht zwei Angebote.

(1)

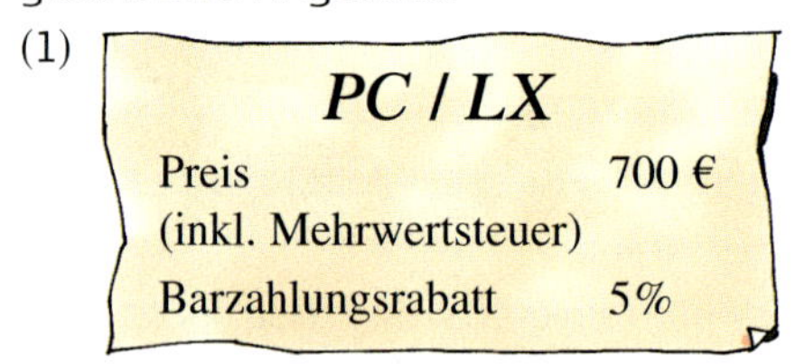

(2)

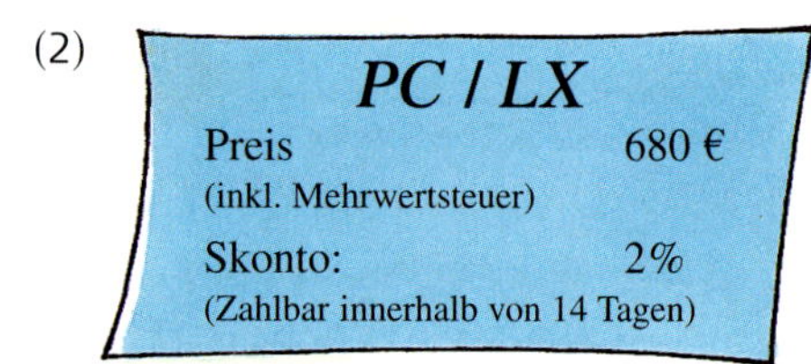

d) (1) Gib für die drehsymmetrische Figur den kleinsten Drehwinkel an.

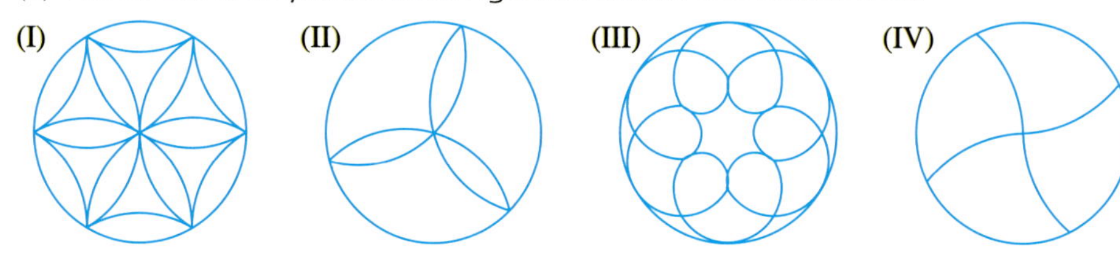

(2) Welche Figur ist drehsymmetrisch und sogleich achsensymmetrisch? Ermittle die Anzahl der Symmetrieachsen.

e) Johann vergleicht während seines Betriebspraktikums die Masse von Metallzylindern gleicher Abmessungen. Sie sind aus Aluminium bzw. Kupfer hergestellt. In der Formelsammlung fand er für deren Dichte folgende Angaben:

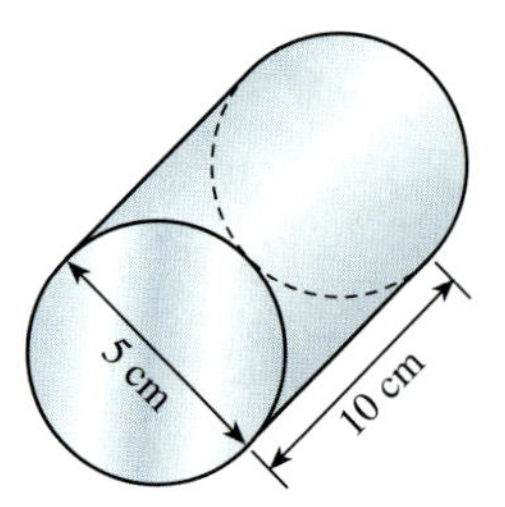

$\varrho_{AL} = 2{,}7 \frac{g}{cm^3}$

$\varrho_{Cu} = 8{,}9 \frac{g}{cm^3}$

Komplexe Aufgaben

Niederschlagswassergebühr richtet sich nach der versiegelten Fläche

1. Herr Weigoldt wohnt seit März 2005 mit seiner Frau in einer Zwei-Raum-Wohnung zur Miete. Im Mai 2006 erhielt er die Abrechnung der Betriebskosten vom 01. 03. 2005 bis 31. 12. 2005 für seine Wohnung einschließlich des überdachten Abstellplatzes für sein Auto:

Kostenart	Ihr Anteil in Euro für 12 Monate	für ☐ Monate
Grundsteuer	114,89	95,70
Niederschlagswassergebühr	42,28	35,20
Wärmeversorgung/Wasser		346,03
Gebäudeversicherung	50,20	41,80
Gartenpflege	121,08	☐
Außenbeleuchtung	17,19	14,30
Straßenreinigung	5,76	4,80
Müllabfuhr	89,17	74,30
Gebäudereinigung	86,37	71,90
Hausstrom	26,62	22,10
Hausmeister	113,56	94,60
Betriebskosten Doppelparker	53,00	44,10
Gesamt		☐
abzüglich geleistete Vorauszahlungen		☐
Ihr Guthaben bzw. Restbetrag		☐

In der Miete von Herrn Weigoldt waren monatlich 105,00 € Betriebskosten enthalten. Um alles unbeeinflusst kontrollieren zu können, deckt er einige Posten ab.

a) Wie viel Monate beträgt der Zeitraum der Abrechnung?

b) Wie wurden die Beträge für den Mietzeitraum berechnet?
Rechne nach. Mit welcher Genauigkeit wurden die Beträge angegeben?

c) Wie hoch ist sein Anteil für die Gartenpflege im Mietzeitraum?

d) Berechne die Gesamtkosten für den Mietzeitraum bis zum Ende des Jahres 2005.

e) Wie hoch sind die Betriebskosten pro Monat?

f) Berechne den Betrag für die geleisteten Vorauszahlungen.

g) Muss Herr Weigoldt noch einen Restbetrag überweisen oder erhält er vom Vermieter Geld zurück? Wie viel Euro sind das?

2. Für das Abstellen seines Autos im Doppelparker zahlt Herr Weigoldt monatlich 20,00 € Miete.

a) Wie viel Euro zahlt er für das Abstellen seines Autos pro Jahr einschließlich der Betriebskosten für den Doppelparker?

b) Wie viel Euro sind das monatlich?

c) Herr Weigoldt zahlt monatlich 450,00 € Miete (Warmmiete). Wie hoch ist etwa der prozentuale Anteil der Kosten für das Auto an der monatlichen Warmmiete?

d) Erkundige dich über den Unterschied zwischen „Kaltmiete" und „Warmmiete".

3. Als Anlage erhält Herr Weigoldt die Auflistung für die Berechnung des Postens *Wärmeversorgung/Wasser*.

a) Informiere dich in Aufgabe 1, wie hoch der berechnete Betrag war.

b) Rechne nach, ob der Betrag der Gesamtkosten aus den Einzelposten richtig ermittelt wurde.

c) Erkläre, wie die Einzelposten mit den angegebenen Einheiten des Mieters berechnet wurden.

d) Wie hoch ist der monatliche Betrag für *Wärmeversorgung/Wasser*?

e) Berechne annähernd den prozentualen Anteil dieses Postens an der Warmmiete.

Aufteilung der Gesamtkosten von	Gesamtbetrag	: Gesamteinheiten	= Betrag/ Einheit	× Ihre Einheiten	= **Ihre Kosten**
	7426,40				
1. Heiz- und Warmwasserkosten					
Heizkosten	**3738,75**				
davon					
40% Grundkosten Heizung	= **1495,50**	: 616,14 m^2 Wohnfläche	= 2,427208	× 42,32	= **102,72**
60% Verbrauchsk. Heizung	= **2243,25**	: 35589,77 HKV-Einheiten	= 0,063031	× 472,80	= **29,80**
Heizkostenermittlung:					
Kosten Heizanlage	= 4449,32 EUR				
– Warmwasser-Erwärmung	= 889,86 EUR				
+ Zusatzkosten Heizung	= 179,29 EUR				
= Heizkosten	= 3738,75 EUR				
Warmwasserkosten	**1032,22**				
davon					
30% Grundk. Warmwasser	= **309,67**	: 616,14 m^2 Wohnfläche	= 0,502597	× 52,03	= **26,15**
70% Verbrauchsk. Warmw.	= **722,55**	: 130,60 m^3 Warmwasser	= 5,532542	× 6,22	= **34,41**
Warmwasserkostenermittlung; Erwärmung auf 60 °C lt. Formel § 9.2 Heizkostenverordnung					
$\frac{2{,}5 \times 130{,}60\ m^3 \times (60\,°C - 10)}{1{,}00}$	= 16325 kWh Gas				
	= 20,0% des Verbrauchs.				
20,0% der Kosten Heizanlage von	4449,32 EUR				
	= 889,86 EUR				
+ Zusatzkosten Warmwasser	+ 142,36 EUR				
= Warmwasserkosten	= 1032,22 EUR				
Ihre Heiz- und Warmwasserkosten					= **193,08**
2. Hausnebenkosten	**2655,43**				
Kalt- u. Abwasser	= **2265,07**	: 470,04 m^3 Wasser K + W	= 4,818888	× 24,57	= **118,40**
Gebühr Kaltwasserz.	= **360,20**	: 339,44 m^3 Kaltwasser	= 1,061160	× 18,35	= **19,47**
Sonderk. einz. Nutzer	= **30,16**				
Nutzerwechselgebühr				Ihr Anteil	= **15,08**
Ihre Hausnebenkosten					= **152,95**
				Ihre Gesamtkosten	= **346,03**

4. Herr Weigoldt überzeugt seinen Vermieter, vier Wassertonnen eingraben zu lassen, aus denen dann das Wasser zum Gießen des Gartens verwendet werden kann. Jede Tonne hat einen Durchmesser von 1,20 m und eine Höhe von 1,50 m.

a) Wie viel m^3 Wasser fasst eine Wassertonne?

b) Wie viel Liter Wasser können maximal von allen vier Tonnen zusammen aufgenommen werden?

c) Für eine effektive Planung möchte Herr Weigoldt die Umrisse des Gartens im Maßstab 1 : 50 zeichnen (1 cm in der Zeichnung entsprechen 50 cm in der Wirklichkeit).
Der Garten hat die Form eines Rechtecks mit 25 m Länge und 15 m Breite. Kann er die Umrisse des Gartens auf ein DIN-A4-Blatt zeichnen oder wählt er praktischer Weise ein anderes Format?
Informiere dich über Länge und Breite anderer Formate.

5. Im hinteren Bereich des Hofes sollen zwei Blumenbeete angelegt werden. Jedes soll die Form eines Viertelkreises mit einem Radius von 2,50 m haben.

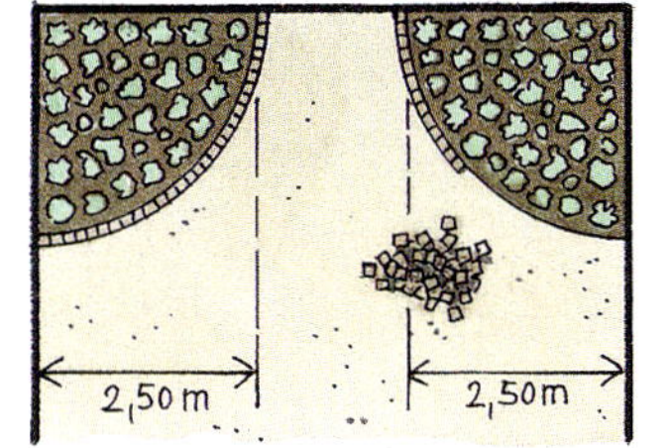

a) Zunächst sollen die Beete mit Randsteinen von 10 cm Länge eingefasst werden.
Wie viele Steine werden benötigt? Überlege, was du zuerst berechnen musst.

b) Wie groß sind beide Beete zusammen?

c) Pro m^2 sollen etwa 5 Rosenstöcke gepflanzt werden.
Wie viele Pflanzen werden benötigt? Runde sinnvoll.

d) Es werden je zur Hälfte weiße und rote Rosenpflanzen gekauft.
Jede weiße Rosenpflanze kostete 4,95 € und jede rote 5,95 €.
Wie viel Euro werden für die Bepflanzung der Beete ausgegeben?

e) Das Erdreich der beiden Beete soll 30 cm hoch mit Muttererde aufgefüllt werden.
Wie viel m^3 Erde würdest du bestellen?

f) Bevor die Muttererde aufgebracht wird, müssen genau so viele m^3 Erde ausgeschachtet und abtransportiert werden.
Für das Bereitstellen des Containers berechnete die Transportfirma 39,10 € und für jeden m^3 Erde zusätzlich noch 23,50 €. Zum Gesamtbetrag kommt noch die Mehrwertsteuer.
Wie teuer wird der Abtransport der alten Erde?

6. Für ihren Balkon hat Frau Weigoldt fünf Blumenkästen gekauft. Diese haben annähernd die Form eines Prismas mit trapezförmiger Grundfläche.

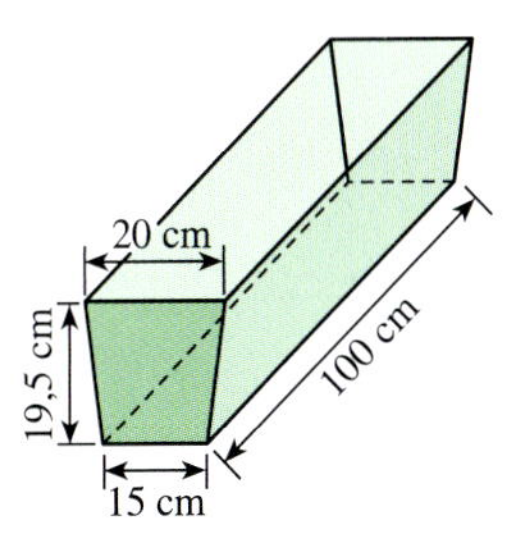

a) Berechne das Fassungsvermögen aller fünf Blumenkästen zusammen, wenn die Erde nur bis 2 cm unter dem Rand eingefüllt werden soll.

b) Im Handel gibt es Blumenerde in Säcken zu 5 *l*, 10 *l*, 20 *l*, 30 *l*, 40 *l*, 50 *l* und 60 *l*.
Welchen Sack bzw. welche Säcke würdest du kaufen?

c) Frau Weigoldt rechnet 6 Pflanzen für jeden Blumenkasten.
Wie viel Euro muss sie bezahlen, wenn eine Pflanze 2,90 € kostet?

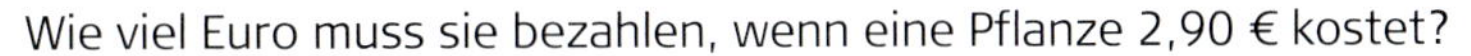

d) Der Händler gewährt aufgrund des heutigen Aktionstages pro Pflanze 20% Rabatt.
Wie viel muss Frau Weigoldt an diesem Aktionstag für alle Pflanzen zusammen bezahlen?

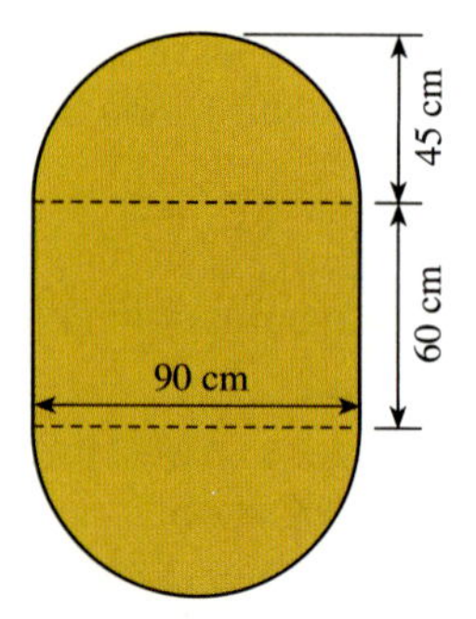

7. Der Nachbar von Frau Weigoldt hat sich einen ovalen Holztisch für den Balkon gekauft.

a) Um zu wissen, wie viel Lasur er zum Streichen benötigt, muss er die Größe der Tischplatte ausrechnen.

b) Er möchte den gesamten Tisch zweimal streichen und überlegt, dass er ihn von oben und unten streichen und für die schmale Seitenfläche und die Tischbeine noch etwa 25% dazu rechnen muss. Pro m^2 benötigt man 250 ml Lasur. Reicht ein 5 *l*-Kanister?

c) Seine Frau beabsichtigt, für den Tisch eine Decke zu nähen. Dazu möchte sie jeweils zur Gesamtlänge und Breite des Tisches 40 cm dazu rechnen. Fertige eine Skizze an und beschrifte sie mit den neuen Maßen.

d) Die Tischdecke möchte sie mit einer Bordüre versehen. Wie lang muss die Bordüre sein?

e) Der Tisch hat 79,00 € gekostet, dazu zwei Sessel mit Auflagen zusammen 139,00 €. Im Angebot für ein Spar-Set steht, dass man beim 299,00 € teuren Komplett-Set (bestehend aus dem Tisch, 4 Sesseln und 4 Auflagen) 58,00 € spart.
Stimmt das?

f) Wie viel Prozent würde man beim Kauf des Komplett-Sets sparen?

8. Im Lotto-Jackpot befinden sich zur Zeit 3,5 Mio. €. Die Nachbarskinder Franz und Lisa unterhalten sich darüber, was sie mit einer solchen Summe anfangen würden.

Franz sagt: „Ich würde mir ein Haus mit Grundstück für etwa eine Million Euro, ein tolles Auto für 250 000 €, ein schnelles Motorrad für 25 000 € und ein Ferienhaus am Meer für 450 000 € kaufen. Außerdem würde ich mich für mindestens 20 000 € einkleiden und jedes Jahr einen langen Urlaub für über 100 000 € unternehmen. Für meine Freunde würde ich viele Partys veranstalten und von dem restlichen Geld ein tolles Leben führen."

Lisa hat dazu eine andere Meinung: „Ich würde das Geld bei einer Bank fest anlegen. Die Zinsen lasse ich mir jedes Jahr auf ein Konto, zu dem ich jederzeit Zugriff habe, überweisen.

a) Was hältst du von Franz' Überlegungen?

b) Wie viel Euro hätte er nach seinen geplanten Ausgaben noch übrig?

c) Könnte er sich vom restlichen Geld noch lange ein „tolles Leben mit teuren Partys" leisten?

d) Wie viel Euro würden Lisa jährlich zur Verfügung stehen, wenn sie das Geld mit einem Zinssatz von 3% fest anlegt?

e) Wie viel Euro könnte sie monatlich verbrauchen?

f) Wie viel Euro Zinsen würden sich in 4 Jahren ergeben, wenn Lisa die Zinsen auf dem Konto belässt?

g) Nach den 4 Jahren „Sparen mit Zinseszins" lässt sich Lisa die Zinsen jährlich auszahlen.
Wie viel Euro könnte sie dann monatlich verbrauchen?

h) Vergleiche die Überlegungen von Franz und Lisa. Was würdest du tun?

Anhang

WIEDERHOLUNG

Rechnen mit Brüchen

3 — Zähler
— Bruchstrich
4 — Nenner

1. Welche Brüche sind dargestellt?

a) 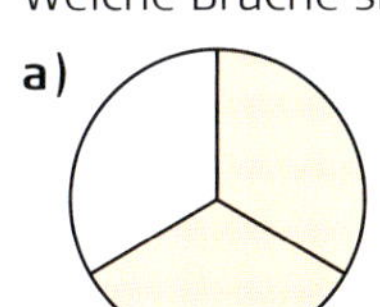 **b)** 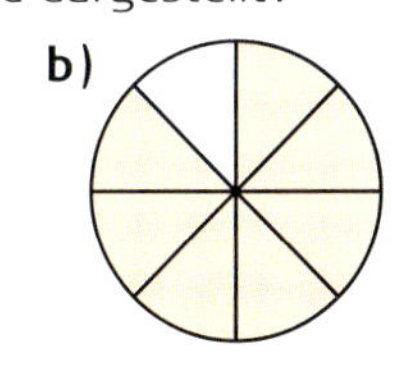 **c)** 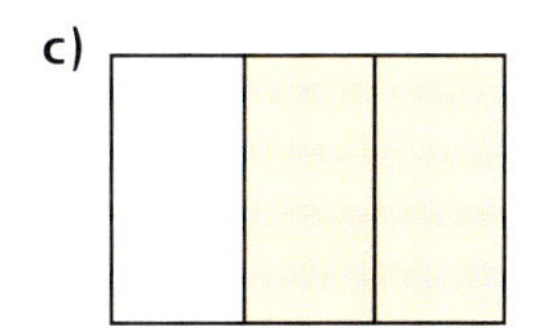 **d)** 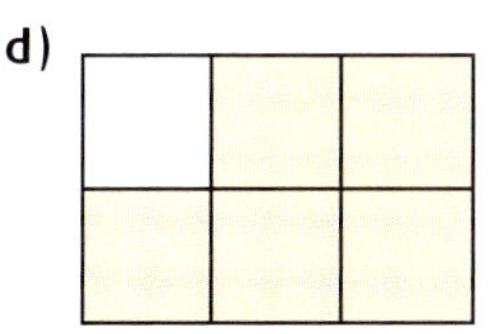

2. a) Erweitere $\frac{1}{2}$; $\frac{1}{4}$; $\frac{3}{4}$; $\frac{3}{5}$; $\frac{5}{7}$; $\frac{7}{4}$ mit 2 [3; 5; 4; 10].

b) Kürze so weit wie möglich.

(1) $\frac{6}{4}$; $\frac{4}{8}$; $\frac{6}{10}$; $\frac{3}{12}$; $\frac{21}{14}$; $\frac{12}{16}$; $\frac{8}{20}$

(2) $\frac{24}{36}$; $\frac{30}{45}$; $\frac{48}{72}$; $\frac{36}{60}$; $\frac{30}{18}$; $\frac{42}{56}$; $\frac{63}{27}$

Erweitern: Zähler und Nenner mit derselben Zahl multiplizieren.

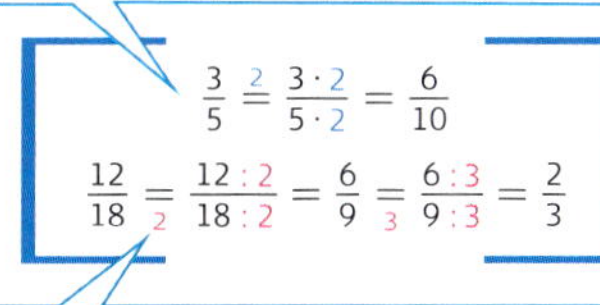

$\frac{3}{5} \overset{2}{=} \frac{3 \cdot 2}{5 \cdot 2} = \frac{6}{10}$

$\frac{12}{18} \underset{2}{=} \frac{12 : 2}{18 : 2} = \frac{6}{9} \underset{3}{=} \frac{6 : 3}{9 : 3} = \frac{2}{3}$

Kürzen: Zähler und Nenner durch dieselbe Zahl dividieren.

3. Kürze; erweitere dann so, dass der Nenner 100 ist.

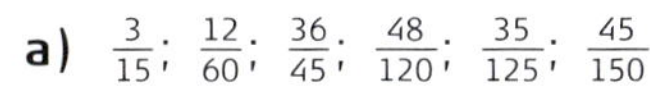

a) $\frac{3}{15}$; $\frac{12}{60}$; $\frac{36}{45}$; $\frac{48}{120}$; $\frac{35}{125}$; $\frac{45}{150}$

b) $\frac{21}{14}$; $\frac{18}{30}$; $\frac{12}{16}$; $\frac{63}{45}$; $\frac{18}{150}$; $\frac{49}{35}$

4. Schreibe als Dezimalbruch. Runde gegebenenfalls auf drei Stellen nach dem Komma.

a) $\frac{3}{5}$; $\frac{2}{5}$; $\frac{5}{2}$; $\frac{1}{4}$; $\frac{5}{4}$; $\frac{8}{25}$; $\frac{30}{25}$; $\frac{17}{20}$; $\frac{26}{20}$; $\frac{27}{50}$; $\frac{65}{50}$; $\frac{7}{8}$

b) $\frac{9}{6}$; $\frac{7}{14}$; $\frac{3}{12}$; $\frac{6}{24}$; $\frac{6}{15}$; $\frac{21}{15}$; $\frac{30}{12}$; $\frac{18}{12}$; $\frac{3}{15}$; $\frac{9}{24}$; $\frac{21}{24}$

c) $\frac{2}{3}$; $\frac{5}{6}$; $\frac{11}{7}$; $\frac{2}{7}$; $\frac{10}{9}$; $\frac{9}{11}$; $\frac{4}{9}$; $\frac{7}{6}$; $\frac{11}{9}$; $\frac{5}{3}$; $\frac{23}{6}$; $\frac{6}{7}$

$\frac{21}{28} = \frac{3}{4} = \frac{75}{100} = 0{,}75$

$\frac{3}{7} = 3 : 7 = 0{,}4285\ldots$

$\approx 0{,}429$

5. Schreibe als gemeinen Bruch; kürze dann, falls möglich.

a) 0,13; 3,2; 5,25; 0,012; 0,444 **b)** 12,5; 2,75; 0,48; 0,85; 5,05

6. Berechne wie im Beispiel.

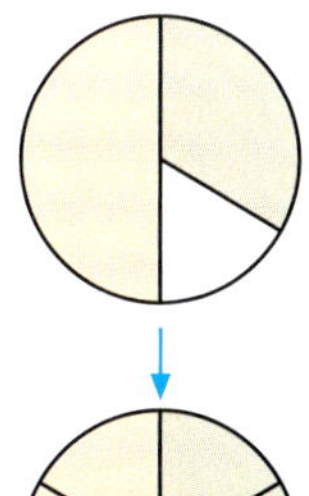

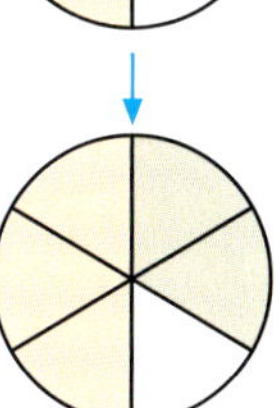

a) $\frac{5}{8} + \frac{7}{8}$

$\frac{9}{8} - \frac{1}{8}$

$\frac{9}{25} + \frac{7}{25}$

$\frac{23}{25} - \frac{8}{25}$

b) $\frac{37}{100} + \frac{23}{100}$

$\frac{132}{100} - \frac{57}{100}$

c) $\frac{3}{5} + \frac{11}{15}$

$\frac{11}{12} - \frac{3}{4}$

$\frac{9}{10} + \frac{11}{25}$

$\frac{9}{15} - \frac{11}{25}$

d) $\frac{5}{12} + \frac{5}{8}$

$\frac{8}{9} - \frac{5}{6}$

e) $\frac{1}{2} + \frac{3}{4} + \frac{5}{6}$

$\frac{5}{6} - \frac{1}{2} - \frac{1}{4}$

$\frac{11}{12} + \frac{5}{8} + \frac{1}{6}$

$\frac{6}{7} - \frac{1}{3} - \frac{5}{21}$

f) $\frac{23}{16} - \frac{3}{4} - \frac{2}{8}$

$\frac{13}{24} + \frac{3}{8} + \frac{1}{6}$

$\frac{7}{8} + \frac{3}{8} = \frac{7+3}{8} = \frac{10}{8} = \frac{5}{4}$

$\frac{3}{4} + \frac{2}{3} = \frac{9}{12} + \frac{8}{12} = \frac{17}{12}$

Addieren: Zuerst gleichnamig machen, dann: Zähler addieren Nenner beibehalten.

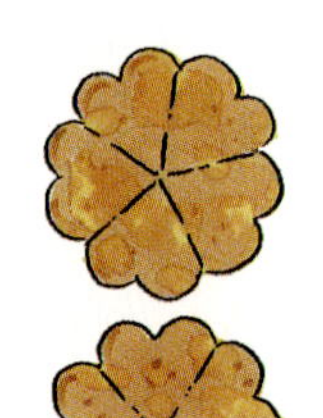

7. a) Gib als gemeinen Bruch an:
$2\frac{1}{2}$; $4\frac{1}{3}$; $1\frac{3}{4}$; $5\frac{1}{6}$; $3\frac{2}{5}$; $1\frac{3}{8}$; $2\frac{1}{4}$

b) Gib in der gemischten Schreibweise an.
$\frac{7}{2}$; $\frac{5}{3}$; $\frac{9}{4}$; $\frac{6}{5}$; $\frac{21}{5}$; $\frac{25}{3}$; $\frac{31}{7}$

$1\frac{3}{4} = 1 + \frac{3}{4} = \frac{4}{4} + \frac{3}{4} = \frac{7}{4}$
$\frac{13}{5} = \frac{10}{5} + \frac{3}{5} = 2 + \frac{3}{5} = 2\frac{3}{5}$

8. a) $10 - 6\frac{2}{3}$; $10 - \frac{4}{5}$; $2\frac{3}{4} + \frac{3}{4}$
b) $3\frac{3}{4} - 2\frac{1}{4}$; $4\frac{5}{8} + 5\frac{3}{8}$; $5\frac{1}{8} + \frac{7}{8}$
c) $3\frac{9}{10} - 2\frac{7}{10}$; $7\frac{3}{5} - 4\frac{2}{5}$; $3\frac{7}{8} + 6\frac{5}{8}$
d) $2\frac{1}{6} + 1\frac{4}{6}$; $3\frac{4}{15} + 7\frac{14}{15}$; $2\frac{1}{8} - \frac{5}{8}$

$4\frac{3}{8} - \frac{5}{8} = 4 - \frac{2}{8} = 3\frac{6}{8} = 3\frac{3}{4}$
$4\frac{3}{5} + 2\frac{4}{5} = 6 + \frac{7}{5} = 7\frac{2}{5}$

Schreibe stellengerecht untereinander!

9. a) 1,65 – 0,9; 0,55 + 0,225; 2,08 – 1,9; 3,45 – 0,8
b) 5,4 + 4,375; 8,82 + 2,08; 8,82 – 2,8; 24,82 – 16,95
c) 17,7 – 8,654; 5,5 – 2,085; 12,05 + 1,205; 16,28 + 8,028

```
  3,18        2,30
+ 0,253     – 0,54
 ------      -----
  3,433       1,76
```

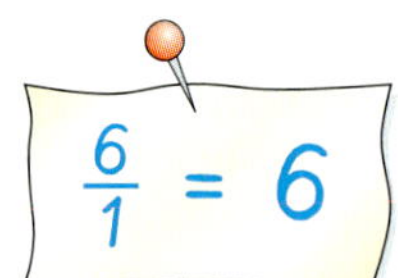

10. Kürze vor dem Ausrechnen.
a) $\frac{5}{6} \cdot \frac{3}{4}$; $\frac{5}{8} \cdot \frac{8}{5}$; $\frac{7}{6} \cdot \frac{3}{5}$
b) $\frac{28}{10} \cdot \frac{2}{21}$; $\frac{8}{9} \cdot \frac{1}{12}$; $\frac{5}{9} \cdot \frac{18}{35}$
c) $\frac{5}{8} \cdot \frac{5}{7} \cdot \frac{7}{10}$; $\frac{4}{9} \cdot \frac{21}{25} \cdot \frac{3}{20}$; $\frac{5}{14} \cdot \frac{21}{22} \cdot \frac{11}{35}$
d) $\frac{3}{4} \cdot 7$; $121 \cdot \frac{35}{44}$; $\frac{11}{48} \cdot 12$

Zähler mal Zähler, Nenner mal Nenner.

$\frac{3}{4} \cdot \frac{10}{11} = \frac{3 \cdot \cancel{10}^{5}}{_{2}\cancel{4} \cdot 11} = \frac{15}{22}$

Mit 2 kürzen

11. a) $9{,}6 \cdot \frac{1}{4}$; $4{,}8 \cdot \frac{3}{4}$; $3{,}5 \cdot \frac{2}{5}$
b) $1{,}6 \cdot \frac{5}{8}$; $7{,}2 \cdot \frac{7}{8}$; $5{,}6 \cdot \frac{3}{4}$
c) $\frac{2}{5} \cdot 0{,}75$; $\frac{3}{5} \cdot 3{,}5$; $\frac{1}{8} \cdot 0{,}32$

$10{,}72 \cdot \frac{3}{8} = \frac{\overset{1,34}{\cancel{10,72}} \cdot 3}{\cancel{8}_{1}} = 4{,}02$

12. a) 4,86 · 0,8; 1,04 · 5,8; 2,24 · 1,5; 0,84 · 2,5
b) 8,42 · 0,25; 3,45 · 0,09; 2,4 · 0,08; 6,8 · 0,06
c) 9,5 · 0,14; 12,8 · 1,2; 8,4 · 5,75; 10,4 · 14

Multiplizieren wie natürliche Zahlen. Rechts vom Komma so viele Stellen wie beide Faktoren zusammen.

```
1,45 · 2,3
-----------
    290
     435
-----------
    3,335
```

13. Überschlage. Rechne dann mit dem Taschenrechner.
a) 8,41 · 2,3; 9,03 · 0,47
b) 5,3 · 2,08; 14,85 · 3,6
c) 84,05 · 12,8; 68,44 · 0,54

$\frac{9}{5}$ ist Kehrwert von $\frac{5}{9}$
$\frac{2}{3}$ ist Kehrwert von $\frac{3}{2}$
$\frac{5}{7}$ ist Kehrwert von $1\frac{2}{5}$

14. Kürze vor dem Ausrechnen, wenn es möglich ist.
a) $\frac{2}{3} : \frac{3}{5}$; $\frac{7}{8} : \frac{1}{2}$; $\frac{3}{4} : \frac{7}{8}$
b) $\frac{1}{3} : \frac{1}{6}$; $\frac{4}{9} : \frac{4}{9}$; $\frac{4}{5} : \frac{5}{4}$
c) $\frac{4}{9} : \frac{8}{7}$; $\frac{4}{7} : \frac{2}{3}$; $\frac{5}{8} : \frac{3}{4}$
d) $\frac{9}{10} : \frac{1}{2}$; $\frac{1}{2} : \frac{9}{10}$; $\frac{11}{15} : \frac{3}{5}$
e) $\frac{6}{7} : \frac{11}{14}$; $\frac{7}{12} : \frac{14}{9}$; $\frac{15}{28} : \frac{25}{49}$

Dividieren: Mit dem Kehrwert multiplizieren.

$\frac{2}{3} : \frac{5}{9} = \frac{2}{3} \cdot \frac{9}{5} = \frac{2 \cdot \cancel{9}^{3}}{_{1}\cancel{3} \cdot 5} = \frac{6}{5} = 1\frac{1}{5}$

15. Runde auf Tausendstel, falls das Ergebnis nicht abbricht.
a) 31,84 : 8; 8,34 : 6; 17,29 : 7
b) 0,455 : 5; 2,272 : 4; 1,719 : 9
c) 72,45 : 3; 124,58 : 7; 357,43 : 4

```
50,16 : 8 = 6,27
48
 21      Komma setzen
 16
  56
  56
   0
```

16. Überschlage. Rechne dann mit dem Taschenrechner. Runde auf Tausendstel.
a) 624,60 : 15; 248,55 : 26; 598,95 : 18
b) 334,9 : 11; 566,3 : 11; 716,4 : 9
c) 23,537 : 31; 14,045 : 15; 12,931 : 23

17. Forme vor dem Rechnen so um, dass die zweite Zahl eine natürliche Zahl ist.

a) $8{,}262 : 0{,}9$ **b)** $28{,}8 : 0{,}3$ **c)** $2{,}808 : 0{,}04$
$3{,}738 : 0{,}6$ $9{,}625 : 0{,}5$ $46{,}32 : 0{,}8$
$4{,}025 : 0{,}5$ $7{,}203 : 0{,}03$ $38{,}61 : 0{,}9$

$0{,}428 : 0{,}08 = 42{,}8 : 8 = 5{,}35$
40
28
24
40
40
0

Klammern zuerst!

Potenzrechnung vor Punkt- und Strichrechnung!

Punktrechnung vor Strichrechnung!

Sonst: von links nach rechts

18. Überschlage. Rechne mit dem Taschenrechner. Runde auf Hundertstel.

a) $54{,}09 : 2{,}6$ **b)** $8{,}405 : 0{,}64$ **c)** $9{,}718 : 1{,}13$ **d)** $127{,}128 : 12{,}15$
$138{,}2 : 3{,}8$ $4{,}286 : 0{,}28$ $7{,}062 : 2{,}75$ $456{,}004 : 27{,}08$

19. Beachte die Rechenregeln.

a) $8{,}4 - 3 \cdot 1{,}2$ **b)** $5{,}9 \cdot 2 - 2{,}5$ **c)** $11{,}35 + 0{,}5 \cdot 20$ **d)** $\frac{10}{11} \cdot \left(\frac{3}{5} + \frac{1}{2}\right)$
$(8{,}4 - 3{,}4) \cdot 1{,}2$ $4 \cdot (12{,}8 - 9{,}3)$ $4{,}4 : (4{,}2 + 0{,}2)$
$7{,}82 + 0{,}4 \cdot 0{,}2$ $12{,}3 \cdot 0{,}1 + 0{,}4$ $6{,}8 : 0{,}2 + 11{,}5$ $\frac{3}{5} \cdot \frac{1}{9} + \frac{7}{6} : \frac{5}{2}$

Rechnen mit negativen Zahlen

Zahlengerade – Anordnung der rationalen Zahlen

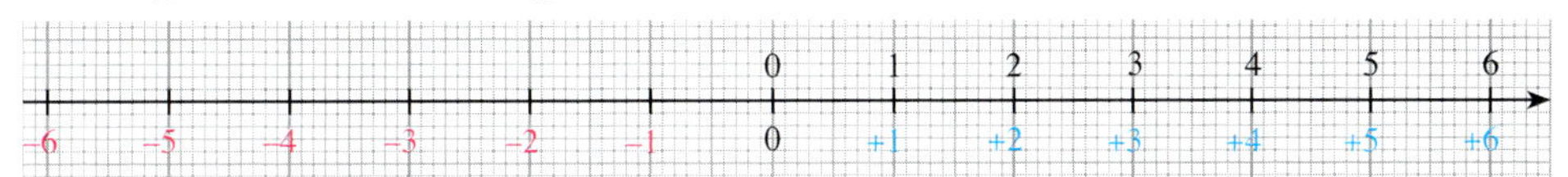

1. Setze für ■ das jeweils zutreffende Zeichen $<$ bzw. $>$.

a) -9 ■ $+7$; -12 ■ -9; $+25$ ■ $+11$; 0 ■ -12; -10 ■ -100

b) $-2{,}8$ ■ $+3{,}4$; $-4{,}9$ ■ $-4{,}8$; $-6{,}7$ ■ 0; $+4{,}5$ ■ $-2{,}5$; $-8{,}7$ ■ $+0{,}2$

c) $-5{,}24$ ■ $-2{,}35$; $12{,}39$ ■ $-19{,}51$; 0 ■ $-0{,}15$; $+8{,}75$ ■ $7{,}58$; $-9{,}75$ ■ $0{,}75$

2. Ordne die Zahlen nach der Größe. Beginne mit der kleinsten Zahl.

a) -6; $+5$; -12; 0; -1; $+7$; -2 **b)** $-7{,}3$; $+5{,}2$; $-1{,}25$; 0; $+3{,}85$; $-5{,}3$

3. **a)** $(-9) + (-5)$ **b)** $(+22) + (+17)$ **c)** $(-8) - (+5)$ **d)** $(-38) - (+23)$
$(+9) + (+7)$ $(+38) + (-58)$ $(-5) - (-7)$ $(-43) - (-19)$
$(+7) + (-11)$ $(-27) + (-47)$ $(+6) - (-8)$ $(-56) - (-24)$
$(-7) + (+9)$ $(-72) + (+95)$ $(+8) - (-3)$ $(+74) - (-86)$

4. **a)** $-7 - 8$ **b)** $-81 - 92$ **c)** $3{,}7 - 7{,}2$ **d)** $-3 - 7 + 8$
$-6 + 9$ $-57 - 54$ $-7{,}2 - 8{,}4$ $-4 - 9 - 6$
$3 - 8$ $-41 + 63$ $-7{,}6 + 8{,}4$ $4{,}5 - 12{,}4 - 5{,}8$
$-9 + 4$ $-76 + 51$ $-6{,}9 - 9{,}6$ $-7{,}4 + 1{,}9 - 4{,}4$

5. **a)** $7 \cdot (-3)$ **b)** $(-11) \cdot 5$ **c)** $35 \cdot (-3)$ **d)** $(-3{,}2) \cdot 4$
$(-7) \cdot 13$ $11 \cdot (-25)$ $(-14) \cdot 5$ $14 \cdot (-0{,}5)$

6. **a)** $(-64) : 8$ **b)** $-75 : 15$ **c)** $-0{,}8 : 2$ **d)** $-0{,}54 : 9$
$(-121) : 11$ $-152 : 8$ $-1{,}6 : 4$ $-0{,}48 : 3$

7. Beachte die Rechenregeln.

a) $14 + 3 \cdot (-8)$ **b)** $-4 \cdot 12 + 5 \cdot (-6)$ **c)** $-1{,}5 \cdot 4 : 12$ **d)** $(3{,}8 - 4{,}0) \cdot 6$
$(72 - 120) : 12$ $-42 : 7 - 15 : 3$ $(-1{,}2 - 8{,}8) : 50$ $1{,}8 \cdot (-3) + 3{,}3$

LÖSUNGEN ZU BIST DU FIT?

Seite 31

1. a) 435,60 € **b)** 3,81% **c)** 1 427,50 €

2. a) Hausaufgaben: 2 cm; Computerkurs: 0,7 cm; Sport: 2,5 cm; Chor: 0,6 cm (1 cm ≙ 10%)
b) Hausaufgaben: 72,9°; Computerkurs: 24°; Sport: 91,7°; Chor: 21,4°

3. 406,00 € (mit 16% MwSt.) 416,50 € (mit 19% MwSt.)

4. a) 683,06 € **b)** zusätzlich 774 €, also 17 974 €

5. 2 760 €

6. 1 385,83 €

7. 11 942,86 €

8. a) 5% **b)** 4% **c)** 4,5% **d)** 4% **e)** 5,5% **f)** 6%

9. 2,5%

10. 1. Jahr: 9 225 €; 2. Jahr: 9 455,63 €; 3. Jahr: 9 692,02 €

Seite 55

1. a) $3x = 12;\ x = 4$ **b)** $x + 2 = 6;\ x = 4$ **c)** $24 = 6;\ x = 4$

2. a) $x = 13;\ x = 7$ **b)** $z = 32;\ y = 8$ **c)** $c = -13;\ x = 84$ **d)** $y = 16;\ x = 40$

3. a) $x + 5 = 21$, $x = 16$ **b)** $2x = -8$, $x = -4$ **c)** $6x - 12 = -3$, $x = 1{,}5$ **d)** $4x + 11 = 17$, $x = 1{,}5$ **e)** $\frac{x}{10} - 4 = 5$, $x = 90$

4. a) 6 € **b)** 6,50 €

5. a) $A = g \cdot h$ **b)** $g = \frac{A}{h};\ h = \frac{A}{g}$

6. 59 Cent

7. $x = 12$ cm

8. a) $3 = 6x$ (:6) → $x = 0{,}5$ (·6 zurück)
b) $\frac{x}{5} = 20$ (·5) → $x = 100$ (:5 zurück)
c) $p = \frac{F}{A}$ (·A) → $p \cdot A = F$ (:p) → $A = \frac{F}{p}$ (·p, :A zurück)

Seite 87

1. a) $8 \cdot 135° = 1\,080°$ **b)** – **c)** – **d)** Es sind acht Symmetrieachsen.

2.

a)	b)	c)	d)
$u = 295{,}31$ cm	$u = 530{,}93$ cm	$u = 47{,}12$ m	$u = 13{,}45$ km
$A = 6\,939{,}78\ cm^2$	$A = 22\,431{,}80\ cm^2$	$A = 176{,}71\ m^2$	$A = 14{,}39\ km^2$

3. a) $u = 10{,}05$ m Man benötigt 81 Steine. **b)** $A = 8{,}04\ m^2$ Es werden 32 Rosen gepflanzt.

4. 21,46%

5. a) 572 km **b)** 43 668 km

6. a) $A = 5\,273\ mm^2$ **b)** $A = 13\,443\ mm^2$ **c)** $A = 3\,020\ mm^2$

7. a) $A = 42{,}07\ cm^2$ **b)** $A = 85{,}86\ cm^2$ **c)** $A = 16\,899\ mm^2$ **d)** $A = 2\,272{,}76\ m^2$

Seite 107

1. $A_O = 100{,}5\ cm^2$ $V = 75{,}398\ cm^3$

2. a) $A_O \approx 37{,}669\ cm^2$, $V \approx 17{,}671\ cm^3$ **b)** $A_O \approx 984{,}889\ cm^2$, $V \approx 2\,367{,}98\ cm^3$ **c)** $A_O \approx 32{,}657\ dm^2$, $V \approx 14{,}314\ dm^3$ **d)** $A_O \approx 47{,}5\ cm^2$, $V \approx 13{,}57\ cm^3$

3. a) $\approx 30{,}265\ l$ **b)** Man benötigt $6\,283{,}19\ cm^2$ Blech.

4. a) $V = 384\ cm^3$ **b)** $h \approx 25{,}62$ cm
c) $A_G = 240\ m^2$ **d)** $h \approx 58{,}57$ mm oder 5,857 cm

5. a) – **b)** $V \approx 114{,}27\ cm^3$ **c)** $\approx 1{,}024$ kg

6. a) $V \approx 269{,}22\ cm^3$ **b)** $V \approx 25{,}758\ m^3$ **c)** $V \approx 2\,027{,}84\ cm^3$ **d)** $V \approx 326{,}73\ dm^3$

7. ≈ 159,28 g

8. ≈ 31,38 g

9. a) linke Dose = rechte Dose = $50{,}27\ cm^2$ (A_M)
b) $A_{O\ Himbeerdose} \approx 75{,}398\ cm^2 < A_{O\ Fischdose} \approx 150{,}796\ cm^2$ $2 \cdot A_{O\ Himbeerdose} = A_{O\ Fischdose}$

LÖSUNGEN ZU WIEDERHOLUNG

Rechnen mit Brüchen

Seite 145

1. a) $\frac{2}{3}$ b) $\frac{7}{8}$ c) $\frac{2}{3}$ d) $\frac{5}{6}$

2. a) mit 2: $\frac{1}{2}=\frac{2}{4}$; $\frac{1}{4}=\frac{2}{8}$; $\frac{3}{4}=\frac{6}{8}$; $\frac{3}{5}=\frac{6}{10}$; $\frac{5}{7}=\frac{10}{14}$; $\frac{7}{4}=\frac{14}{8}$

mit 3: $\frac{1}{2}=\frac{3}{6}$; $\frac{1}{4}=\frac{3}{12}$; $\frac{3}{4}=\frac{9}{12}$; $\frac{3}{5}=\frac{9}{15}$; $\frac{5}{7}=\frac{15}{21}$; $\frac{7}{4}=\frac{21}{12}$

mit 5: $\frac{1}{2}=\frac{5}{10}$; $\frac{1}{4}=\frac{5}{20}$; $\frac{3}{4}=\frac{15}{20}$; $\frac{3}{5}=\frac{15}{25}$; $\frac{5}{7}=\frac{25}{35}$; $\frac{7}{4}=\frac{35}{20}$

mit 4: $\frac{1}{2}=\frac{4}{8}$; $\frac{1}{4}=\frac{4}{16}$; $\frac{3}{4}=\frac{12}{16}$; $\frac{3}{5}=\frac{12}{20}$; $\frac{5}{7}=\frac{20}{28}$; $\frac{7}{4}=\frac{28}{16}$

mit 10: $\frac{1}{2}=\frac{10}{20}$; $\frac{1}{4}=\frac{10}{40}$; $\frac{3}{4}=\frac{30}{40}$; $\frac{3}{5}=\frac{30}{50}$; $\frac{5}{7}=\frac{50}{70}$; $\frac{7}{4}=\frac{70}{40}$

b) (1) $\frac{3}{2}$; $\frac{1}{2}$; $\frac{3}{5}$; $\frac{1}{4}$; $\frac{3}{2}$; $\frac{3}{4}$; $\frac{2}{5}$ (2) $\frac{2}{3}$; $\frac{2}{3}$; $\frac{2}{3}$; $\frac{3}{5}$; $\frac{5}{3}$; $\frac{3}{4}$; $\frac{7}{3}$

3. a) $\frac{20}{100}$; $\frac{20}{100}$; $\frac{80}{100}$; $\frac{40}{100}$; $\frac{28}{100}$; $\frac{30}{100}$ b) $\frac{150}{100}$; $\frac{60}{100}$; $\frac{75}{100}$; $\frac{140}{100}$; $\frac{12}{100}$; $\frac{140}{100}$

4. a) 0,6; 0,4; 2,5; 0,25; 1,25; 0,32; 1,2; 0,85; 1,3; 0,54; 1,3; 0,875

b) 1,5; 0,5; 0,25; 0,25; 0,4; 1,4; 2,5; 1,5; 0,2; 0,375; 0,875

c) ≈ 0,667; ≈ 0,833; ≈ 1,571; ≈ 0,286; ≈ 1,111; ≈ 0,818; ≈ 0,444; ≈ 1,167; ≈ 1,222; ≈ 1,667; ≈ 3,833; ≈ 0,857

5. a) $\frac{13}{100}$; $\frac{16}{5}$; $\frac{21}{4}$; $\frac{3}{225}$; $\frac{111}{225}$ b) $\frac{25}{2}$; $\frac{11}{4}$; $\frac{12}{25}$; $\frac{17}{20}$; $\frac{101}{20}$

6. a) $\frac{12}{8}=1\frac{1}{2}$; $\frac{8}{8}=1$; $\frac{16}{25}$; $\frac{15}{25}=\frac{3}{5}$ c) $\frac{20}{15}=1\frac{1}{3}$; $\frac{2}{12}=\frac{1}{6}$; $\frac{67}{50}=1\frac{17}{50}$; $\frac{4}{25}$ e) $\frac{25}{12}=2\frac{1}{12}$; $\frac{1}{12}$; $\frac{41}{24}=1\frac{17}{24}$; $\frac{2}{7}$

b) $\frac{60}{100}=\frac{3}{5}$; $\frac{75}{100}=\frac{3}{4}$ d) $\frac{25}{24}=1\frac{1}{24}$; $\frac{1}{18}$ f) $\frac{1}{48}$; $\frac{13}{12}=1\frac{1}{12}$

Seite 146

7. a) $\frac{5}{2}$; $\frac{13}{3}$; $\frac{7}{4}$; $\frac{31}{6}$; $\frac{17}{5}$; $\frac{11}{8}$; $\frac{9}{4}$ b) $3\frac{1}{2}$; $1\frac{2}{3}$; $2\frac{1}{4}$; $1\frac{1}{5}$; $4\frac{1}{5}$; $8\frac{1}{3}$; $4\frac{3}{7}$

8. a) $3\frac{1}{3}$; $9\frac{1}{5}$; $3\frac{1}{2}$ b) $1\frac{1}{2}$; 10; 6 c) $1\frac{2}{10}=1\frac{1}{5}$; $3\frac{1}{5}$; $10\frac{4}{8}=10\frac{1}{2}$ d) $3\frac{5}{6}$; $11\frac{3}{15}=11\frac{1}{5}$; $1\frac{4}{8}=1\frac{1}{2}$

9. a) 0,75; 0,775; 0,18; 2,65 b) 9,775; 10,9; 6,02; 7,87 c) 9,046; 3,415; 13,255; 24,308

10. a) $\frac{5}{8}$; 1; $\frac{7}{10}$ b) $\frac{4}{15}$; $\frac{2}{27}$; $\frac{2}{7}$ c) $\frac{5}{16}$; $\frac{7}{125}$; $\frac{3}{28}$ d) $\frac{21}{4}=5\frac{1}{4}$; $96\frac{1}{4}$; $\frac{11}{4}=2\frac{3}{4}$

11. a) 2,4; 3,6; 1,4 b) 1; 6,3; 4,2 c) 0,3; 2,1; 0,04

12. a) 3,888; 6,032; 3,36; 2,1 b) 2,105; 0,3105; 0,192; 0,408 c) 1,33; 15,36; 48,3; 145,6

13. a) 19,343; 4,2441 b) 11,024; 53,46 c) 1 075,84; 36,9576

14. a) $1\frac{1}{9}$; $1\frac{3}{4}$; $\frac{6}{7}$ b) 2; 1; $\frac{16}{25}$ c) $\frac{7}{18}$; $\frac{6}{7}$; $\frac{5}{6}$ d) $1\frac{4}{5}$; $\frac{5}{9}$; $1\frac{2}{9}$ e) $1\frac{1}{11}$; $\frac{3}{8}$; $1\frac{1}{20}$

15. a) 3,98; 1,39; 2,47 b) 0,091; 0,568; 0,191 c) 24,15; 17,797; 89,3575

16. a) 41,64; 9,560; 33,275 b) 30,445; 51,482; 79,6 c) 0,759; 0,936; 0,562

Seite 147

17. a) 9,18; 6,23; 8,05 b) 96; 19,25; 240,1 c) 70,2; 57,9; 42,9

18. a) 20,80; 36,37 b) 13,13; 15,31 c) 8,60; 2,57 d) 10,46; 16,84

19. a) 4,8; 6; 7,9 b) 9,3; 14; 1,63 c) 21,35; 1; 45,5 d) 1; $\frac{8}{15}$

Rechnen mit negativen Zahlen

1. a) $-9 < +7$; $-12 < -9$; $+25 > +11$; $0 > -12$; $-10 > -100$

b) $-2{,}8 < +3{,}4$; $-4{,}9 < -4{,}8$; $-6{,}7 < 0$; $+4{,}5 > -2{,}5$; $-8{,}7 < +0{,}2$

c) $-5{,}24 < -2{,}35$; $12{,}39 > -19{,}51$; $0 > -0{,}15$; $+8{,}75 > 7{,}58$; $-9{,}75 < 0{,}75$

2. a) $-12 < -6 < -2 < -1 < 0 < +5 < +7$ b) $-7{,}3 < -5{,}3 < -1{,}25 < 0 < +3{,}85 < +5{,}2$

3. a) − 14; + 16; − 4; + 2 c) − 13; + 2; + 14; + 11

b) + 39; − 20; − 74; + 23 d) − 61; − 24; − 32; 160

4. a) − 15; 3; − 5; − 5 c) − 3,5; − 15,6; 0,8; − 16,5

b) − 173; − 111; 22; − 25 d) − 2; − 19; − 13,7; − 9,9

5. a) − 21; − 91 c) − 105; − 70

b) − 55; − 275 d) − 12,8; − 7

6. a) − 8; − 11 b) − 5; − 19 c) − 0,4; − 0,4 d) − 0,06; − 0,16

7. a) − 10; − 4 b) − 78; − 11 c) − 0,5; − 0,2 d) − 1,2; − 2,1

LÖSUNGEN ZU BIST DU TOPFIT?

Vermischte Aufgaben

Seite 136

1. a) kleinster Termwert: (1), (4), (5) → 45 größter Termwert: (6) → 330

b) (1) 25% (2) 50%

c) (1) → III; (2) → II; (3) → I

d) z. B.: Es passen etwa 100 Fußballfelder hinein.

e) (2)

Seite 137

2. a) (1)

A	B	C	D	E
−24	44	4	10	6

(2) 8

b) $44 - 44 = 0$
$44 : 44 = 1$
$4 : 4 + 4 : 4 = 2$
$(4 + 4 + 4) : 4 = 3$
$(4 - 4) \cdot 4 + 4 = 4$
$(4 \cdot 4 + 4) : 4 = 5$
$4 + (4 + 4) : 4 = 6$
$44 : 4 - 4 = 7$
bzw.
$4 - 4 : 4 + 4 = 7$
$4 + 4 : (4 : 4) = 8$
bzw.
$4 \cdot 4 - 4 - 4 = 8$
$4 : 4 + 4 + 4 = 9$

c) 3 Würfel

d) z. B. 5 700 km : 30 h = 190 $\frac{km}{h}$

e)

Grad Celsius	0 °C	5 °C	10 °C	12 °C
Überschlagswert Grad Fahrenheit	32 °F	42 °F	52 °F	56 °F
Exakter Wert Grad Fahrenheit	32 °F	41 °F	50 °F	53,6 °F

3. a) (1) $x = 11$ (3) $y = -12$
(2) $a = 7$ (4) $x = 12$

b) (1) → 24 (3) → 2 (5) → 4
(2) → 1 (4) → 3

Seite 138

c) 38 cm, 54 cm und 54 cm

d) (1) B, falls mit Bodenplatte; C, falls ohne Bodenplatte (2) – (3) 132 m^3

e) (1) 6 Möglichkeiten (2) 16.30 Uhr

4. a) A: 60 $\frac{km}{h}$ B: 40 $\frac{km}{h}$

Seite 139

b) (1) TAXI (2) LKW

c) Dürer: 2. Stelle nach dem Komma Archimedes: 3. Stelle nach dem Komma

d) (1) 1 000 m = 1 km (2) um 40%

e) (1) 9 cm (2) 30 cm (3) 18 cm

5. a) 40 € bis 52,50 €

b) z. B.: (1) 16 cm^2 (3) 28 cm^2 (5) 24 cm^2
(2) 16 cm^2 (4) 16 cm^2

c) (1) 125
152
215
251
512
521
(2) 1 776

(3) 1 776 : 8 = 222

(4) 234
243
324
342
423
432
1 998

1998 : 8 = 222

(5) Das Ergebnis ist stets 222.

Seite 140

d) (1) $A_G = 27\ cm^2$; $A_M = 180\ cm^2$; $A_O = 234\ cm^2$; $V = 270\ cm^3$
(2) $A_G = 48\ cm^2$; $A_M = 240\ cm^2$; $A_O = 336\ cm^2$; $V = 480\ cm^3$

e) –

6. a) –

b) Frau „Fünfundvierzighundertstel" oder Frau „Neunundzwanzigstel" oder Frau „Nullkommavierfünf"

c) (1) 665 € (2) 666,40 € Das Angebot (1) ist besser.

d) (1) I → 60° II → 120° III → 60° IV → 90° IV → 90°
(2) I → 6 Stück II → 3 Stück III → 6 Stück

e) Der Kupferzylinder ist etwa dreimal schwerer.

Komplexe Aufgaben

Seite 141

1. **a)** 10 Monate
b) Anteil für 12 Monate dividiert durch 12; multipliziert mit 10; Berechnung auf 10 Cent genau
c) 100,90 €
d) 945,73 €
e) 105,00 €
f) 1 050,00 €
g) Herr Weigoldt erhält vom Vermieter 104,27 € zurück.

2. **a)** 293,00 €
b) 24,42 €
c) etwa 5,4%
d) –

Seite 142

3. **a)** 364,03 €
b) ja
c) –
d) 28,84 €
e) 6,4%

Seite 143

4. **a)** 1,696 m^3
b) 6 784 *l*
c) DIN-A4-Format reicht nicht aus. DIN-A2 muss gewählt werden.

5. **a)** $u \approx 17{,}85$ m; etwa 180 Steine
b) 9,8 m^2, also $\approx$ 10 m^2
c) $\approx$ 50 Pflanzen
d) 272,50 €
e) 2,94 m^3, also $\approx$ 3 m^3
f) 109,60 € (ohne 16% Mwst.); 127,14 € (mit 16% Mwst.)
109,60 € (ohne 19% Mwst.); 130,42 € (mit 19% Mwst.)

6. **a)** 157 500 cm^3 = 157,5 *l* **b)** 3 × 50 *l* + 1 × 10 *l* oder 2 × 60 *l* + 1 × 40 *l* oder 4 × 40 *l*
c) 87,00 € **d)** 69,60 €

Seite 144

7. **a)** 11 762 $cm^2 \approx$ 1,18 m^2
b) insgesamt zu streichende Fläche: 5,88 m^2, ein 5-*l*-Kanister reicht aus
c) –
d) 528,41 cm
e) ja
f) 16,25%

8. **a)** –
b) 1 655 000 €
c) –
d) 105 000 €
e) 8 750 €
f) 439 280,84 €
g) 9 848,20 €
h) –

STICHWORTVERZEICHNIS

BILDQUELLENVERZEICHNIS

Seite 6 (Einkaufskorb) B. Lerner-Mauritius, Mittenwald; Seite 6 (Mädchen am Bankschalter), 23 (Autokauf), 41, 75 (Baum), 90, 95, 96, 106, 115 (Stromzähler), 125 Torsten Warmuth, Berlin; Seite 10 (Feuerwehr Dresden) ecopix.de, Froese, Alt-Biesdorf; Seite 10 (Fußball), 130, 134, 135 Hertel, Lugau; Seite 14 Dieter Rixe, Braunschweig; Seite 16 Sony Dt. GmbH, Köln; Seite 17 Olympus, Hamburg; Seite 18 Mauritius images GmbH, Haag und Kropp, Mittenwald; Seite 22 Deutsche Bank, Frankfurt/M.; Seite 23 (Haus), 57 (Fenster), 58, 73, 74 (Gedenkstein), 76, 92 (Radtour), 93, 117 Henker, Großenhain; Seite 25 Vario-Press Archiv (B. Classen), Bonn; Seite 26 (Fernsehgerät) Grundig Intermedia GmbH, Nürnberg; Seite 26 (Küchenkauf) Fotostudio Druwe & Polastri, Weddel; Seite 34, 49, 56 (Hundertwasser Schule, Brunnen), 112 H. Bütow, Waren (Müritz); Seite 35 Sony Deutschland; Seite 38 IFA-Bilderteam GmbH, Düsseldorf; Seite 48, 54 picture-alliance/dpa/dpaweb; Seite 56 Dewolf-Mauritius, Mittenwald; Seite 56 (Fenster) Muth-Mauritius, Mittenwald; Seite 56 (Uhr) mauritius images GmbH, Mittenwald; Seite 59 Edel-Imagine, Hamburg; Seite 64, 122 (Haus) Rose-Zefa, Düsseldorf; Seite 66 Lehn-Mauritius, Mittenwald; Seite 68, 74 (Vorderrad), 83 (Kugelstoßkreis), 92 (Vorderrad), 109, 116, 131 Michael Fabian, Hannover; Seite 75 (Förderturm) H. Schwarz-Mauritius, Mittenwald; Seite 75 (Riesenrad) Manning-Mauritius, Mittenwald; Seite 78 ADAC, München; Seite 82 DB AG, Berlin; Seite 83 (Elektrokochfeld) AEG, Nürnberg; Seite 83 (Treibrad) picture-alliance/ZB-Fotoreport; Seite 83 (Wehrturm) Bricks, Erfurt; Seite 84 (runder Erker) Waldkirch-Mauritius, Mittenwald; Seite 84 (Reifen) Continental, Hannover; Seite 84 (Stieleiche) picture-alliance/OKAPIA/Herbert Kehrer; Seite 88, 89 D. Kehrig, Kottenheim; Seite 91 Peugeot, Overath-Vilkerath; Seite 94 (Pergamon Museum, Mosaik, Schiefer Turm) mauritius images GmbH, Mittenwald; Seite 94 (Brandenburger Tor) Herzig, Wiesenburg; Seite 94 (Wasserkunst Bautzen) Meißgeier, Grüna; Seite 97(Litfaßsäule) Fuehler-dpa, Frankfurt/Main; Seite 99 (Gewürzdose), 100, 102 Fäthe, Dresden; Seite 99 (Betonrohr) mauritius images GmbH, Mittenwald; Seite 102 (Rundstahl) Hoesch-Krupp, Essen; Seite 105 Siemens AG, München; Seite 108, 115 (Lkw) dpa, Frankfurt/M.; Seite 113 N. Fischer-Mauritius, Mittenwald; Seite 118 (Leipzig) Mauritius, Mittenwald; Seite 118 (Haus) D. Rose-Zefa, Düsseldorf; Seite 127 (Modellauto) siku-Sieper Werke, Lüdenscheid; Seite 128 (Wasserfloh) Nature Science, Vaduz; Seite 129 Pigneter-Mauritius, Mittenwald; Seite 136 Kumicak-Mauritius, Mittenwald; Seite 145 Photo Disc.

Trotz entsprechender Bemühungen ist es nicht in allen Fällen gelungen, den Rechtsinhaber ausfindig zu machen. Gegen Nachweis der Rechte zahlt der Verlag für die Abdruckerlaubnis die gesetzlich geschuldete Vergütung.